Pythonではじめる

Webサービス & スマホアプリの

書きかた・作りかた

クジラ飛行机 著

ソシム

●プログラムのダウンロード方法

本書のサンプルプログラムは、GitHub からダウンロードできます。

ZIP ファイルでダウンロードするには、画面右上にある、[Clone or Download] から [Download ZIP] のボタンをクリックしてください。

[URL] https://github.com/kujirahand/book-webservice-python

本書中に記載されている情報は、2020 年 5 月時点のものであり、ご利用時には変更されている場合もあります。
本書に記載されている内容の運用によって、いかなる損害が生じても、ソシム株式会社、および著者は責任を負いかねますので、あらかじめご了承ください。

Apple、Apple のロゴ、Mac OS は、米国および他の国々で登録された Apple Inc. の商標です。
iPhone、iPad、iTunes および Multi-Touch は Apple Inc. の商標です。
「Google」「Google ロゴ」、「Google マップ」、「Google Play」「Google Play ロゴ」「Android」「Android ロゴ」は、Google Inc. の商標または登録商標です。
「YouTube」「YouTube ロゴ」は、Google Inc. の商標または登録商標です。
「Gmail」は、Google Inc. の商標または登録商標です。
「Twitter」は、Twitter,Inc. の商標または登録商標です。
「Facebook」は、Facebook,inc. の登録商標です。
IBM は米国における IBM Corporation の登録商標であり、それ以外のものは米国における IBM Corporation の商標です。
Oracle と Java は、Oracle Corporation 及びその子会社、関連会社の米国及びその他の国における登録商標です。
「Windows®」「Microsoft®Windows®」「Windows Vista®」「Windows Live®Windows Live」は、Microsoft Corporation の商標または登録商標です。
「Microsoft® Internet Explorer®」は、米国 Microsoft Corporation の米国およびその他の国における商標または登録商標です。
「Intel®Pentium®」は Intel Corporation の米国ならびにその他の国における商標または登録商標です。
「Microsoft®Windows®」は、米国 Microsoft Corporation の米国およびその他の国における商標または登録商標です。
「Microsoft®Excel」は、米国 Microsoft Corporation の商品名称です。
UNIX は、The Open Group がライセンスしている米国ならびに他の国における登録商標です。
Linux は、Linus Torvalds 氏の日本およびその他の国における登録商標または商標です。「Flickr」は、Yahoo! Inc, の商標または登録商標です。

※その他会社名、各製品名は、一般に各社の商標または登録商標です。

本書に記載されているこのほかの社名、商品名、製品名、ブランド名などは、各社の商標、または登録商標です。
本文中に TM、Ⓒ、® は明記しておりません。

PARC がデザインの四大原則 ………………………………………… 349
近接 - Proximity ………………………………………… 349
整列 - Alignment ………………………………………… 350
反復 - Repetition ………………………………………… 350
対比 - Contrast ………………………………………… 351
● テンプレートを活用しよう ………………………………………… 351
CSS フレームワークを使おう ………………………………………… 352
● センスよりも売上が真実を語る ………………………………………… 352
● デザイナーに丸投げできるか？ ………………………………………… 352

6-3 デプロイとバージョン管理 ………………………………………… 354

● Git とは？ ………………………………………… 354
Git でできること ………………………………………… 355
● デプロイと Git ………………………………………… 356
● GitHub について ………………………………………… 357
● Git の使い方 ………………………………………… 358
Git を使い始めるとき ………………………………………… 358
開発者の行う作業 ………………………………………… 358
Git を手軽に利用するためのツール ………………………………………… 359
開発以外にも使われている Git ………………………………………… 360

6-4 セキュリティの話 ………………………………………… 361

● 信頼を大いに落とす数々のセキュリティ事件 ………………………………………… 361
● Web サービスを開発する時の心構え ………………………………………… 362
● SQL インジェクション ………………………………………… 362
攻撃の手法 - SQL インジェクション ………………………………………… 362
対処方法 - SQL インジェクション ………………………………………… 363
OS コマンドインジェクションについて ………………………………………… 363
● クロスサイトスクリプティング (XSS) ………………………………………… 364
攻撃の手法 - XSS ………………………………………… 364
対処方法 - XSS ………………………………………… 366
テンプレートエンジンを使うと XSS を防げる ………………………………………… 367
XSS 攻撃の応用例 ………………………………………… 367
反射型 XSS ………………………………………… 367
格納型 XSS ………………………………………… 368
● クロスサイトリクエストフォージェリ (CSRF) ………………………………………… 368
攻撃の手法 - CSRF ………………………………………… 368
対処方法 - CSRF ………………………………………… 369
● セッションハイジャックについて ………………………………………… 369
● ブルートフォースアタック（総当たり攻撃） ………………………………………… 370
対処方法 - ブルートフォースアタック ………………………………………… 370
ログインロック ………………………………………… 370
二段階認証（二要素認証） ………………………………………… 370
アクセス元の制限 ………………………………………… 370
● クリックジャッキング ………………………………………… 371

6-5 プロジェクト管理について ………………………………………… 372

● プロジェクト管理とは？ ………………………………………… 372
プロジェクト管理の要素 ………………………………………… 373

●プロジェクト管理に役立つツール …………………………………………… 373
　Excel / Google スプレッドシート ………………………………………… 374
　Trello …………………………………………………………………………… 375
　Asana …………………………………………………………………………… 375
　GitHub ………………………………………………………………………… 376
　Redmine ～オープンソースのプロジェクト管理ツール ……………… 377
●タスクへの登録と優先度の決定 ………………………………………… 377
●振り返りの大切さ - KPT や YWT で成果をあげよう ………………… 378
●KPT の実践例 ……………………………………………………………… 378
　KEEP …………………………………………………………………………… 378
　PROBLEM ……………………………………………………………………… 378
　TRY ……………………………………………………………………………… 378
　振り返りを記事にして投稿しよう …………………………………………… 379

6-6　利用規約の作成や著作権について ………………………… 380

●利用規約とは？ …………………………………………………………… 380
　利用規約は作るべき？ ………………………………………………………… 380
　利用規約もテンプレートを利用しよう ……………………………………… 380
　利用規約に含めるべき事柄 …………………………………………………… 381
●守るべき法律 ……………………………………………………………… 382
　素材の著作権に注意しよう …………………………………………………… 382

6-7　宣伝と SEO とメタタグについて ……………………………… 383

●作って終わりではない Web サービス ………………………………… 383
●SEO 対策を行おう ………………………………………………………… 383
　どのようなサイトが上位に表示されるのか？ ……………………………… 384
●SEO 対策で役立つツール ………………………………………………… 384
　PageSpeed Insights - ページ速度を測る ……………………………… 384
　Google Search Console - 掲載順位の改善ツール ……………………… 385
　Google アナリティクス ……………………………………………………… 386
●宣伝しよう ………………………………………………………………… 387
●メタタグを設定しよう …………………………………………………… 387
　SNS 向け OGP(Open Graph Protcol) を指定しよう …………………… 388

6-8　Web サービスを HTTPS/SSL 対応させよう ……………… 389

●HTTPS とは？ …………………………………………………………… 389
●HTTP でブラウザーに表示される警告について ……………………… 390
●HTTPS 通信の仕組み …………………………………………………… 391
　共通鍵暗号方式と公開鍵暗号方式について ………………………………… 391
　実際の HTTPS 通信の手順 …………………………………………………… 392
●HTTPS 対応費用など …………………………………………………… 393
　Let's Encrypt について（無料） …………………………………………… 393
　ドメイン認証について（有料） ……………………………………………… 393
　実際の設定方法 ………………………………………………………………… 394

6-9　Web API を公開しよう ………………………………………… 395

●Web API とは？ ………………………………………………………… 395
　API は汎用性の高さもポイント …………………………………………… 396

Web API 同士を組み合わせてマッシュアップできる ……………………………… 396
●Web API 提供側のメリットは？ ………………………………………………… 396
自社サイトへ誘導できる ………………………………………………………… 396
有料 Web API を提供し使用料を得る …………………………………………… 397
API で外部の開発者とのつながりを作る………………………………………… 397
API を利用して、外部開発者に利便性の良い UI を作ってもらう …………… 397
業務提携先と API 連携することで顧客の利便性が上がる ……………………… 398
API で自社内のコミュニケーションや業務効率の向上を狙う ………………… 398
API に加えてガジェットの提供も ……………………………………………… 398
●Web API の提供方法……………………………………………………………… 399
Web API 認証について …………………………………………………………… 400
API キーを使う方法 ……………………………………………………………… 400
簡単な API 認証 …………………………………………………………………… 400
本格的な API 認証 - OAuth ……………………………………………………… 402
OAuth の仕組み …………………………………………………………………… 402

Appendix　環境のセットアップ

1　Python の環境構築方法 ……………………………………………… 406

●仮想環境を利用しよう…………………………………………………………… 406
(a) Windows 10 で WSL を設定する方法 ……………………………………… 407
(b) 仮想環境を利用しよう - VirtualBox の場合 ……………………………… 407
(b) VirtualBox の自動設定ツール - Vagrant ………………………………… 408
●Python 環境の構築 ……………………………………………………………… 409
Python3 をデフォルトに変更しよう …………………………………………… 409

2　Web サーバーの構築 ……………………………………………………… 411

●Web フレームワーク Flask のインストール ………………………………… 411
●WSGI について ………………………………………………………………… 411
Flask の Web サーバー機能はテスト用 ……………………………………… 411
●uWSGI と Nginx で Flask アプリを動かす ………………………………… 412
uWSGI と Nginx をインストール……………………………………………… 412
簡単なアプリを用意しよう ……………………………………………………… 412
WSGI 用の設定ファイルを用意しよう………………………………………… 413
uWSGI をサービスとして動かす ……………………………………………… 415

はじめに

本書は、Webサービスを企画し、開発して公開するまでを網羅的に解説しています。
いまや大人気となったプログラミング言語「Python」を使い、実際にいろいろなWeb開発のエッセンスを学べるものになっています。

Webサービスの開発は、自分一人でも気軽にはじめられるのが良いところです。大学在学中にFacebookを立ち上げたマーク・ザッカーバーグは、一人でWebサービスを立ち上げ、数年のうちに世界を代表する企業に成長させ、2016年には企業価値は50兆円に達する大企業になりました。

また、写真を人々に公開するための代表的なサービスとなった「Instagram」は、ケヴィン・システロムらが、わずか二人ではじめたWebサービスです。2012年には810億円でFacebookに買収されました。

Webサービスの開発は一人でできる上に、初期投資もほとんど要らないので、プログラミングスキルを磨いて週末起業をするもよし、あるいは自社のサービスに何か付け加えるためのプロトタイプを作るも良し、アイディアひとつでいろいろな展開が考えられます。

最近ではクラウドを活用することで、開発だけでなく運用までも少人数で行えるようになっています。

本書では、Webサービスの基本的な作り方を紹介するだけでなく、実際にWebサービスを公開する上で必要となる知識を幅広く紹介します。実際にさまざまなWebサービスを作って、必要となる技術を学びます。

また、有名なWebサービスが実装している便利な機能が、どのように実現されているのか、実際のプログラムを例にして解説していきます。

本書（技術）とやる気とアイデアの三本柱があれば、実際に便利なWebサービスを立ち上げることができるでしょう。本書が皆さんのアイデアを形にする助けとなれば幸いです。

クジラ飛行机

本書の読者対象

- Web サービスを開発しようと思っている人
- Python の基礎が分かっている人
- Web アプリの仕組みに興味がある人

本書の使い方

本書の紙面では、ソースコードを紹介していますが、紙面の都合上、一部を省略していることがあります。ソースコードは以下のサイトからダウンロードすることができます。ダウンロードのURLは次ページを参考にして下さい。

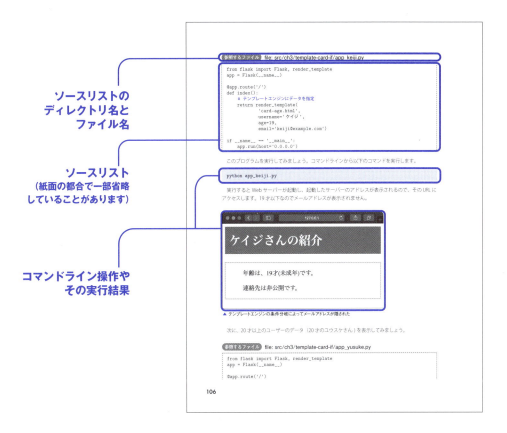

プログラムのダウンロード方法

本書のサンプルプログラムは、GitHub からダウンロードできます。
ZIP ファイルでダウンロードするには、画面右上にある、緑色の [Code] のボタンから [Download ZIP] のリンクをクリックしてください。

[URL] https://github.com/kujirahand/book-webservice-python

CONTENTS

本書の読者対象 ·· 004
本書の使い方・プログラムのダウンロード方法 ························ 005

第1章　Web サービスを作るための心構え

1-1　開発に必要なのは PC とスマホだけ ···················· 020
- 開発には PC とスマホがあれば十分 ························ 020
  - PC で開発→スマホで動作確認 ························ 020
- Web なら同じ技術で作れる ································ 021
  - 両方使えるデザインを作ろう ························ 021
- 開発にタブレット＋キーボードは使える？ ················ 021
- どんな機材を用意したら良いのか ························ 023
  - マシンの性能はどの程度？ ·························· 023
  - スマホ向けネイティブアプリを作る場合 ·············· 023
  - Web 開発用なら Windows と Mac のどちらが良いのか？ ···· 024
  - どんなスマホがいいのか ···························· 025
- 　Web サーバーは用意した方が良いのか？ ·············· 026
  - 自宅で疑似テストするにはラズパイが最適 ············ 026
- 作成対象と必要機材のまとめ ···························· 027
  - Web サービスの開発に必要なもの ···················· 027
  - Android ネイティブアプリの開発に必要なもの ·········· 027
  - iOS ネイティブアプリの開発に必要なもの ············ 028

1-2　世の中のサービスはサーバーとクライアントでできている 029
- サーバーとクライアントとは ···························· 029
- Web 周辺で使われる用語 ································ 031
  - Web とはなにか ···································· 031
  - ハイパーテキスト ·································· 031
  - HTTP とは？ ······································ 031
  - HTTPS とは？ ······································ 032
  - HTML とは？ ······································ 032
  - HTML5 とは？ ······································ 032
  - Web アプリとは？ ·································· 032
  - サーバーサイド ···································· 033
  - クライアントサイド ································ 033

1-3　Web サーバーはどう選ぶ？ ························ 035
- サービスを公開するには Web サーバーが要る ·············· 035
- 自宅サーバーは管理コストが高い ························ 035
  - Raspberry Pi で運用する自宅サーバー ················ 036
  - スペックの高いマシンと高速回線で自宅サーバー ········ 036
- レンタルサーバーの Web ホスティングを利用する場合 ········ 037
- VPS を利用する場合 ···································· 037

- ●専用サーバー …………………………………………………………… 038
- ●クラウド …………………………………………………………………… 038
- ●クラウドの区分、SaaS / PaaS / IaaS について ……………………… 039
  - 結局のところ PaaS か IaaS か …………………………………………… 040

1-4　Web サービスでどうやって稼ぐのか？ ……………………… 041

- ●どんな Web サービスを開発するにしても、お金は必要 ……………… 041
- ●マネタイズとは？ ………………………………………………………… 042
- ●広告モデル - 最も手軽なマネタイズ手法 ……………………………… 042
  - 広告モデル > クリック報酬型 …………………………………………… 042
  - 広告モデル > 成果報酬型 ………………………………………………… 043
  - 広告モデル > インプレッション報酬型 ………………………………… 043
  - 広告モデル > その他 ……………………………………………………… 043
- ●EC モデル - 堅実なマネタイズ手法 …………………………………… 044
- ●課金モデル ………………………………………………………………… 044
  - 課金モデル > フリーミアム ……………………………………………… 044
  - 課金モデル > サブスクリプション ……………………………………… 045
  - 課金モデル > アイテム課金 ……………………………………………… 045
- ●仲介モデル ………………………………………………………………… 046
- ●その他のモデル …………………………………………………………… 046
- ●まずは月 3000 円× 10 個を目標に頑張ろう …………………………… 046

1-5　Web サービスを作るために必要な技術 ……………………… 048

- ●Web サービスの開発に必要な技術 ……………………………………… 048
- ●HTML とは ………………………………………………………………… 048
- ●CSS とは …………………………………………………………………… 049
- ●JavaScript とは…………………………………………………………… 050
- ●Web サービス開発における Python とは ……………………………… 051
- ●データベースとは？ ……………………………………………………… 051
- ●多岐にわたる知識が必要だが難しくない ……………………………… 051

第 2 章　有名なサービスとそこで使われている技術の紹介

2-1　2 ちゃんねる掲示板 …………………………………………… 054

- ●2 ちゃんねるについて …………………………………………………… 054
- ●どのような仕組みとなっているのか …………………………………… 055
  - CGI について ……………………………………………………………… 055
  - Web フォームについて …………………………………………………… 056
  - データの保存と排他処理について ……………………………………… 056
- ●1 スレッド最大 1000 件の理由 ………………………………………… 057

2-2　Twitter（メッセージング、会員登録）………………………… 059

- ●Twitter について ………………………………………………………… 059
- ●どのような技術が使われているのか …………………………………… 061
- ●どのような機能があるのか ……………………………………………… 061
  - ユーザーごとに異なる表示を行う「ログイン機能」………………… 061

タイムライン機能 ……………………………………………… 063
大量アクセス時のタイムラインの工夫 ……………………… 063
ダイレクトメッセージ ……………………………………… 065
Twitter API ………………………………………………… 065

2-3 Instagram …………………………………………………… 067
● Instagram について ……………………………………… 067
● どのような技術が使われているのか ……………………… 068
● どのような機能があるのか ……………………………… 069
　ユーザーごとに異なる表示を行う機能 - フィード ……… 069
　Instagram のストーリーズの機能 ………………………… 070
　ダイレクトメッセージ …………………………………… 072
　スマートフォンアプリは縦画面が基本 ………………… 072
　正方形の写真は Instagram 飛躍の要因の 1 つ ………… 073
　画像フィルター …………………………………………… 074
　写真共有機能 ……………………………………………… 075

2-4 Uber などの配車サービス ……………………………… 076
● Uber とは？ ………………………………………………… 076
● どのような技術が使われているのか ……………………… 078
　1 日 150 万件の予約を受け付ける Grab の場合 ……… 078
● どのような機能があるのか ……………………………… 079
　運転手と乗客のマッチング機能 ………………………… 079
　評価機能 …………………………………………………… 080
　運転手への最短経路の表示 ……………………………… 081

第 3 章　Web サービスの基本機能を作ってみよう

3-1 Python で Web アプリを作る方法 (CGI 編) ………… 084
● Python なら Web アプリ開発で優位に立てる ………… 084
● 利用する Web サーバーによって使えるアプリの形態が違う … 085
● CGI モードで利用する場合 ……………………………… 087
　簡単なプログラムを作ってみよう ……………………… 087
　CGI でサイコロのアプリを作ろう ……………………… 090

3-2 フレームワークについて ………………………………… 093
● Web フレームワークについて …………………………… 093
● Python の有名ワークフレーム ………………………… 094
　Django - 多機能なフルスタックのフレームワーク …… 094
　Flask - 使いやすいマイクロ・フレームワーク ………… 095
　Bottle - 超軽量フレームワーク ………………………… 095
　Tornado - リアルタイム通信や非同期処理に優れたフレームワーク … 096
● オススメのフレームワークはどれ？ …………………… 097
● 本書で扱う Flask のインストールについて …………… 097
　一番簡単な Web アプリを作ろう ……………………… 097
　仮想マシンから Flask にアクセスする際の注意 ……… 099

開発中に便利なデバッグモード ……………………………………………… 099
「This is a development server」という警告について ……………………… 100

3-3　テンプレートエンジンを使ってみよう …………………… 101
● テンプレートエンジンについて ………………………………………………… 101
● Python のテンプレートエンジンについて ……………………………………… 102
● テンプレートエンジン Jinja の簡単な使い方 ………………………………… 102
● テンプレートエンジンで条件分岐を使ってみよう …………………………… 104
● テンプレートエンジンの継承機能 ……………………………………………… 108

3-4　URL パラメーターとフォームの取得 ……………………… 113
● Web アプリケーションにパラメーターを与える ……………………………… 113
　URL パラメーター ………………………………………………………………… 113
　Web フォームについて …………………………………………………………… 115
　GET で送信した場合 URL パラメーターを指定したのと同じ ……………… 118
　GET メソッドのフォームを取得する方法 …………………………………… 118
● Web フォームを POST で送信する場合 ……………………………………… 118
　POST メソッドのフォームを取得する方法 ………………………………… 120
● Flask のルーティングで URL に含まれる値を利用する方法 ……………… 121
● Flask でフォームのパラメーターの処理方法 ……………………………… 121

3-5　Cookie と WebStorage - クライアントへデータを保存 …… 123
● ユーザーの PC にデータを保存すること ……………………………………… 123
　Cookie について ………………………………………………………………… 123
　WebStorage について …………………………………………………………… 124
● データの保存期間について ……………………………………………………… 124
● アクセス範囲について …………………………………………………………… 125
● ユーザーの PC に保存するということ ………………………………………… 125
　ユーザーの手元に保存しても良いデータかどうか ………………………… 125
● Cookie と WebStorage の違いについて ……………………………………… 126
● Flask で Cookie を使う方法 …………………………………………………… 126
　実際に送受信される HTTP ヘッダーを覗いてみよう ……………………… 128
　Cookie が削除できることを確認してみよう ………………………………… 129
● WebStorage でデータを保存してみよう ……………………………………… 130

3-6　セッション - サーバーへデータを保存 …………………… 132
● セッションとは何か？ …………………………………………………………… 132
● セッションを利用してみよう …………………………………………………… 132
　Cookie とセッションの違い……………………………………………………… 135
● ログイン処理を実装してみよう ………………………………………………… 136
　ログイン処理に Flask の拡張パッケージを使う方法 ……………………… 140
● セッションの機構はどうやって実現しているのか？ ………………………… 141
　セッションデータはずっと保存され続けるの？ …………………………… 143

3-7　ファイルのアップロードについて …………………………… 144
● ファイルのアップロードについて ……………………………………………… 144

●画像をアップロードする Web アプリを作ろう ……………………………………… 144
●アップロードはセキュリティへの配慮が不可欠 ……………………………… 148
　アップロードサイズを制限する ……………………………………………… 148
　ファイル形式を制限する ……………………………………………………… 148

3-8　スマートフォン対応しよう　　　　　　　　150

●スマートフォン対応の Web ページにするには？ …………………………… 150
●PC とスマートフォンの違いを考えよう ……………………………………… 150
　画面サイズが違う …………………………………………………………… 151
　横向きと縦向きの違い ……………………………………………………… 151
　キーボードの有無 …………………………………………………………… 151
　マウスからタッチイベントに ……………………………………………… 151
●スマートフォン対応に役立つツール ………………………………………… 152
　iOS シミュレーター ………………………………………………………… 152
　Chrome のデベロッパーツール …………………………………………… 153
●もう少し詳しく viewport を指定する ……………………………………… 154
●Web サイトへのリンクアイコン ……………………………………………… 154
　表示中の Web サイトをホーム画面に追加する方法 ……………………… 155
　アイコンを指定するには？ ………………………………………………… 156
　favicon について …………………………………………………………… 156
　favicon を生成する方法 …………………………………………………… 157
　apple-touch-icon について ……………………………………………… 157
　Android でタブの色を変更する方法 ……………………………………… 158
　favicon と apple-touch-icon を指定しよう ……………………………… 158

3-9　CSS フレームワークについて　　　　　　　159

●CSS フレームワークについて ………………………………………………… 159
●どんな CSS フレームワークがあるのか ……………………………………… 160
　Bootstrap について ………………………………………………………… 160
　Pure.css について …………………………………………………………… 161
　Zurb Foundation について ……………………………………………… 161
　その他の CSS フレームワーク ……………………………………………… 162
●CSS フレームワーク「Pure.css」を使ってみよう ………………………… 162
　ダウンロード ………………………………………………………………… 162
　Pure.css の基本的な利用方法 ……………………………………………… 163
　CDN を利用して使う方法 …………………………………………………… 163
●Pure でボタンを作ろう ……………………………………………………… 163
　Pure でいろいろなボタン …………………………………………………… 164
●Pure でグリッド を試してみよう …………………………………………… 166
　Pure でレスポンシブなグリッドを設計 …………………………………… 168

第 4 章　簡単なサービスを作ってみよう

4-1　会員制の掲示板サービスを作ろう　　　　　172

●会員制の掲示板サービスを作ろう …………………………………………… 172
●Web アプリのファイル構成 …………………………………………………… 173
　会員制の掲示板を実行する方法 …………………………………………… 174

●ログインを実現するモジュールを作ろう …………………………………… 174
●データの読み書きをするモジュール ……………………………………… 175
●会員制の掲示板のメインプログラム ……………………………………… 177
●各種テンプレートファイル ………………………………………………… 180
　ログインフォームのテンプレート ………………………………………… 180
　メッセージを表示用のテンプレート ……………………………………… 181
　メインページのテンプレート ……………………………………………… 182
　CSS ファイル ………………………………………………………………… 184
●トップページだけログイン判定するという失敗 ………………………… 186
●会員制の掲示板 - 改良のヒント …………………………………………… 186

4-2　ファイル転送サービスを作ろう ……………………………… 188

●ファイルの転送サービスとは？ …………………………………………… 188
●ここで作るもの - ファイル転送サービス ………………………………… 189
　ファイル転送サービスの実行方法 ………………………………………… 192
●JSON データベースの TinyDB を使ってみよう ………………………… 192
●プロジェクトのファイル配置を確認しよう ……………………………… 192
●メインプログラム …………………………………………………………… 193
●ファイルとデータベースの操作を行うモジュール ……………………… 197
●テンプレートの一覧 ………………………………………………………… 198
　ファイルのアップロードフォームのテンプレート ……………………… 199
　ダウンロード画面 (ファイル情報) のテンプレート …………………… 200
　エラー画面のテンプレート ………………………………………………… 202
　管理ページのテンプレート ………………………………………………… 203
　CSS …………………………………………………………………………… 204
●他と被らない難解な URL を生成する手法 ……………………………… 205
●ダウンロード回数制限と有効期限の実現方法 …………………………… 206
●ファイル転送サービスを作ろう - 改良のヒント ………………………… 207

4-3　俳句 SNS を作ろう ……………………………………………… 208

●SNS について ………………………………………………………………… 208
●ここで作るサービス - 俳句 SNS を作ろう ……………………………… 208
●プロジェクトのファイル構成 ……………………………………………… 211
　TinyDB をインストールしておこう ……………………………………… 212
　Web アプリの実行方法 …………………………………………………… 212
●データ構造を考える ………………………………………………………… 212
　お気に入り登録情報のデータ構造 ………………………………………… 213
　俳句の投稿データ …………………………………………………………… 213
●URL のルーティング ………………………………………………………… 214
●俳句 SNS のプログラムを作ろう ………………………………………… 214
　俳句 SNS のメインプログラム …………………………………………… 215
　Flask におけるコンテキストプロセッサーとは？ ……………………… 218
　ユーザーとログイン管理のモジュール …………………………………… 218
　データベースの操作を行うモジュール …………………………………… 219
●俳句 SNS で使うテンプレート …………………………………………… 221
　共通テンプレート …………………………………………………………… 221
　ログイン後の共通レイアウトのテンプレート …………………………… 223
　ログインフォームのテンプレート ………………………………………… 224
　各種メッセージの表示用テンプレート …………………………………… 225
　俳句の投稿フォームのテンプレート ……………………………………… 226

ユーザーの個別ページのテンプレート ……………………………………………… 227
タイムライン表示用テンプレート ……………………………………………… 229
●俳句 SNS - 改良のヒント ……………………………………………… 230

4-4 画像共有サービスを作ろう …………………………………… 231
●画像の共有サービスについて ……………………………………… 231
●ここで作る画像共有サービスについて ……………………………… 232
●プロジェクトのファイル構成 ………………………………………… 235
Web アプリの実行方法 ………………………………………………… 236
●画像共有サービスのデータ構造について考える ……………………… 237
SQLite について ……………………………………………………… 237
アップロードした画像の情報 - files テーブル ……………………… 237
アルバム情報 - albums テーブル ………………………………… 238
テーブルを作成する SQL を実行する ……………………………… 239
●写真共有サービスのプログラム ……………………………………… 240
メインプログラム ……………………………………………………… 241
データベース SQLite のためのモジュール ………………………… 244
データベース操作のモジュール …………………………………… 245
ファイルのパスとサムネイルの作成モジュール …………………… 248
●各種テンプレートファイル …………………………………………… 249
共通テンプレート ……………………………………………………… 249
メッセージ表示用のテンプレート …………………………………… 250
ログイン後の共通テンプレート ……………………………………… 251
ログインフォームのテンプレート …………………………………… 251
アルバムの新規作成フォームのテンプレート ……………………… 253
画像のアップロードフォームのテンプレート ……………………… 254
メイン画面のテンプレート …………………………………………… 255
ユーザーの個別ページのテンプレート ……………………………… 256
アルバムごとの画像一覧を表示するテンプレート ………………… 258
CSS ファイルと sns_user.py について …………………………… 259
●画像共有サービス - 改良のヒント …………………………………… 259

第5章　気になる技術あんなことこんなこと

5-1 位置情報の利用 (GeoIP/GeoLocation) ………………… 262
●位置情報は Web と現実世界をつなぐ …………………………… 262
●位置情報取得方法について …………………………………………… 262
●[方法 1] GeoIP - IP アドレスから位置情報を特定する …………… 263
●[方法 2] GeoLocation API - GPS から位置情報を特定する ……… 265
逆ジオコーディング …………………………………………………… 266
●地図の利用 - オンライン地図サービス ……………………………… 267
多彩な機能を持つ - Google マップ ………………………………… 267
フリーな地図サービス - OpenStreetMap ………………………… 269
上記以外のオンライン地図サービス ……………………………… 271
政府統計情報を利用する方法 ……………………………………… 271
●緯度経度の取得は簡単だがどのように使うかがカギ ……………… 272

5-2 **現在位置の地図表示 (OpenStreetMap/Google マップ)** ······ **273**

- 地図を表示する手順··· **273**
- OpenStreetMap で地図を表示する方法 ························· **273**
- OpenStreetMap で現在位置を地図上に表示 ··················· **276**
- Google マップを使う方法 ··· **278**
  - Google Cloud Platform で API キーを取得しよう ··········· **278**
  - Google マップのプログラムを作成しよう ····················· **282**
  - Google マップでエラーが表示される場合 ····················· **283**

5-3 **写真から位置情報の取り出し (EXIF)** ··························· **285**

- Exif について ·· **285**
- パソコンで Exif 情報を確認する方法 ···························· **285**
- Python で Exif を扱う方法 ·· **286**
- Exif から位置情報を取り出す方法 ······························· **287**
- 撮影場所の地名を表示しよう ······································ **289**

5-4 **郵便番号から住所を自動入力するフォーム** ················· **291**

- 郵便番号データはダウンロードできる ···························· **291**
  - 郵便番号データベースをダウンロードしよう ··················· **291**
- CSV ファイルをデータベースに格納しよう ······················ **294**
  - 郵便番号データベースをテストしてみよう ····················· **297**
  - SQL を使ってデータベースを操作しよう ······················ **298**
- 郵便番号 Web API を実装しよう ································· **298**
  - 非同期通信の Ajax を使って住所入力フォームを作ろう ········ **299**

5-5 **QR コードを活用するシステム** ································· **302**

- QR コードを生成しよう ·· **302**
  - QR コードを生成するライブラリ ······························· **302**
  - 一番簡単な QR コード作成プログラム ·························· **302**
  - 生成する QR コードをカスタマイズする方法 ··················· **303**
- QR コードを使ったアイデア ·· **305**
  - 名刺に入れる QR コードでアクセスをカウントしよう ··········· **306**
  - QR コードのアクセスカウンタの改良 ·························· **308**
- QR コード活用のアイデア ·· **308**
  - QR コードと UUID でクーポンを管理する ····················· **308**
  - QR コードとセッションで料理の注文を行う ··················· **309**
  - イベント不正参加防止に QR コードを活用···················· **309**
  - QR コードによるポイント決済 ································· **310**

5-6 **ページングを実装しよう** ·· **311**

- ページングとは ··· **311**
- 基本的な実装 ·· **311**
  - ページングの計算 ·· **314**
- データベースと組み合わせる場合 ································· **315**
- ページングでデータベースの負荷軽減ができる··················· **315**
  - 最大 ID を指定する方式なら高速································· **316**

5-7　パスワードをハッシュ化して保存しよう ································ 317

- ●パスワードをハッシュ化して保存するメリット ················ 317
  - パスワードをハッシュ化しても良いカラクリ ··············· 317
  - ハッシュ関数は暗号化ではなく要約する ················· 318
- ●ユーザー登録とユーザー認証を実装してみよう ··············· 318
  - ハッシュ化のポイント ························· 322
  - ハッシュをもっと堅牢にするヒント ··················· 322

5-8　オリジナル Wiki を作ってみよう ··································· 324

- ●Wiki とは ····························· 324
  - WIki 記法について ························· 324
- ●ここで作る Wiki ·························· 325
- ●プロジェクトのファイル構成 ····················· 326
  - Web アプリの実行方法 ······················· 326
  - Wiki と URL の対応 ························· 326
- ●実際の Wiki プログラム ······················ 327
  - メインプログラム ························· 327
  - Wiki に関する処理をまとめたモジュールファイル ············ 328
  - テンプレートファイル - メイン画面 ················· 330
  - テンプレートファイル - 編集画面 ·················· 331
- ●改良しよう - 編集の競合機能を組み込もう ··············· 333
  - 改良後のメインプログラム ····················· 334
  - 改良後の Wiki 処理のモジュール ·················· 336
  - 実行してみよう ·························· 338

第 6 章　プロトタイプから完成までの道のり

6-1　テスト環境と本番環境の違い ······························ 342

- ●デプロイとは？ ·························· 342
- ●Windows と Linux の違いに注意する ················· 342
  - パス記号が異なる ························· 343
  - シェルの違い ··························· 343
  - パスの通し方が違う ························ 343
  - 文字エンコーディングが異なる ··················· 343
- ●テスト環境と本番環境のパスの違いに注意する ············· 344
  - Python でスクリプトのパスを得る方法 ··············· 344
- ●ディレクトリの権限に注意する ···················· 345
- ●本番環境の制限に注意する ····················· 345
- ●問題が起きたらサーバーログを読もう ················· 346
- ●アプリが止まらないように配慮する ·················· 346
- ●テスト環境と本番環境をどのように同期するか ············· 347

6-2　デザインは重要な要素 ································· 348

- ●デザインセンスがないのだけれど ··················· 348
  - デザインよりも使いやすさが大切 ··················· 349
- ●デザインは学ぶことができる ····················· 349

第1章

Web サービスを作るための心構え

本章では最初に、Web サービスを開発するために必要なものを紹介します。心配は要りません。身近にあるものだけで Web サービスは開発できます。さらに、Webアプリを作るために必要となる基礎的な知識として、Webアプリの仕組みを学びます。

第1章 | Webサービスを作るための心構え

1-1

開発に必要なのはPCとスマホだけ

最初に Web サービスを作る上で何が必要か考察してみましょう。開発に必要な機材は
それほど多くありません。具体的には、PC とスマホ、それにインターネット通信ができ
る環境があれば OK です。これから用意するならどんなものが良いでしょうか。あった
ら便利なものも紹介します。

ひとこと

● サービスを作るのに特別な機材は要らない、必要
なのはアイデアだけ

キーワード

● PC（Windows / macOSの動作するもの）
● スマートフォン（iOS /Android）
● 必要な機材
● レスポンシブWebデザイン

開発には PC とスマホがあれば十分

Web サービスを開発するのに、多額の設備投資は不要です。もちろん、PC とスマートフォンは最低
限必要ですが、ハードウェア的にはそれだけで開発は可能です。Windows マシンや Macbook などの
PC があれば、本番で運用する Web サーバーとほぼ同じ開発環境を整えることができます。また、ス
マートフォンがあれば、Web サイトを訪れるユーザーと同じ環境でテストできます。

PC で開発→スマホで動作確認

私たちの生活は、スマートフォン（スマホ）が無くてはならないものになっています。多くの人が
スマートフォンを肌身離さず持ち歩いていると思います。そして、そのスマートフォンで、さまざま
な Web サービスを利用しているのではないでしょうか。

天気やニュース、SNS、買い物やオークションなど、世の中にはありとあらゆる Web サービスがあふ
れており、それらのサービスにスマートフォンでアクセスするのが一般的です。ですから、Web サービ
スを開発するのならば、PC 向けよりも、スマートフォン向けのものを作ることになるでしょう。

020

Web なら同じ技術で作れる

Web サービスを作るとき、PC 向け、スマホ向けと分けて作らなくてはならないのでしょうか。

基本的には、PC 向けとスマホ向けを分ける必要はありません。ここが大切な点なのですが、**PC 向けの Web サイトと、スマホ向けの Web サイト、どちらも同じ Web の技術を利用して開発できます。**

そもそも、PC 用に作られたサイトであれば、表示は小さくなるものの、スマホでもだいたい同じように見ることができます。スマホの Web ブラウザーには「PC 版サイト」というメニューがあり、PC 向けのサイト表示に切り替えることができるのもそのためです。

ただし、PC は画面の大きさもさることながら、横長の画面が一般的であるという違いがあります。多くのスマホでは縦長の画面で閲覧されるでしょう。

そのため、デザイン的な観点で言えば、スマホ向けに Web サイトのデザインを調整する必要があります。

両方使えるデザインを作ろう

最近では「レスポンシブ Web デザイン（Responsive Web Design)」と言って、PC、タブレット、スマホなど、複数の異なる画面サイズ・表示方向に対応できるようなデザイン手法が注目を集めています。

PC 用、タブレット用、スマホ用にそれぞれ異なる画面デザインを作ろうとすると、作業コスト・手間がかかりすぎます。そこで、ページのレイアウトやデザインを柔軟に調整できる状態にしておくと良いでしょう。

開発にタブレット＋キーボードは使える？

ここ数年、PC を購入する家庭は減少してきていると言われています。その代わりに使われているのが、画面が大きく操作性が良いタブレットです。このタブレットでも PC と同じように Web サービスの開発ができるのでしょうか？

タブレットは PC と似ている部分も多いですし、Bluetooth キーボードを接続するなら、PC と同じような使い勝手になります。そのため、Web サービスの開発は**不可能ではありません**。タブレット上の開発環境も日々充実しつつあります。

ただ、「不可能ではない」ことと快適な開発環境とはイコールではありません。

タブレットでは PC ほど開発環境の選択肢が多くはありません。基本的には、タブレットを開発用途で使うのは少数派なので、さまざまな不都合が出てくるでしょう。もしもタブレットで開発するのであれば、そうした不都合を覚悟してかからないといけないでしょう。

結論を言うと、スマホやタブレットでの開発は不可能ではありませんが、あまりオススメはできません。

スマホやタブレットで快適に開発する！

　本文ではタブレット（スマホ）で開発することはオススメしませんでしたが、最近の傾向からして、スマホやタブレットでの開発が今後の主流となる可能性もあります。ここでは、どうすれば少しでも快適に開発できるのかを考えてみましょう。

　まず、現状ではPCほど十分なリソース（マシンスペックおよび開発ツール）が得られないので、スマホやタブレット単体で開発をするのではなく、外部の環境も利用することです。具体的には、スマホやタブレットに、ターミナルやシェルをインストールし、外部の開発サーバーに接続して使いましょう。この方法だと、PCでターミナルを開いて開発作業を行うのとほぼ同じ環境で開発ができます。スマホやタブレットだけで完結するわけではないのですが、現状では最善の手段と言えます。

　ただし、問題もあります。

　ターミナルで操作するので、どうしてもコマンドライン主体で作業を行うことになるので、ターミナル (sshや各種コマンド) の扱いに慣れている必要があります。スクリーンエディターのviやemacsなどの操作に慣れている人であれば問題ありませんが、初心者には敷居が高く、あまりオススメできません。

AndroidのTermuxを使えばスマホがLinuxマシンそのものに

　これはAndroidのみに限定される方法ですが、アプリの **Termux** を使うと、Linuxのターミナル環境をAndroid上に構築できます。ターミナル環境だけで十分というのであれば、タブレットやスマホでもPCとほぼ同じ使い勝手で作業ができるようになっています。

　筆者もAndroidスマホにTermuxをインストールして活用しています。Termuxならネットのない飛行機の移動中でもPythonやPHP、Node.js、Go言語、C言語など、さまざまなプログラミング言語を動かせるので重宝しています。狭い機内でも、スマホとBluetoothキーボードの組み合わせは場所をとらず、それなりに作業を行うことができます。

▲ TermuxでPythonを動かしているところ

第1章　Webサービスを作るための心構え

どんな機材を用意したら良いのか

　本書を手に取っている多くの方は、すでにPCとスマートフォンを持っているのではないでしょうか。その場合には、それらをそのまま利用することができます。Webサービスの開発を行う際に、手持ちの機材が使えるのなら、初期投資ほぼゼロで済みます。

　Webサービスの開発を目論んでいる上に、ちょうど機材を買い換えたいと思っているのでしたら、以降の解説を参考に機材を調達すると良いでしょう。

マシンの性能はどの程度？

　一般的に、PCは性能が良いに超したことはありません。しかし、Webサービスの開発に高性能のマシンは不要です。Webサービスは手元のPCで開発した後、本番環境のWebサーバーにプログラムを転送し、その上で動かすものだからです。

　つまり、いくら開発環境を良いものにしても、本番環境には影響がありません。また、Webサービスの開発は、テキスト編集を主体としたものが多く、CPUを酷使するアプリのコンパイル作業もほとんどありません。

　結論としては、**Webサービスの開発に高スペックのPCは不要**です。

スマホ向けネイティブアプリを作る場合

　ただし、Webサービスと同時に、スマートフォンのネイティブアプリも一緒に開発したいというケースも最近ではよくあります。

　スマホ向けネイティブアプリの開発は、Webアプリの開発とは違って、それなりのマシンスペックが必要となります。開発技術やツールが異なるからです。

　本書では詳しく説明しませんが、その場合、開発環境ごとに必要なマシンスペックが異なりますので、開発技術やツールの推奨開発環境を確認した上でPCを購入すると良いでしょう。

　もしもAndroidアプリを作るのであれば、以下のAndroid Studioの要求スペックを確認しましょう。

● Android Studio ＞ システムの動作要求条件
[URL] https://developer.android.com/studio?hl=ja#Requirements

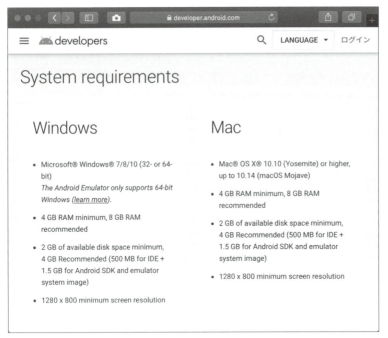

▲ スマホ向けネイティブアプリを作る場合には、ツールが要求するマシンスペックが必要になる

Web 開発用なら Windows と Mac のどちらが良いのか？

　Windows と Mac、どちらが良いのでしょうか。過去にはデザイン系ならば Mac、事務系ならば Windows と役割分担のようなものがありました。

　しかし、今ではそれほど明確な役割分担はありません。結論から言えば、どの OS のマシンを使っても同じです。

　とは言え、iPhone / iPad（iOS）向けのアプリを開発するのであれば、自然と Mac を選択する必要があります。残念ながら、Windows マシンだけで、iOS アプリを開発することはできません。

　macOS 搭載マシンが必要です。また、macOS に開発ツールの Xcode をインストールする必要があります。古い Mac では最新の Xcode がインストールできない場合があるので、この点も気をつけましょう。

第1章　Webサービスを作るための心構え

そのほか、Web開発にMacを使うメリットとしては、macOSがUNIX/Linuxの共通仕様であるPOSIXに準拠したOSであることです。そのため、Webで利用される多くのソフトウェアを手軽に導入できる仕組みが整っています。ただし、この点に関しては、Windows10で、WSL(Windows Subsystem for Linux)の仕組みが追加され、Windows上で簡単にLinuxを動かせるようになっています。パフォーマンスさえ気にしなければ、Windows上でもLinuxを動かして、本番環境と同じように開発を行うことができます。

> **memo**
>
> ## 格安PCでも大丈夫？
>
> ここまでの部分で考えたとおり、Webアプリを作るのであれば、数万円で買える格安PCでも問題ありません。
>
> ただし、重厚な統合開発環境(IDE)を使って開発を行うと言う場合、または、上記で言及したように、AndroidやiOSのネイティブアプリも一緒に開発したいという場合には、多少スペックの良いPCを用意する必要があります。最初にWebサービスをリリースし、軌道に乗ってきたらPCをリニューアルするという計画を立てるのも良いでしょう。

どんなスマホがいいのか

次に、スマホはどんなものが良いかを考えてみましょう。

テスト用に1台だけ用意するのであれば、ユーザーが最も利用しているモデルを準備するのが良いでしょう。

スマートフォンの市場シェアを参考にできます。2020年3月のwebrageの統計[1]では、日本のiPhoneのシェアは58.28%、その他がAndroidです。そのため、1台だけ用意するのであれば、iPhoneを1台用意しておくとよいでしょう。しかし、iOSとAndroidでは機能や動きが異なる場面もあるので、iPhoneに加えて、Androidを1台、持っておくと安心です。

また、Webアプリを作る際に、使い勝手やデザインを確認する必要がありますが、画面サイズによって大きく見え方が変わってきます。そのため画像解像度や縦横の比率も考慮しつつ、その時点で最も使われている機種を選ぶと良いでしょう。

---

[1] webrage スマートフォン・シェアランキング TOP10 — https://webrage.jp/techblog/sp_share/

Web サーバーは用意した方が良いのか？

　一般公開するのと似た環境でテストできる Web サーバーは用意した方が良いのですが、必須というわけでもありません。なぜなら、開発用の PC を Web サーバーとして使うことができるからです。こうすれば自宅に仮の Web サーバーを構築できます。

▍自宅で疑似テストするにはラズパイが最適

　最も安価に Web サーバーを構築できるのが、5000 円程度で購入できる手のひらパソコンの Raspberry Pi です。安価でありながら、Web サーバーとして十分テストできます。しかも、Raspberry Pi はストレージが SD カードのみというシンプルな構成です。そのため、SD カードを差し替えるだけで別の用途のマシンとして利用できるのです。

　また、Raspberry Pi の推奨 OS は、Raspbian という名前で、これは、Debian(Linux ディストリビューションの 1 つ) をベースに開発されているものです。つまり、Raspberry Pi の扱いを通して、Linux に慣れることができます。有償の Web サーバーを借りる前に、自宅に Linux の環境を作って慣れておくことは、大きなアドバンテージとなります。

　なぜなら、設定を間違えたり、破壊的なコマンドを実行して、環境を壊してしまっても、Raspberry Pi の SD カードを初期化してすぐにやり直すことができるからです。そうです。Raspberry Pi は、安価で手軽に壊して作り直せる Linux 環境なのです。

　以上、開発に必要なハードウェアについて紹介してきました。基本的に、パソコンとスマートフォンがあれば、Web アプリの開発が可能です。Web サービスや Web アプリの開発は、投資金額も低く、知識と根気さえあれば、誰にでも始められる事業の 1 つです。

▲ Raspberry Pi が 1 台あれば Linux について学べる

ラズパイが1台さえあればWebサービスは作れる

　Webサーバー用にRaspberry Pi(以後、ラズパイと略す)を紹介しましたが、究極を言えば、ラズパイが1台あればWebサービスの開発は可能です。もちろん、簡単というわけではありません。ラズパイ推奨OSのRaspbianはLinuxなので環境の構築など敷居は高くなってしまいます。

　しかし、どうせ、実際にWebサーバーを運用することになれば、ターミナルからコマンドを実行する必要がありますし、Linuxに関する知識も必要となります。そうであれば、最初からラズパイをメインマシンにして開発するというのも悪くありません。

　何より、本体5000円、電源やキーボード、SDカードなども含めて、1万円も出せば、立派な開発マシンが手に入るのですから、良い時代になったものです（ただし、ラズパイのセットアップにはPCが必要になります。もどかしいですね。それでも、PCがない場合は、OSセットアップ済みのSDカードを購入するという手もあります）。

作成対象と必要機材のまとめ

　ここまで、一通りWebサービスの開発に必要な機材について言及してきました。何を作るときに何が必要なのか簡単にまとめておきましょう。

Webサービスの開発に必要なもの

- PC(Win/Mac問わない)、ただし、タブレットやスマホでも代用可能
- スマートフォン実機

Androidネイティブアプリの開発に必要なもの

- PC(Win/Mac問わない)
- Androidスマートフォン、または、タブレット実機

iOS ネイティブアプリの開発に必要なもの

● Mac (注意 : Windows マシンでは開発できない)

● iPhone / iPad 実機

それでは、最後に本節の内容をまとめてみましょう。

この節のまとめ

→ Web サービスの開発に必要なのは、パソコンとスマートフォン

→ 高スペックなパソコンは不要

→ ただし、スマートフォンアプリも一緒に開発をするならそれなりのマシンが必要

→ Raspberry Pi は安価な Linux マシン、Web サーバー操作の練習にぴったり

第1章 | Webサービスを作るための心構え

1-2

世の中のサービスはサーバーとクライアントでできている

この節では Web サービスの仕組みについて考察してみましょう。難しいことを知らなくても、なんとなく簡単なサービスを作ることはできます。しかし、最低限基礎的な事柄をおさえておくと、その後の理解がスムーズです。

ひとこと
● サーバーとクライアントでWebサービスはできている

キーワード
● サーバー ● クライアント ● Webブラウザー

サーバーとクライアントとは

　Web の世界をはじめ、現代のコンピューター同士は、**クライアントサーバーモデル**と呼ばれるネットワークのモデルで成り立っています。このモデルでは、ネットワークの中央にサーバー（提供者）のコンピューターがあり、複数のクライアント（顧客）がサーバーに接続するというものです。

029

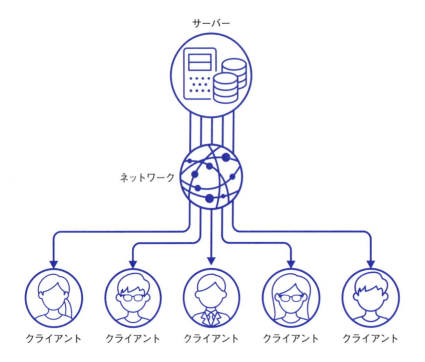

▲ **クライアントサーバーモデル**

　このモデルは、かつてメインフレームと呼ばれるコンピューターが使われていた時代に登場しました。当時のコンピューターは高価で大型だったので、複数のユーザーがメインコンピューターに接続して利用しました。ユーザーは、簡単な入力と表示機能だけを持つ端末を利用し、実際の計算はメインコンピューターに処理させていました。

　その後、コンピューターの性能は向上しましたが、当時と同じように、特定の処理を受け持つサーバーとなるメインコンピューターと、そのコンピューターに接続して処理を依頼するクライアントに役割分担するモデルが一般化しました。

　クライアントサーバーモデルにおいては、サーバーは中央集権的な役割を果たします。クライアントはサーバーに対して接続を行い、何かしらの処理を依頼します。そして、サーバーは依頼に対して何かしらの返事を返します。つまり、クライアント（顧客）は、サーバー（提供者）に対して、「要求（リクエスト）」を送信し、サーバーが要求に対する「応答（レスポンス）」を返信します。これを繰り返し行うことで、何かしらの処理が行われます。

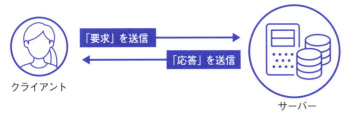

▲ クライアントが要求するとサーバーは応答を返す

Web 周辺で使われる用語

ここから、Web 周辺で話題となるキーワードについて、簡単にまとめてみましょう。

Web とはなにか

最初に「Web(ウェブ)」とは何でしょうか。私たちは普段から Web と一言で言いますが、いざ「きちんと説明してください」と言われると、すぐには答えられないかもしれません。

Web(ウェブ)とは、WWW(World Wide Web) の略語です。インターネット上にハイパーテキストと呼ばれる仕組みを利用して、さまざまな情報を関連づけ結びつけるシステムのことです。そもそも、Web とは「クモの巣」を意味する単語で、クモの巣のように世界中に張り巡らされた情報を取得できるシステムです。

ハイパーテキスト

「ハイパーテキスト (Hyper Text)」とは、複数の文書（テキスト）を相互に関連付け、結び付ける仕組みです。なお、文書間を結びつける参照のことを「ハイパーリンク」と言います。後述しますが、ハイパーテキストを記述する言語が HTML です。

HTTP とは？

HTTP とは、HyperText Transfer Protocol の略です。つまり、ハイパーテキストを送受信するための通信規約です。Web サーバーと Web クライアント (Web ブラウザー) の間でデータの送受信を行うために用いられます。先程説明したようにクライアントサーバーモデルが採用されており、Web クライアントが要求 (HTTP リクエスト) を送信すると、Web サーバーは要求に応じた応答 (HTTP レスポンス) を返すという仕組みになっています。

HTTPS とは？

HTTPS とは、Hypertext Transfer Protocol Secure の略です。HTTP 通信は暗号化されていませんので、認証や暗号化を行う場合には不都合があります。そこで、通信を安全に行うために、SSL/TLS プロトコルを用いて、サーバーの認証や通信内容の暗号化・改ざん検出を行います。

近年では、安全性の観点から HTTPS の導入が推奨されており、検索エンジンでは、HTTPS を使用する Web サイトが優遇されます。そのため、今から Web サービスを作るのであれば、HTTPS の利用は必須と言えます。一般的に、SSL 証明書の発行・維持を行うには費用がかかります。しかし、最近では無料で SSL 証明書を発行してくれるサービスもあります。

HTML とは？

HTML とは、HyperText Markup Language の略です。ウェブページ（ハイパーテキスト）を作成するために開発された言語です。私たちは、Web ブラウザーで Web サイトを閲覧しますが、Web ブラウザーで見ている大抵のページは、HTML で記述されたページです。ハイパーテキストでは、ある Web から別の Web ページにリンクを 埋め込んだり、画像や音声、動画などのメディアを埋め込むこともできます。

HTML5 とは？

HTML5 とは、HTML の 5 回目の大幅な改訂版です。HTML は、W3C(World Wide Web Consortium) という非営利団体によって標準化が行われています。2008 年に草案が発表され、2014 年に HTML5 が勧告されました。HTML5 では、HTML の文書構造だけでなく、JavaScript の API も仕様に含まれています。

HTML5 の登場以前 (2008 年以前)、Web ブラウザーの機能を補うため、Flash や JavaFX、Silverlight などのプラグインをインストールして利用することが一般的でした。しかし、HTML5 ではそれらのプラグインを利用することなく、最新のメディアをサポートし、Web 体験を向上させるさまざまな JavaScript の各種 API がどの Web ブラウザーでも利用できるように仕様として追加されました。

Web アプリとは？

Web アプリとは、Web 上で動作するアプリケーションのことです。

ただし、Web アプリと一言で言うものの、「サーバーサイド」と「クライアントサイド」に分けて考えるのが一般的です。

サーバーサイド

サーバーサイドでは、Web サーバー側でプログラムが動作し、実行結果だけを Web ブラウザーに送信します。サーバーサイドスクリプトと言うと、スクリプト言語の PHP や Python、Ruby などを利用して、サーバー側で動作するスクリプトのことを言います。

クライアントサイド

それに対して、**クライアントサイド**というのは、Web クライアント、つまり、Web ブラウザー上でプログラムを動かすことを言います。Web サーバーは、プログラムの実行結果ではなく、プログラム自身を Web ブラウザーに送信し、Web ブラウザー上でプログラムを動かします。一般的に、クライアントサイドスクリプトと言えば、JavaScript のことです。

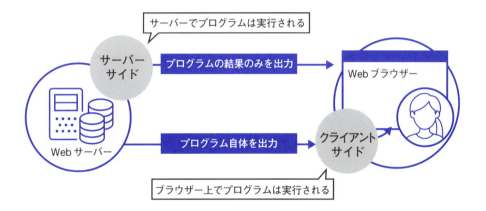

▲ サーバーサイドとクライアントサイドの違い

このように、サーバーサイドと、クライアントサイドでは、実行できるプログラミング言語が異なりますし、実現可能なことも異なります。サーバーサイドでは、Web サーバーのさまざまなリソース (データベースやファイル) にアクセスできますが、クライアントサイドからは、これら Web サーバーのリソースに直接アクセスすることはできません。逆に、クライアントサイドでは、ユーザーの端末から GPS 情報を取得することができたり、ゲームやグラフを端末の画面上に描画することができます。

そのため、昨今の Web アプリは、どちらかだけで作ることは少なく、サーバーサイドとクライアントサイドの両方を利用してアプリを作るのが一般的です。

column

「クライアントサイドと言えばJavaScript」の状況が変わる？！

　かつて、クライアントサイドで利用できるプログラミング言語と言えば、Webブラウザーが対応しているJavaScriptだけでした。例外として、マイクロソフトのWebブラウザーInternet Explorerでは、VBScriptが使われることもありました。しかし、**WebAssembly**と呼ばれるバイナリ形式の低水準言語が実行できるWebブラウザーが増えてきており、C言語/Rust/Go言語など、WebAssemblyに対応するプログラミング言語を利用して、クライアントサイドのプログラムを作ることが可能となっています。

この節のまとめ

→ サーバーとクライアントの関係について理解しておこう

→ サーバーとクライアントの通信は、要求（リクエスト）と応答（レスポンス）の繰り返しで成り立っている

→ Webサーバーで動作するサーバーサイドスクリプトと、Webブラウザーで動作するクライアントサイドスクリプトがある

→ モダンなWebアプリでは、サーバーサイドとクライアントサイドを協調させてアプリを構築する

第1章 | Webサービスを作るための心構え

1-3

Webサーバーはどう選ぶ？

Web サービスを開発しようと思ったとき、最も重要なものは Web サーバーです。Web サーバーがなければサービスを公開することができません。ここでは、Web サーバーの調達方法を紹介します。

ひとこと
● クラウドからレンタルサーバーまでよりどりみどり

キーワード
● レンタルサーバー
● VPS
● クラウド
● SaaS/PaaS/IaaS
● AWS/GCP/Azure

サービスを公開するには Web サーバーが要る

前項までの部分で、Web サービスを開発する上で必要となる機材について紹介しました。Web サービスの開発には、特別な機材は要らないということを強調しました。

しかし、実際に Web サービスを一般公開する段階になったら、公開用の Web サーバーが必要となります。

自宅サーバーは管理コストが高い

もちろん自宅サーバーでアプリを公開することもできます。しかし、結論を言うと、自宅サーバーはコストが高いのでオススメできません。ここでいうコストとは、管理にかかるコストのことです。

自宅サーバーは管理にかかるコストが非常に高く実用的ではありません。具体的には、電気代やメンテナンスにかかる自分の手間です。サーバーというのは常に動いているのが前提ですが、それを実現するためには、サーバーを放っておかず、一定の時間ごとに動作確認を行い、外部からの攻撃、エラーメッセージなどをチェックする必要があります。また、サーバーの OS やアプリもアップデートされるため、それらを実行・管理する必要もあります。さらに、ネットワークも常に接続されていない

といけません。そうした管理コストに加えて、ある程度の能力をもったサーバーは熱や騒音も問題になります。

こうした一連の問題もありますが、自宅サーバーに興味がある人もいるでしょうから、自宅サーバーと外部サーバーについて紹介しましょう。

Raspberry Pi で運用する自宅サーバー

前項で紹介したように、Raspberry Pi は開発環境として非常に優秀です。なにしろ安価で、なおかつLinux などのサーバー OS も簡単にインストールできるのが特徴です。

開発だけでなく Web サーバーとしても使えます。

自宅のルーターの設定がクリアできれば、Raspberry Pi を自宅の Web サーバーとして一般公開できます。USB 給電であり、省電力でもあります。

Raspberry Pi を Web サーバーにする問題点は、安定性です。「Raspberry Pi 自宅サーバー」というキーワードで検索してみるとわかりますが、SD カードが頻繁に壊れたり、熱暴走してサーバーが落ちたりするトラブルが多く見られます。ただし、Raspberry Pi を馬鹿にすることはできません。それほどアクセスが多くないことが前提であれば運用できる可能性はあります。少数のユーザーに向けて付加価値のある情報を提供するサービスであれば十分かもしれません。しかし、ある程度のユーザーを期待する Web サービスを運用する場合には、力不足でしょう。

スペックの高いマシンと高速回線で自宅サーバー

自宅に十分なスペックを持つマシンを用意し、高速なインターネット回線を引き込んだ場合はどうでしょうか。この場合、マシンの安定性があり、それなりにアクセスを処理できるでしょう。ただし、費用がかかってしまいます。まず、高性能なマシンは電気代がかかりますし、高速なインターネット回線も安くありません。外部のサーバーをレンタルする場合と費用を比較してみると良いでしょう。また、サーバーの発する騒音も考慮する必要があります。自宅であれば家族から（専用の防音室のない会社であれば社員から）不満が出てくると思われます。さらに、停電対策に専用の機器（UPS）も必要です。そのため、外部のサーバーをレンタルする方がずっと安く安定して運用できるのです。

もっとも、自宅サーバーには大きなメリットもあります。それは、自由度が非常に高いことです。自由にマシン構成を変更できますし、ストレージやメモリが不足したとき、自分のタイミングで安い部品を調達してきて増設できます。大量の画像や動画を提供するサービスであれば、以下で紹介するどの構成よりも安く運用できる可能性もあります。加えて、好きな OS やディストリビューションを利用できる点もメリットです。一般的なレンタルサーバーは、安定度を優先した構成となっているため、好きなソフトウェアを利用できない場合があるからです。

レンタルサーバーの Web ホスティングを利用する場合

　最も手軽で、最も安いのは、外部のレンタルサーバーで Web ホスティングする方法でしょう。レンタルサーバーは、安いものでは月 100 円のものから、月数千円のものまでさまざまです。アクセス数やレンタルサーバーが提供している機能に応じて選択すると良いでしょう。月々の費用が固定なので、事業計画が立てやすいというメリットがあります。

　ただし、制約もあります。多くのレンタルサーバーは、一般的な構成の Web サーバーで構築されており、「枯れた技術」と呼ばれる安定性を重視したアプリのみがインストールされています。好きなプログラミング言語やソフトウェアが自由にインストールできません。また、レンタルサーバーのコストが安いのは、複数人数で 1 台のサーバーを共有して使用しているというのが理由です。そのため、特殊な独自アプリを動かすなど CPU を独占する状態が続くと、アクセス制限を掛けられることもあります。

　一般的に利用できるプログラミング言語は、PHP、Perl、Ruby、Python です。PHP 以外は、CGI モードで動かすことを強要されるため、使えるフレームワークが制限されることもあります。開発にフレームワークを使う必要がある場合には注意したいポイントです。

VPS を利用する場合

　多くのレンタルサーバーでは、手軽な Web ホスティングに加えて、VPS サービスを提供しています。VPS とは、Virtual Private Server の略です。これは仮想専用サーバーです。1 台のサーバーを複数のユーザーで共有する点は、上記のレンタルサーバーと一緒ですが、仮想的に専用サーバーを構築します。そのため、専用サーバーと同じ自由度がありながら、料金はレンタルサーバーと同等です。サーバーのさまざまな機能を制御できるルート権限を与えられますので、好きなアプリやツールを自由にインストールして利用することができます。大抵の Web サーバーの OS は有名な Linux ディストリビューションの Ubuntu や CentOS などですが、Windows やカスタム OS を選択できるプランを提供している場合もあります。

　ただし、VPS にも欠点があります。まず、専用サーバーと同じということは、基本的なサーバー運用の技術が必要とされます。具体的には、Linux に関するが求められます。VPS を契約したばかりの状態では、Web サーバーソフトウェアさえインストールされていません。そのため、最低限の環境構築を行うにも、コマンドラインを操作してさまざまな環境をセットアップする必要があります。また、最低限のセキュリティ対策も施す必要もあります。定期的にツールを最新版にアップデートしたり、不正アクセスを防ぐ方法を学んだりしなければなりません。また、サーバーが落ちたりした時に、何が原因で落ちたのかを究明し、どのように復旧したら良いのかを自分で対処する必要があります。

　さらに、実際には共有サーバーであることも考慮する必要があります。専用サーバーではないので、あまり、マシンのリソースを占有してしまうと、制限がかけられてしまう点はレンタルサーバーと同じです。リソースを大量消費する機械学習や AI などのサービスは許可されていない場合も多く、そうした利用ではすぐに制限をかけられてしまうことでしょう。

専用サーバー

　VPS でサーバー管理に習熟し、さらに多くのアクセスに対応したいという場合には、専用サーバーのレンタルにステップアップすることができます。自分に必要なスペックのマシンを独占して使うことができます。機械学習をはじめとするリソースを大量消費する AI 関連のサービスの利用も問題ありません。しかし、専用サーバーを利用する場合、料金はぐっと高くなります。

クラウド

　クラウドサービスを利用するという選択肢もあります。AWS(Amazon Web Service) や、Microsoft Azure、Google Cloud Platform(GCP) など、有名な Web 企業が運営する安定したネットワーク上で自分のアプリを運用することができます。クラウドサービスを使えば、専用のコントロールパネルから、必要なだけのサーバーを調達したり、ストレージを追加したりすることができます。必要がなくなった時点でサーバーを減らすことで、費用を抑えることも可能です。また、多くのクラウドサービスでは、無料枠が用意されています。そのため、開発中やユーザーが少ない段階では課金が発生しないというのもメリットです。

　ただし、クラウドは安いと言われているものの、上記のレンタルサーバーや VPS と比べると割高になることも多くあります。特にアクセスや利用頻度が多くなると、思わぬ費用がかかってしまう危険もあります。**クラウド破産**という言葉を聞いたことがあるでしょうか。サービスが話題になり一気に想定以上のアクセスがあった場合に、サービスが落ちることはありませんが、突然、数百万円超えの請求が来ることがあるのです。それだけ話題になるのは嬉しいものの、その出費に見合う収入の手立てを用意していないとサービスの継続が難しくなります。

　多くのクラウドサービスには、想定金額を超えるとアラートで通知する機能がついていますし、このまま使っていくとどのくらい費用がかかるかという予想金額を定期的に送ってくれる機能もあります。利用最大金額を指定できるものもあります。そのため、過度にクラウドを恐れることはありません。また、利用開始前に各サービスごとに必要予算の見積もりツールも用意されています。

　いずれにしても、クラウドを利用する場合、アラートや見積もりツールを利用して予算を管理するのは大切なことです。もしも、ゼロからのスタートで全くアクセス数や予算の見通しが立たないという場合には、定額制の VPS や Web ホスティングサービスを利用するか、クラウドの中でも定額で運用できるものを探してみると良いでしょう。

クラウドの区分、SaaS / PaaS / IaaS について

ところで、今ではクラウドの利用と言っても、SaaS / PaaS / IaaS に分けて利用を考察するのが一般的です。最初にそれぞれの意味を掴んでみましょう。最初に次の図を見てください。SaaS / PaaS / IaaS と横文字が並んでいるので、分かりにくいですが、どこまでのサービスがクラウドベンダーによって提供されているかを、区分しているだけです。

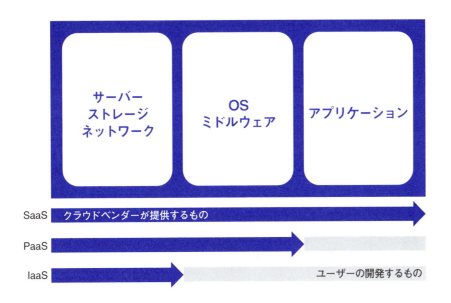

▲ SaaS / PaaS / IaaS がカバーする範囲の違い

まず、**SaaS（サース／サーズ）**とは、Software as a Service の略です。ベンダーが提供するソフトウェアをインターネットを経由して利用するサービスのことです。Gmail、Dropbox などが代表例であり、一般ユーザーが使うクラウドサービスと言えば、SaaS となります。つまり、開発者が利用するクラウドは、次の PaaS と IaaS です。

PaaS（パース）とは Platform as a Service の略です。アプリケーションの実行に必要なプラットフォームを提供するサービスのことです。サーバー、ストレージ、ネットワークなどの開発基盤プラットフォームを提供します。ここまで紹介したように、自前で Web サーバーやアプリケーションの実行環境を準備するのは、大変ですが、PaaS を利用するなら、アプリケーションの運営が容易になります。代表例として、Google App Engine や Windows Azure、Heroku などがあります。

それから、**IaaS（イアース／アイアース）**とは、Infrastructure as a Service の略です。従来ハードウェアによって構成されていたサーバー、ストレージ、ネットワークなどのシステムをインターネット越しにサービスとして提供します。使いこなすには専門的な知識が必要となりますが、その分、自由度が高いアプリを作ることができます。AWS の EC2、Google Compute Engine などが代表です。

結局のところ PaaS か IaaS か

　上記のように、一口にクラウドで開発を行うと言っても、開発環境をゼロから構築する IaaS か、人気の開発環境の上でアプリだけを開発する PaaS かを選ぶことができます。

　そもそも、IaaS、つまり、クラウドのコンピューティングサービス (AWS の EC2 や、GCP の Compute Engine など) を利用すると、仮想的なマシンを 1 台丸ごと使うことができるので、非常に自由度が高い反面、セキュリティ対策や、定期的なマシンのメンテナンスなど、インフラのメンテナンスを自分で行う必要があります。また、サーバー構成などクラウド特有のノウハウも必要となります。

　これに対して、PaaS を使うなら、インフラ管理をクラウド業者に任せることができるため、サービスの開発と運営に集中できます。何でもできるというわけではなく、自由度が下がるのは確かですが、人気のプログラミング言語やフレームワークを使えるように配慮されているので、メジャーな開発環境を利用するつもりであれば、困ることはないでしょう。

　クラウド業者の中には、料金のわかりにくさを払拭するため、分かりやすい月額プランを用意し、急なアクセスがあったときのみ、追加料金を払えばリソースを拡張できるというプランを用意しているものもあります。

　まとめると、PaaS か IaaS の選択に関しては、インフラをどの程度、自分でコントロールしたいのかという点に尽きるでしょう。よく「自由には責任が伴う」と言いますが、IaaS を選ぶなら自由にサーバー構成を構築できる反面、それなりのノウハウが必要となります。

　安く安定したサービスを作ることが目標ならば、安いサーバーで動く技術を採用せざるを得ません。しかし、それによって開発するサービスの機能が制限されるなら本末転倒ということになります。どのサーバーで運用するのかは、開発するサービスの企画がまとまった時点で考えておく必要があるでしょう。2 章では、実際の有名サービスがどんな環境で動いているのかを紹介するので、それも参考にしてください。

この節のまとめ

→ どんなサービスを作るかによって、それに応じたサーバー構成を選択する必要がある

→ Web ホスティングは安いが自由度が低い

→ クラウドと一言で言っても、PaaS か IaaS を選ぶことになる

→ 予算や利用する技術を元にして選択すると良い

第1章 | Webサービスを作るための心構え

1-4

Webサービスでどうやって稼ぐのか？

Webサービスを運営するにはお金がかかります。そのため、最低限のサーバー代くらいは稼がないと安定してサービスを継続できません。ここでは、Webサービスで稼ぐ方法を紹介します。

ひとこと
● Webサービスを作ってざくざく儲ける方法まとめ

キーワード
● マネタイズ
● アドセンス
● フリーミアム
● サブスクリプション

どんな Web サービスを開発するにしても、お金は必要

　皆さんは、なぜ Web サービスを開発しようと思っているのでしょうか。世の中を良くしたい、世界中の人の生活を変えるような偉大なサービスを作りたい、みんなの役に立ちたいなど、いろいろな目的があることでしょう。

　残念ながら、どんなに大きな志があったとしても、Web サービスは無料で運営することはできません。サービスの開発費用のほかに、最低限、毎月サーバー代が必要になります。例え、外部の Web サーバーを借りないで、自前の自宅サーバーで運営しようとしたとしても、電気代やインターネットの接続代がかかります。つまり、お金を稼がないことには、サービスを安定運営することはできないというのが現実です。

　しかし、安心してください。Web サービスを作って、それが人々に気に入られ使われるようになれば、お金を稼ぐことができます。それでは、ここでは、どうやってお金を稼ぐことができるのか紹介します。

041

マネタイズとは？

ネットの無料サービスから収益を得ることを**マネタイズ** (monetize) と呼びます。これは、2000 年代後半から Web 業界で使われるようになった言葉です。その頃から、広告収入、アフィリエイトなど、無料サービスを収益化する手法が登場してきました。

大きく分けて、マネタイズには四つの種類があります。

(1) 広告モデル（クリック報酬型、成果報酬型、インプレッション報酬型など）

(2) EC モデル（商品の販売など）

(3) 課金モデル（サービスの利用料、有料会員費など）

(4) 仲介モデル（物品の売買仲介など）

これらを 1 つずつ確認していきましょう。

広告モデル - 最も手軽なマネタイズ手法

マネタイズで最も簡単で手間がかからないのが、この広告モデルと言えるでしょう。Web サービスに広告を表示することで収入を得るのです。

広告モデルには、さまざまな種類のものがあります。広告をクリックすることでいくらか報酬が得られるのが**クリック報酬型**です。広告をクリックしただけでは報酬につながらず商品を購入してはじめて報酬が得られるのが**成果報酬型**です。また、単純に広告の表示回数によって報酬が得られる報酬**インプレッション報酬型**もあります。これらは、総じてアフィリエイトと呼ばれ、アフィリエイト業者が用意した広告タグを、Web サービスに貼り付けるだけで、収入が得られます。

広告モデル > クリック報酬型

有名なクリック報酬型の広告には、**Google アドセンス**があります。自動で Web サイトにマッチする広告を選んで表示してくれるため手間要らずです。サイトの訪問者によって広告がクリックされると報酬につながります。

Google アドセンスの場合、本書執筆時点で、1 クリックあたりの単価は 10 円から 30 円ほど、クリック率は、0.05% から 1% で平均は 0.4% と言われています。つまり、クリック率が平均 0.4% の場合で言えば、広告が 250 回表示されてはじめて 1 回クリックされるという計算です。

ここから、簡単に予想収入が計算できます。クリック単価を 20 円、クリック率を 0.4% と仮定した場合、月 1 万円稼ぐためには 500 回クリックされる必要があり、そのためには、12 万 5 千回広告が表示される必要があります。ですから、もし月 10 万稼ぎたいと思ったら、広告が 125 万回表示される必要があります。

042

第1章　Webサービスを作るための心構え

　ちなみに、Googleでは広告を入札形式で募っているため、1クリックの単価は、キーワードの人気やサイトの状況に応じて上下します。このクリック単価をCPC(Cost Per Click)と呼びます。

　また、クリック率をCTR(Click Through Rate)と呼びます。これは、広告が何回表示されて、何回クリックされたかを確認する指標です。計算式はクリックされた回数÷表示された回数×100です。先ほども紹介しましたが、広告の配置位置や、Webサイトの扱う分野によって変化します。

　なお、ITリテラシーが高ければ高いほど、クリック率は低下傾向にあります。特に、ゲームやIT系に関する情報はクリック率が低くなる傾向があります。

広告モデル > 成果報酬型

　次に、成果報酬型の広告があります。これは、商品の広告を掲載し、商品が実際に購入されると、商品の数パーセントが報酬として支払われる方式のアフィリエイトです。**Amazonアソシエイト**や、**楽天アフィリエイト**が有名です。

　Amazonアソシエイトでは、商品カテゴリーに応じて、0.5%から10%が紹介料として支払われます。ちなみに、ゲームソフトや家電などは2%、食品やバッグ、Kindle本が8%、Amazonビデオのレンタルが10%です。

　楽天アフィリエイトでは、売れた商品のジャンルに応じて、2%から8%が報酬となります。家電やデジタルコンテンツが2%、オモチャやゲーム・本が3%、美容コスメ・医薬品が4%、ビールやアクセサリー・食品が8%となっています。

広告モデル > インプレッション報酬型

　広告の表示回数に応じて報酬が支払われるのがインプレッション報酬型です。一般的に、料率が低いのが特徴です。実は、Googleアドセンスにもインプレッション報酬があり、既定条件に応じて報酬が支払われます。

広告モデル > その他

　他にも、有名なWebサービスとなれば、広告代理店や特定の企業から問い合わせがあり、広告を掲載して欲しいという場合もあります。その場合、掲載条件や金額は要相談となります。面白いものを紹介すると、筆者の個人ブログに対して「半年ほど特別記事（先方が用意）を掲載することを条件に1記事につき2万円払う」というオファーがありました。いろいろな方式の広告があることが分かります。

043

EC モデル - 堅実なマネタイズ手法

　次に、EC モデルを紹介します。これは、実際に商品を販売することです。EC とは Electronic Commerce の略です。EC モデルの代表例が、大手物販サイトの Amazon や楽天です。各企業が独自の物販サイトを運営している場合も、EC モデルに当たります。

　また、商品の販売を主なサービスとするのではなく、Web サービス自体は無料で提供するものの、そのサービスのファンのためにグッズを販売したり、特別企画として記念グッズや別企業とのコラボ商品を販売する方法もあります。在庫のリスクなくオリジナルグッズを作成販売できるサービスもあるので、それらを活用するのも 1 つの方法です。

　アプリ系の Web サービスとは少し異なりますが、糸井重里氏が運営する「ほぼ日刊イトイ新聞」では、1998 年から毎日休まず、エッセイ、対談、インタビュー記事を掲載し続けています。他社の広告がない状態で運営していますが、サイト内で「ほぼ日手帳」と題した手帳を販売しており、2017 年に上場した際には、売上の 7 割がこの手帳の売上であることを公開しました。無料サービスとして運営しながらも、EC モデルをうまく取り入れて成功している好例と言えます。

課金モデル

　Web サービスを利用するために、利用料や年会費を受け取るのが、この課金モデルです。最初から有料のサービスを打ち出しても、なかなか使ってもらえないため、体験版を出したり、フリーミアム方式で最初は無料で使ってもらい、サービスの一部だけを有料にするなど、さまざまな方法があります。

課金モデル > フリーミアム

　オンラインストレージの **Dropbox** やメモアプリの **Evernote** などの Web サービスは基本的に無料で使えるものの、保存容量が大きいプランを選ぶには有料で年会費を支払う必要があります。このように、基本的には無料で使えて、付加価値のあるサービスを利用するにはお金を払う必要がある課金モデルを**フリーミアム**と呼びます。

　Dropbox で言えば、Basic プランを使ううちは無料です。無料でも 2GB のストレージを利用することができます。しかし月々 9.99 米ドルを支払う Plus プランに切り替えると、2TB もの大容量なストレージを利用できる上に、30 日間の履歴巻き戻し機能が利用できるようになります。

　Evernote でも、Basic プランは無料です。基本的にメモを作成したり、月間 60MB までデータをアップロードすることができます。しかし、プレミアムプランに切り替えると、Word や Excel などのオフィスファイルや PDF の中も検索できるようになり、月間アップロードが 10GB まで可能になります。

　国内の成功事例の 1 つに**クックパッド**があります。ユーザーがレシピを自由に投稿できて、膨大なレシピの中から食材や料理名で検索することができるサイトです。無料会員と有料のプレミアム会員があります。プレミアム会員は、人気順検索が可能で殿堂入りレシピもすぐに見つけることができま

す。また、専門家による健康レシピの提案機能、カロリー・塩分量が表示されるようになります。月額280円という気軽さもあり、190万人が利用しています。

なお、全世界のスマホアプリの売上の90%以上がフリーミアムを採用しているという統計もあります。

課金モデル > サブスクリプション

従来型の方法では、アプリやサービスを売り切り型で販売するのが普通でした。しかし、最近では、サブスクリプションの方式で提供するサービスが増えています。これは、利用期間に応じて使用料を徴収する課金スタイルを指します。定期的に利用するアプリやサービスに向いています。

ユーザーにとっても、利用期間に応じた費用を支払うことで、最新のアプリやサービスが利用できるのが良い点ですが、企業や提供側にしても導入に対する敷居が低く、安定した収益が見込めるというメリットがあります。

なお、フリーミアムとサブスクリプションは切っても切れない関係であり、フリーミアムモデルのサービスの大半はサブスクリプションモデルを採用しています。

課金モデル > アイテム課金

アイテム課金は、ゲーム内で利用できるアイテムや、追加コンテンツを課金してユーザーに販売するというモデルです。アイテム課金には、さまざまな形態があります。いくつか挙げてみましょう。

アイテム購入に関するもの

課金することで、性能の高いアイテムが入手できるようになります。無料で遊ぶだけでは入手不可能、または、入手困難なレアアイテムを購入できます。

ランダムにアイテムがもらえるもの

ランダムにアイテムがもらえます。低確率でレアアイテムを入手できるようにすることで、ユーザーが何度も挑戦してくれます。こうした、いわゆる「ガチャ」と呼ばれるものでは、いくら課金しても欲しいアイテムが得られるかどうかわかりません。このようなシステムは、法律で規制がある場合もあります。

キャラクターの外見を変更するもの

課金することで、キャラクターの見た目を変更することができます。

ゲームの継続に関するもの

課金することで、スタミナが回復したり、ゲームオーバーになっても継続してゲームを楽しめるようにします。

追加コンテンツに関するもの

　課金することで、新たなシナリオが遊べるようになります。

仲介モデル

　仲介モデルとは、その名前の通り、人と人の間に立って仲介を行うことで料金を徴収するモデルです。例えば、オークションや物品の売買サービスがこれに当たります。また、仕事やサービスの仲介も考えられます。

　仲介モデルの成功例には**メルカリ**があります。メルカリは、オンライン上のフリマアプリです。商品をカメラで撮影して説明を入れるだけで、商品が出品ができるので人気があります。売上金額の10%がメルカリに入ります。

その他のモデル

　他にも、「寄付モデル」と言って、寄付で運営をまかなっていくモデルもあります。公益性が高いこと、あるいは、ユーザーに応援したいと思わせることが条件になります。例えば、世界最大のオンライン辞書の Wikipedia は寄付で成り立っています。アイドルやアーティストを応援するのと同じように、そのサービスに対してパトロン的な支援を求めるモデルです。

まずは月 3000 円× 10 個を目標に頑張ろう

　Web サービスは気軽に開発を始められるのがメリットの1つです。しかし、知名度を得て収入を得るまでの期間は、全く収入がありません。その点を考慮して、まずは副業で始めるのが良いかもしれません。最初は月 3000 円の収入を目指して頑張ると良いでしょう。月 3000 円稼ぐのはそれほど難しいものではありません。

　そして、一度、作ってしまえば、それほど頑張らなくても収入があるのが、Web サービスの良いところです。もし、月 3000 円しか稼げないとしても、そうした Web サービスが 10 個あれば月 3 万円の収入、34 個あれば月 10 万円を越えます。アイデアをコツコツ形にしていけば、そのうちいくつかは大きく当たって、本業にできるレベルで稼げるようになるかもしれません。コツコツ作っていきましょう。

第 1 章　Web サービスを作るための心構え

この節のまとめ

→ Web サービスの運営にはお金がかかるので、継続して開発したり、安定運営したりするためにはマネタイズの手法を明確にしておくことが必要

→ マネタイズには、大きく分けて、広告モデル、EC モデル、課金モデル、仲介モデルがある

→ コツコツとアイデアを形にしていくことで稼げるようになる

第1章 | Webサービスを作るための心構え

| 1-5 |
Webサービスを作るために必要な技術

Web サービスを開発するには、高価な機材を買いそろえる必要がないことは分かりました。それでは、どのような技術があれば Web サービスを作ることができるのでしょうか。

ひとこと
● Webサービスの開発には幅広い知識が必要だが難しくない

キーワード
● HTML
● CSS
● JavaScript
● Python
● SQL

Web サービスの開発に必要な技術

Web サービスの開発には、さまざまな技術が必要とされます。主なものを挙げるだけでも、HTML / CSS / JavaScript / Python / SQL などがあります。とにかく数が多いので、それらを数えるだけでも息切れしそうになります。

しかし、これらの技術はいずれも難しいものではありません。また、多くの技術は定型化されており、それほど深く知らなくても使うことができます。ある程度、作り込んでいく中で必要なものを学んでいけば良いと言えます。

本書でも、HTML / JavaScript / Python などを使った実際のコードを紹介します。Python に関しては、入門書を読み終えていることを想定しています。各種の技術に関しては、ここで簡単に技術の概要を紹介します。

HTML とは

HTML（HyperText Markup Language）は、Web ページを記述するための言語です。今、私たちが PC やスマートフォンで Web ブラウザーを起動して見ているページのほとんどは、HTML で記述されてい

048

ます。別のページへのリンクや、画像や動画などのマルチメディアを表示したり、見出しや段落といったドキュメントの構造を表現できます。

その構造ですが、基本的にテキストファイルに、HTMLタグを記述したもので、非常にシンプルな構造になっています。以下が最もシンプルなHTMLファイルです。

```
<!DOCTYPE html>
<html>
  <head>
    <title>Webサイトのタイトル</title>
  </head>
  <body>
    <h1> 見出し </h1>
    <div> ここにコンテンツ </div>
  </body>
</html>
```

上記のHTMLファイルをWebブラウザーで確認すると次のように表示されます。<html>...</html>や、<h1>...</h1>と各タグが入れ子状に対応しているところがポイントです。このような入れ子構造を記述することで、複雑な構造のドキュメントも表現できます。

▲ 上記のHTMLをWebブラウザーで確認したところ

CSSとは

CSS(Cascading Style Sheets)とは、HTMLやXMLの要素をどのように修飾するのかを指示する仕様の1つです。HTMLと同じく、W3Cによって仕様が策定されています。

CSSを使うと、HTMLの文書要素の表示方法をカスタマイズできます。以前のHTMLは文書の構造の中に、デザイン要素を示すさまざまなタグが入り乱れて配置されていました。しかし、それでは非常

に HTML が見づらくなります。そのため、文書構造から装飾とデザインを分離させるという理念を実現する為に提唱されました。

```
/* h1 要素の背景を黒色、表示文字を白色に変更する */
h1 {
  background-color: black;
  color: white;
}
```

JavaScript とは

　JavaScript とは、主に Web ブラウザー上で動作し、動的なサイトの構築や Web アプリの構築に用いられるプログラミング言語です。Java と名前が似ていますが、全く異なるプログラミング言語です。
　さまざまな Web ブラウザーで動かすことができるよう、ECMAScript という名前で標準化されています。標準化作業は、Ecma International が行い、ECMA-262 という規格番号で標準化されています。ほかにも、国際的に ISO/IEC 16262 として標準化されており、日本でも JIS X 3060 として標準化されています。
　昨今では、Web アプリを作る際には、必要不可欠の存在となっています。そのため、2015 年に公表されたバージョン 6 である「ECMAScript 2015」以降、大幅な機能が追加されています。
　以下は、画面にメッセージを表示するだけの簡単な JavaScript です。

```
<script type="text/javascript">
  const msg = 'Hello, World!'
  alert(msg)
</script>
```

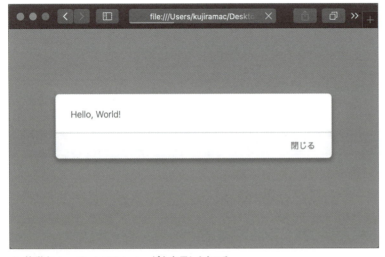

▲ 簡単な JavaScript でメッセージを表示したところ

なお、ページ数の関係で、HTML/CSS/JavaScript については、それほど詳しく解説していません。別途、解説書や Web サイトなどで基礎だけは学んでおくと良いでしょう。

Web サービス開発における Python とは

これまでも、Web サービス開発において、Python は大いに活用されてきました。前項で紹介した JavaScript は Web ブラウザー (クライアント側) で動かすプログラミング言語ですが、Python は Web サーバー上で動かす言語です。Web サーバー上で動的に HTML などのコンテンツを作成し、作成結果をクライアント (Web ブラウザー) に出力します。

他にも、Web サーバー上で動かすプログラミング言語には、PHP、Ruby、Perl、Java などの言語があります。Python を使うメリットとしては、ライブラリが豊富なことです。特に、グラフ生成や、高度な科学計算や機械学習などの機能は、他のプログラミング言語に抜きん出ているので、そうした機能を取り入れやすくなっています。

データベースとは？

Web サービスを開発するのに、データベースは必須の要素と言えます。多くの Web サービスでは、複雑かつ大量のデータを処理する必要があるからです。例えば、Facebook のような Web サービスを作成しようと思った場合、ユーザーのログインデータベース、ユーザーのプロフィール、アップロードした写真の管理、タイムラインや情報をどこまで公開するかの情報など、さまざまなデータを連係して利用する必要があります。これらのデータを素早く効率的に蓄積、また、抽出できるのがデータベースです。

本格的な RDBMS(データベース管理システム) の **MySQL** や **PostgreSQL** のほか、小規模サービスで手軽に使える **SQLite** など、さまざまなデータベースがあります。一般的に、RDBMS では、**SQL** というデータベースを操作する問い合わせ言語を利用してデータの追加や検索を行うことができます。

また、SQL を使わず、シンプルなキーと値のみでデータを処理する高速なキー・バリュー型のデータベースもあり、**Redis** や **Tokyo Cabinet/TyrantMemcached** が有名です。さらに、ドキュメント指向型のデータベースの **MongoDB** もよく使われています。なお、SQL を使わないデータベースの総称を **NoSQL** と呼びます。このように用途に応じて使えるさまざまなデータベースがあります。

多岐にわたる知識が必要だが難しくない

このように、Web サービスを作成するには、多岐にわたる知識が必要になります。とは言え、恐れる必要はありません。それぞれの技術は、それほど深いものではなく、初心者でも使えるように工夫されています。そのため、幅広い知識が必要になるのは確かですが、最初は、1 つを極めるのではなく、広く浅く幅広い知識を取り入れることを目標にすると良いでしょう。

Web に関連する技術は特に、あまり深いことを考えなくても、実際に動かしてみることで、その動作を学ぶことができるようになっています。とりあえず、本書のサンプルプログラムを、コピー＆ペーストして動かしてみましょう。そして、そのサンプルを少し改良してみて、どう変わったかを確かめてみましょう。つまり、トライ＆エラーで学んでいくことが上達の近道です。

　最初は仲間うちだけで使うことを目標にして、勢いでどんどん作っていくと良いでしょう。もちろん、最終的に Web に公開する際には、セキュリティにも配慮する必要があるので、第 6 章の末尾で細かい注意点を紹介しています。しかし、セキュリティを恐れて何も手を動かさないのも本末転倒です。積極的に作っていきましょう。

この節のまとめ

→ Web サービスの開発には、多岐にわたる技術が必要となる

→ 浅く広く学び、余裕が出来たら、少しずつ理解を深めると良い

→ HTML/CSS/JavaScript が大きな柱なので基本だけは学んでおこう

第 2 章

有名なサービスとそこで使われている技術の紹介

Web サービスはどのような技術で作られているのでしょうか。ここでは、誰もが知っている有名な Web サービスを題材に、そこで使われている技術を簡単に紹介します。

第2章 | 有名なサービスとそこで使われている技術の紹介

2-1
2ちゃんねる掲示板

2ちゃんねるは、スレッドフロート型掲示板で複数の電子掲示板の集合体です。匿名で書き込みができるのが特徴です。ここでは2ちゃんねるの仕組みを紹介します。

ひとこと	キーワード
● よく練られた人気の掲示板 - シンプルながら工夫が多い	● 掲示板 ● CGI ● Webフォーム ● 排他処理

2ちゃんねるについて

　2ちゃんねるは大型掲示板です。スレッドフロート型掲示板で複数の電子掲示板の集合体です。誰でも気軽に匿名で書き込みができることから、2000年代に訪問者700万人を超えるほどのアクセス数を誇りました。1999年に開設され、2000年には西鉄バスジャック事件など、複数の事件で犯人が2ちゃんねるに書き込んでいたことから急激に知名度をあげました。

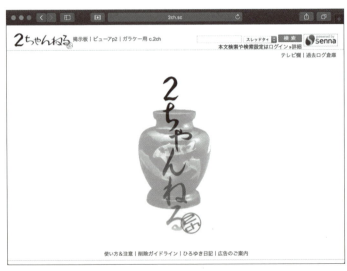

▲ 2ちゃんねるのWebサイト

現在は「2ちゃんねる」と「5ちゃんねる」に分かれています。SNSやブログ、動画投稿サイトの台頭によってかつてのような人気はないものの、その洗練された掲示板スタイルが今でも多くのユーザーに愛されています。

どのような仕組みとなっているのか

掲示板は、Web技術の中でも基本的なものです。Webアプリの入門書でも作り方が紹介されています。

Webブラウザーのフォームから送信された書き込みデータは、Webサーバーに送信されます。そして、Webサーバーでは、CGIなどのプログラムによってフォームの内容を保存します。

他のユーザーがWebサーバーにアクセスした時には、保存した書き込みの内容をHTMLに加工して出力します。この仕掛けにより、掲示板の内容は更新され、他の閲覧者にも書き込みが読めるようになります。

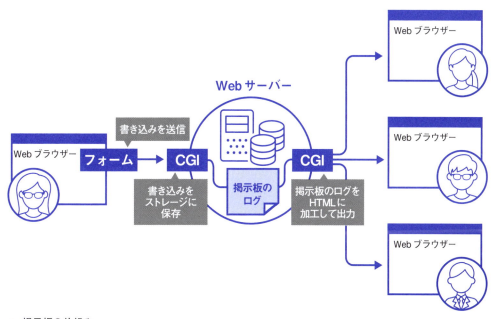

▲ 掲示板の仕組み

CGIについて

CGI(Common Gateway Interface)とは、ユーザーのプログラムをサーバー上で動作させるための仕組みのことです。ApacheなどのWebサーバーソフトウェアではCGIの機能を利用することができます。CGIを使うと、動的にHTMLを書き換えたり、フォームから送信したデータを保存したり、掲示板

などの Web アプリを作ることができます。CGI を作成するために、Python をはじめ、Perl や PHP や Ruby などのスクリプト言語が利用されています。CGI が流行した初期には、Perl が利用されていました。2 ちゃんねる自身も基本的には Perl を利用していました。(ただし、高速化のため一部で C 言語も利用されているそうです。)

Web フォームについて

Web フォームとは、ブラウザーに用意された入力用の UI パーツです。テキストボックスやセレクトボックス、チェックボックスなど、基本的な入力 UI を備えています。最近では、より高度な入力に対応できるよう、JavaScript などを併用してカスタム UI を作成していることもあります。

データの保存と排他処理について

Web サーバーでは、書き込みデータを受信した後、データをサーバーに保存します。Web サーバーがデータを保存する際、気をつけなければならないのは、データは複数のユーザーによって書き込まれるという点です。通常の方法で、複数人からファイルの保存を行おうとすると、そこそこ高い確率でファイルが壊れたり、データの競合が起きてしまいます。そのため、安全にデータを保存するために、排他処理を行う必要があります。

排他処理とは、複数人が同時にデータを書き込もうとした際、安全にファイルの読み書きを行うために、書き込みする人を一人だけに絞り、他の書き込み希望者を排除する処理です。つまり、排除された人は、少し時間をおいて改めて書き込みを試行することになります。それにより、一人ずつ順番にデータを書き込むことができるようになり、結果、正しくファイルの更新が行えます。

かつて、Web サービスの作成が、Perl による CGI が主流であった頃、排他処理が不十分で、書き込みのタイミングでファイルが壊れ、ログデータが失われるという悲劇がよく起きていました。当時は、排他処理のために、仮ディレクトリを作成するなどの裏技的な手法が用いられることもありました。ここで、排他処理について、簡単に仕組みを紹介しましょう。

(1) データを書き込む前に、ディレクトリ A があるかどうか確認する

(2) ディレクトリ A が存在する間、処理を待機する

(3) ディレクトリ A を作成する

(4) ファイルの書き込みを行う

(5) ディレクトリ A を削除する

つまり、任意のディレクトリが存在している間は、誰か別の人がファイルを更新していることを意味します。その間は、書き込みを行わず、ディレクトリが削除されるのを待ちます。この仕組みによって、複数人が同時にファイルにアクセスし、ファイルを壊してしまうという問題を防ごうとしたのです。ただし、サーバーの不具合などで、上記の処理 (4) の時点で処理が停止した場合、それ以後、

まったく書き込みができなくなるという欠点があります。加えて、別のプログラムがこのファイルを利用する際に、排他処理を忘れがちという問題もあります。

現在、このようなディレクトリを利用した排他処理を行うことはありません。最近のOSには排他処理を行うための、より優れた仕組みが用意されています。

また、最近では、書き込みデータは、ファイルでなくデータベースに保存することが多いでしょう。データベースを利用する場合、データベース側で賢く排他処理をしてくれるので、データベース利用者が排他処理を意識する必要はなくなっています。

Webでは複数人が一斉にアクセスしてくるものであり、データを保存する際には注意が必要であるという事実は覚えておきましょう。加えて、複数人が同時にファイルにアクセスする際、排他処理を行わないならファイルは壊れる可能性があるという点も覚えておきましょう。

1 スレッド最大1000件の理由

2ちゃんねるでは、1つのスレッド（1つの話題）に対して書き込める書き込みの件数は1000件に設定されています。書き込みが1000件になると、件数が1001に達した旨を伝えるメッセージが自動的に追加されます。1000件に達する前に、スレッドの容量が512KBを超えた場合も制限が掛かります。また、「dat落ち」と言って、一定期間書き込みがなかったスレッドは、掲示板のスレッド一覧から消去され、閲覧・書き込みができない状態になります。

これは2ちゃんねるの読み込み書き込みの負荷を考慮した仕様です。大量の投稿を1つのファイルに保存すると、データの読み書き時に負荷がかかります。そこで、1000件と明確に上限を設けることで、必要以上の負荷を掛けないように配慮しているのです。

 column

2ちゃんねるが直面した大量アクセスの問題

大量のユーザーがWebサービスを利用してくれるのは、運営者からすると、非常に嬉しいことです。ところが、大量のアクセスがあると、困った問題も生じます。2ちゃんねるに何が起きたのか簡単に紹介しましょう。

2001年の8月、2ちゃんねるを運営するのに、月700万円もかかっているので、サーバーのデータ転送量を1/3に削減しないと閉鎖されるという話が出ます。そこで、2ちゃんねるユーザーが一丸となり、掲示板のプログラムを改良する事態となりました。最終的に、1/16まで転送量を減らすことに成功して閉鎖を免れました。

具体的には読み込み処理で圧縮を行うことで転送量を減らしたとのことです。ちょっとした工夫ですが、劇的に転送量を減らすことができたようです。Webサイトを最適化して、表示を高速にする工夫は今でも行われます。アクセス数が増えてきたら、気にしておきたい点です。

ここでは 2 ちゃんねるを例に掲示板について紹介しました。掲示板は、Web アプリの中でも基本中の基本と言えるものです。仕組み自体も、フォームから送られてきたデータを保存し表示するだけのものと思われます。しかし、実際に掲示板を運営する際には、どのような HTML を出力するのか、また、どのようにログデータを保存するのか、保存に際して排他処理をどうするのか、大量のアクセスをどう捌くかなど、さまざまな工夫が必要になります。自分で作成する最初の Web サービスとしても掲示板は作り甲斐のあるアプリではないかと思います。

この節のまとめ

→ Web サービスでは複数のユーザーが同時に書き込みを行う可能性がある

→ 同時に書き込みを行う時は、排他処理を行う必要がある

→ ただし、データベースを使えば排他処理はそれほど考える必要はないが、何が行われているのかを知っておこう

→ 掲示板は、Web アプリの基本中の基本。その仕組みをしっかり掴んでおこう

第2章 | 有名なサービスとそこで使われている技術の紹介

2-2

Twitter（メッセージング、会員登録）

Twitterは手軽に単文を投稿できるツールです。ただし単なる掲示板とは異なります。
会員登録したユーザーが気に入ったユーザーをフォローし、フォローしたユーザーのつ
ぶやき（投稿）だけが自分のタイムラインに表示される仕組みとなっています。

ひとこと	キーワード
● タイムラインなどSNSの仕組みを凝縮したWEBサービス	● ログイン機能 ● フォロー機能 ● タイムライン ● ダイレクトメッセージ ● データベース(RDBMS)

Twitter について

　Twitterとは手軽に単文を投稿できるSNSです。全角140文字以内のメッセージや画像・動画を投稿できます。2006年にサービスが開始され、世界的に利用されています。任意のTwitterユーザーをフォローすることで、任意のユーザーの投稿だけを選んで表示することができます。2020年に、月間アクティブユーザー数は3億3,300万、日本国内の月間アクティブユーザー数は4,500万以上となっています。一般ユーザーに加えて、企業や有名人など、さまざまな立場の人がTwitterで情報発信をしています。

● Twitter
[URL] https://twitter.com/

059

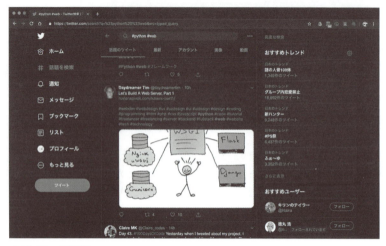

▲ Twitter の画面

　Twitter の主な機能は**タイムライン**と呼ばれる機能です。これは時系列に沿って、フォローしているユーザーの投稿（Twitter では「つぶやき」と呼ばれるもの）が表示されます。

▲ Twitter のタイムライン - フォローしているユーザーの投稿が表示される

どのような技術が使われているのか

　Twitterは当初、Ruby on Railsで開発されていました。Ruby on Railsとは、プログラミング言語Rubyを使ったWebアプリケーションフレームワークです。MVCアーキテクチャに基づいて構築されており、少ないコードで簡単に本格的なアプリが作れるようになっています。

　しかし、2008年頃から、Scala言語を利用したJavaVMベースのシステムに移行しました。遅延が少なく大規模アクセスにも耐えられるFinagleというサーバーを自社開発し、オープンソースで公開しています。これは、Twitterの大規模化に伴って、数百台のサーバーとの連携処理を非同期で行う必要があったからとのことです[★2]。

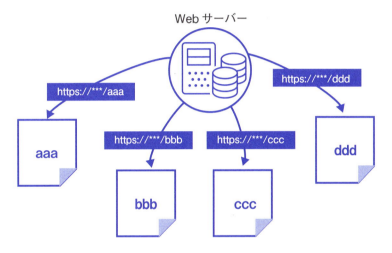

▲ 特定のURLにアクセスすると特定のコンテンツを返す

どのような機能があるのか

　それでは、Twitterにどんな機能があるのか、また、それがどのように実現されているのかを考察してみましょう。

ユーザーごとに異なる表示を行う「ログイン機能」

　従来のHTTPプロトコルでは、特定のURLにアクセスすると、特定のコンテンツを返すというシンプルなルールから成り立っています。URLとコンテンツは一対一で対応しており、URLが同じである限り、同一コンテンツを返す決まりとなっています。

[★2] Twitterが、Ruby on RailsからJavaVMへ移行する理由（https://www.publickey1.jp/blog/11/twitterruby_on_railsjavavm.html）

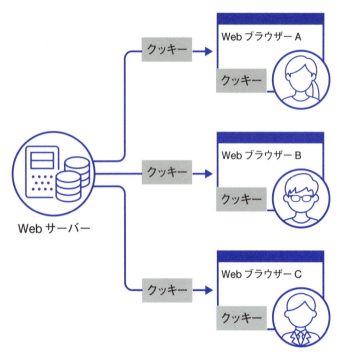

▲ クッキーを使って異なるコンテンツを返す

　そもそも、当初、HTTP プロトコル上では、ユーザーごとに異なるコンテンツを返す機能はありませんでした。これを実現するために、クッキー (Cookie) の機能が実装され、ユーザーごとに異なるコンテンツの表示が可能になりました。（実際には、クッキーを用いた**セッション**の仕組みを利用します）。

▲ ユーザーのログイン機能の仕組み

　Twitter ではユーザーごとに異なる表示を行います。そのためには、まず、ユーザー別に投稿を保存する機能が必要となります。ユーザーを識別するために、**ログイン**の機能を装備します。ログイン状態を作ることにより、サイトにアクセスしているユーザーを識別し、ユーザー別に異なるコンテンツの表示が可能になります。

ログイン機能を実現するには、会員登録ができるようにしなければなりません。ユーザーごとにIDとパスワードをデータベースなどに保存しておきます。ログイン画面で入力されたIDとパスワードが合致していれば、そのユーザーの設定を読み込んでログイン状態にします。そして、ユーザーごとに異なるコンテンツを表示するようにします。

ユーザーのつぶやき（投稿）もデータベースに保存していきます。その際、誰がいつ投稿したのかの情報も保存します。

タイムライン機能

タイムライン機能とは、時系列の新しい順に、ユーザーの投稿を表示していく機能です。ログイン機能によって、ユーザーごとに個別のお気に入りのユーザー（フォローユーザーの情報）を管理できます。そのため、データベースからフォローしているユーザーの投稿を選んで表示します。

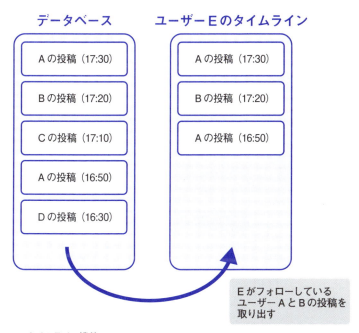

▲ タイムライン機能

大量アクセス時のタイムラインの工夫

現代のデータベースは、RDBMS(リレーショナルデータベース)といって、複雑な条件を付けて任意のデータを抽出することが可能です。そのため、ユーザーごとに異なるコンテンツを出力するのも、下記のような検索条件を指定して取得することで実現できます。

以下のSQL文は、実際にTwitterがかつて利用していたものです[*3]。これは、あるユーザーがフォローしているユーザーの一覧に基づいて、ツイート(投稿ログ)を取り出すというSQL文になっています。

```
/* データベースからユーザーごとにタイムラインを取り出すSQL */
SELECT * FROM tweets
WHERE user_id IN (
   SELECT source_id FROM followers
   WHERE destination_id = ?
)
ORDER BY created_at DESC LIMIT 20
```

　ただし、この方法が現実的なのは、**登録ユーザーが少数の間だけ**です。このSQL文では、サブクエリー(Select句の中でSelect句を呼び出すこと)が使われています。こうした処理は、データベースに比較的負荷を与えるものです。そのため、大規模ユーザーがアクセスするようなWebサイトでは、あっという間にデータベースへのアクセスが限界を超えてしまいます。

　そこで、Webサービスのデータベースにおいて、書き込みと読み込みでは、圧倒的に読み込みの方が多くなるという特徴を利用します。つまり、ユーザーがタイムラインにアクセスする度に、全体のログからデータを集めるのではなく、逆転の発想で、ツイート（書き込み）が行われた際に、そのユーザーをフォローしているユーザーのタイムラインに、書き込みを行うようにするのです。言い換えてみると、これはメールの配信に似ていると言えるでしょう。

　この仕組みであれば、ユーザーが画面を表示した時に、わざわざツイート全体から任意の投稿を検索する必要がなくなり、データベースに対する負荷が低くなります。

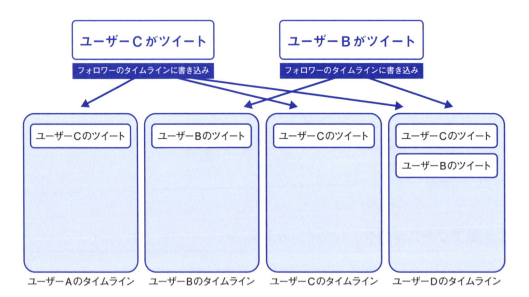

▲ 書き込みの度にフォロワーのタイムラインに書き込みする

[*3] 出展：https://www.atmarkit.co.jp/news/201004/19/twitter.html

ここから分かるのは、RDBMSを利用すれば、非常に複雑な条件でデータを取得できるものの、複雑な検索を行えば、それだけデータベースに負荷がかかって遅くなってしまうということです。Webサービスでは如何にして素早くレスポンスを返すかが重要になります。

ダイレクトメッセージ

Twitterには、特定の個人にだけ非公開のメッセージを送信する**ダイレクトメッセージ**の機能が備わっています。ダイレクトメッセージとは、メッセージを送った本人と、受け取った相手だけが読めるメッセージです。Twitter上で個人的なやりとりをするのに利用されます。

▲ ダイレクトメッセージを送信しているところ

この機能の仕組みは、比較的シンプルです。誰が、誰に、いつ、どんなメッセージを送ったのか、また既読未読などの情報を記録しておきます。メッセージに気づいてもらうために、ユーザーに通知も送信します。ユーザーがダイレクトメッセージを開いたときに、そのメッセージを表示するという仕組みです。

Twitter API

Twitterは以前から外部の開発者に対して、Web APIを提供してきました。Twitter APIを利用することで、Twitterに投稿したり、ダイレクトメッセージを送ったり、投稿の一覧を取得したりすることができました。この仕組みにより、ユーザーは自分のアプリからTwitterへ任意の投稿を行うことができ、Twitterとの連携機能を組み込むことができます。

Twitterはシンプルでありながら、SNSが持つさまざまな機能を凝縮した作りになっています。実際には、大量のアクセスを捌くために、さまざまな仕組みを導入しているものと思われますが、ここで

は、Twitter の機能を持つ簡単な SNS を作ろうと思った際に役立ちそうなポイントに絞って仕組みを紹介しました。

この節のまとめ

→ クッキーやセッションの仕組みのおかげでユーザーごとに異なるコンテンツを表示することができる

→ Twitter には大量のアクセスがあるので、大量のアクセスを捌くためにいろいろな仕組みを導入している

→ 多くの Web サービスでは、データベースに対して書き込みより読み込みの方が圧倒的に多いので、この特性を活かすと高速な Web サービスができる

→ Twitter はタイムライン、ダイレクトメッセージなど、SNS の基本的な機能を備えている

第2章 | 有名なサービスとそこで使われている技術の紹介

|2-3|

Instagram

Instagram は写真を共有するサービスです。Instagram がどんな技術で作られているのか、またどんな特徴があるのかを確認してみましょう。

ひとこと
● 画像に特化したSNS

キーワード
● ログイン機能
● フォロー機能
● フィード
● ストーリーズ
● ダイレクトメッセージ
● スマートフォンアプリ
● 画像フィルター

Instagram について

　Instagram（インスタグラム）とは、Facebook 社が提供している無料の写真共有アプリケーションです。もともと、ケヴィン・シストロムとマイク・クリーガーの二人が開発したものが元になっており、2012 年、Facebook が 7 億 1500 万ドルで Instagram を買収しました。日本をはじめ、世界中で人気の写真共有アプリです。2017 年には、Instagram に投稿して見栄えの良い写真であることを表す「インスタ映え」が流行語大賞年間大賞にも選定されました。2018 年 6 月に公開されている情報によると、月間アクティブユーザー数は世界で 10 億人、日本人では 3300 万人とのことです。

067

▲ Instagram の Web サイト

どのような技術が使われているのか

　Instagram はどのような技術を利用して作られたのでしょうか。プログラミング言語は Python、Web フレームワークは Django で開発されました。そして、AWS(Amazon Web Service) 上で運用されています。

　創業者の二人は、Instagram を立ち上げる前、フロントエンドエンジニア (クライアント側の HTML/JavaScript などの担当) をしており、バックエンド (サーバー側) の経験はなかったようです。

　なお、Facebook に買収される直前の、2012 年の構成は、以下のようなものでした。

- クラウドには AWS EC2 を利用、EC2 に Ubuntu11 をインストールしている
- データベースは PostgreSQL と、NoSQL の Redis を利用
- オープンソースの Web サーバーである Ngix を 3 台
- Python と Django を Amazon High-CPU Extra-Large インスタンスで 25 台
- Redis は Quadruple Extra-Large Memory インスタンスで稼働
- エンジニアの人数は 5 人

068

どのような機能があるのか

それでは、Instagramにはどんな機能があるのか、また、その機能はどのように実現されているのかを考察してみましょう。

ユーザーごとに異なる表示を行う機能 - フィード

InstagramもSNSの一種であり、ログインやタイムラインについて、前節のTwitterと同じ仕組みが採用されています。Instagramではタイムラインという名前ではなく、**フィード (Feed)** と呼ばれています。

フィードでは、ユーザーごとに表示するデータが異なります。このために、ログインをして、ユーザーごとに異なるコンテンツを表示します。ユーザーが別のユーザーをフォローしたり、特定のタグをフォローすることで、ユーザーごとに異なるタイムラインが表示されます。

▲ Instagramのフィードその1

▲ Instagram のフィードその 2

　なお、Instagram ではユーザーだけでなくタグをフォローすることも可能です。この場合もユーザーが投稿を書き込んだ際、フォローしているユーザーのフィードに投稿を書き込むのと同様に、タグをフォローしているユーザーに対して、投稿を書き込むようにしています。

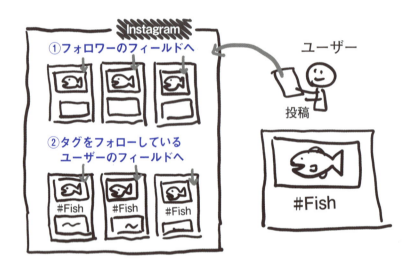

▲ Instagram ではタグもフォローしてフィードに表示できる

Instagram のストーリーズの機能

　ストーリーズとは、フィード投稿とは別に、写真や動画の配信ができる機能です。投稿は、24 時間後自動で消えてしまうのが大きな特徴です。機能が追加されたのは、2016 年のことですが、あっという間に人気の機能となり、フィードよりもストーリーズにのみ投稿するユーザーも増えています。ストーリーズは、Instagram のフィードの上に表示されます。

第 2 章　有名なサービスとそこで使われている技術の紹介

▲ 24 時間だけ配信できるストーリーズの機能がある

　ストーリーズの仕組みは、定期的にバッチを走らせて、24 時間経った投稿をデータベースから削除することで実現しています。Linux には **cron** と呼ばれるスケジュール管理用の機能があります。これを使うと定期的にプログラムを実行できます。そこで、これを利用して、定期的に 24 時間経った投稿を削除します。最近では、格安の Web ホスティングサービスでも、この cron を設定するサービスを提供しているものがあります。

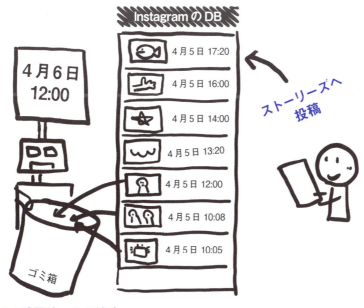

▲ 定期的に DB を監視して 24 時間経った投稿を消す

ダイレクトメッセージ

　また、ストーリーズには「メッセージを送信」する入力欄があり、投稿ユーザーにだけ見られるメッセージを送信することができます。その際、メッセージではなく、拍手やハートの絵文字を送ることもできます。ダイレクトメッセージは、コミュニケーションのツールとして多くのユーザーに重宝されています。Instagram上で仲良くなったユーザーと、ダイレクトメッセージで個別にやりとりできます。

▲ 個別のメッセージを送ることもできる

スマートフォンアプリは縦画面が基本

　Instagramが使われているのは、スマートフォンのアプリからが大半です。その証拠に、最近まで、写真をPCから投稿することもできませんでしたし、ダイレクトメッセージを送信する機能もありません。

　スマートフォン向けのアプリを作る場合は、PC版のアプリを作る場合とかなり違います。PCのディスプレイは、横長ですが、スマートフォンは縦に持って使うことがほとんどです。縦長の画面はInstagramのフィードを楽しむのにぴったりに設計されています。

正方形の写真はInstagram飛躍の要因の1つ

　今でこそ、Instagramには横長の画像も投稿できますが、2016年以前は、正方形の写真が基本形でした。縦画面に正方形の写真は見栄え良く映ります。Facebookの調査によると、正方形の動画は、一般的な動画の16:9よりも、視聴率が平均して28%も高かったとの結果が出ています。写真に正方形を採用したのもInstagram成功の要因の1つだったと言えるでしょう。

▲ Instagramは正方形の写真が印象的

画像フィルター

　画像共有アプリに必須の機能が、画像フィルターです。Instagram では、数多くのフィルターを用意しており、普通に撮影した写真をフィルターを使って雰囲気の良い写真に変身させることができます。画像のモノクロ化や色調補正など、画像フィルターはそれほど難しい仕組みではないので、今では多くの画像フィルターのアルゴリズムがインターネットで公開されています。

　さらに、Instagram は UI が優れています。敢えて画像編集アプリのような詳細なツールを用意せず、投稿前に「ちょっとだけ違う雰囲気にしてみますか？」という気軽なノリで使えるようになっています。この写真のフィルター画面は写真選択後の確認画面という雰囲気を兼ねており、ユーザーが写真を投稿する思考を妨げないものとなっています。

▲ 写真の投稿前にフィルターを手軽にかけることができる UI が秀逸

写真共有機能

　Instagramの強みの1つが、FacebookやTwitterなどのSNSへ写真を共有する機能です。FacebookやTwitter、TumblrなどのSNSにコメント付きで投稿できます。多くのユーザーは、複数のSNSを使い分けているため、一度の投稿で複数のSNSに投稿できるのは、嬉しい機能と言えます。これは、TwitterやFacebookなどのSNSが公開しているAPIを利用して実現しているものです。

▲ Instagramから他のSNSへ簡単にシェアできる

この節のまとめ

 クラウドを利用することで少人数でも大規模SNSが運用できる

 フィードに加えて24時間限定のストーリーズの仕組みがある

 フィルター機能は、写真投稿前に手軽に雰囲気を変えるのに使える

第2章 | 有名なサービスとそこで使われている技術の紹介

| 2-4 |
Uberなどの配車サービス

Uber や Grab、滴滴出行は世界中で自動車やバイクの配車サービスを展開しています。
また、料理のデリバリーも展開しています。位置情報を利用することで生活に根付いた
サービスを提供しています。

ひとこと
● 配車サービスは位置情報を活用して生活を便利にした

キーワード
● 地図・GPS・経路
● 運転手と乗客のマッチング
● 評価

Uber とは？

　タクシーの配車に加えて、一般人が空き時間に自家用車を利用して他人を運ぶ仕組みを提供しているのが、Uber を筆頭にした、Grab、滴滴出行といった配車サービスです。顧客が運転手を評価し、運転手が顧客を評価するという相互評価のシステムもあり、トラブルが起きにくい仕組みを実現しています。

　ちなみに、2016 年に Uber は中国での事業を滴滴出行に売却し市場から撤退しました。さらに、2018 年に東南アジアでの事業を Grab に売却しています。いずれも、Uber と同じく、配車、相乗り、フードデリバリーの事業を展開しています。なお、Uber は決済のための Uber Money を 2019 年に立ち上げましたが、Grab も 2018 年に GrabPay を展開しています。

076

▲ Uber の Web サイト

　日本では自家用車を使い客を有償で運ぶ行為は**白タク**として違法行為となるため、Uber のサービスは、タクシーの配車に限られています。とは言え、フードデリバリーの Uber Eats は 2016 年より各都市で利用可能となっています。

▲ Uber Eats の Web サイト

どのような技術が使われているのか

　Uber では、複数のクラウドサービスやコロケーションサービス[*4]を利用し、世界規模で成長できることを重視しています。利用しているクラウドサービスは、Google Cloud Platform と AWS です。

　配車サービスでは手配した車が地図上のどこにいるのかを表示したり、ドライバーに目的地までの最短経路を表示するなど、GPS と地図情報の活用が重要になります。この点で、Uber は Google Maps を利用しており、使用料として、2016 年から二年で 5800 万ドルを支払っています。GPS を活用したアプリの開発は、Google Maps を利用することで、非常に簡単になります。しかし、その分、莫大な使用料が発生していることが分かります。

　また、Uber では、一般ユーザーが使う顧客側のアプリだけでなく、ドライバーが使うドライバー用アプリも提供しています。加えて、トラブル監視や苦情対応など、サポートセンターで使う管理用のアプリも用意されていることでしょう。

1 日 150 万件の予約を受け付ける Grab の場合

　東南アジアで Uber が事業を売却した Grab はどうでしょうか。Grab は、AWS を積極的に利用しています。自動車、バイク、相乗りなどのサービスを提供しており、1 日あたり最大 150 万件の予約を受け付けています。特に、大規模なデータを高速で処理するために、Amazon Redshift や、インメモリデータストアの Amazon ElastiCache を活用しています。

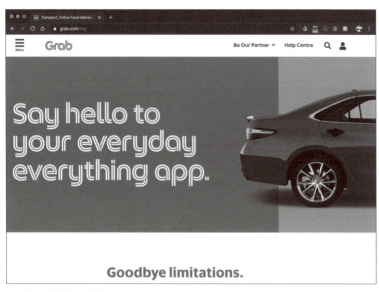

▲ Grab の Web サイト

★4　コロケーションサービス (colocation service) とは、基幹回線を有する事業者の局舎内にサーバーなどを配置することで高速かつ低コストな通信が実現できます。

どのような機能があるのか

配車アプリにどのような機能があるのか簡単に紹介します。

運転手と乗客のマッチング機能

配車サービスで重要なのは、GPS情報を利用して、乗客の近くにいる空車の運転手を探すことです。運転手は、運転手用のアプリを利用します。運転手がアプリを開いた時点から、自動車の位置情報をサーバーに送信します。そのため、乗客がアプリを使ってタクシーを探すと、その時点で近くに何台くらいの車がいるのかを表示できます。

▲ 配車アプリを開くと近くの車を表示する (Grab の場合)

そして、乗客が乗る場所と行き先を指定すると、目的地までのルートと値段を表示します。基本的に配車アプリでは、ここで表示された料金以外を取られることはありません。

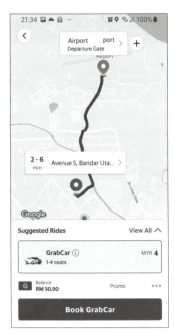

▲ 目的地までのルートと値段が表示される

　予約のボタンを押すと、運転手用のアプリに、行き先と乗客の情報が通知されます。運転手が乗車を承認するボタンを押すと、乗客側に車が見つかったことを通知します。その際、車種や色、ナンバープレートの情報が送信されます。

　当然ですが、各運転手、乗客ごとにユーザーを識別する必要があります。そのためには、SNS と同様にログインして会員を識別する仕組みが必要になります。Uber や Grab の場合ユーザー登録に際して、電話番号が必要となり、SMS を用いた認証を行います。

評価機能

　配車サービスのアプリはただ車を配車する機能にとどまりません。乗客が運転手を評価し、運転手が乗客を評価するという相互評価の機能が用意されています。例えば、乗客は目的地に到着すると、運転手を評価するようにという画面が表示されます。評価が悪くなった運転手は、乗客を斡旋してもらえる率が下がり、最終的には解雇されてしまいます。その逆もあり、運転手からの評価の低い乗客は良い車を拾いにくくなります。

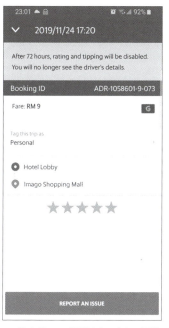

▲ 乗車後 72 時間以内であれば運転手を評価することができる

　このような相互評価の仕組みがあるおかげで、運転手は車内を清潔にしたり、乗客が降りるときに荷物の積み下ろしを親切に手伝ったりと、サービスをよくするために努力するモチベーションとなります。また、乗客も運賃の支払いを拒否したり不当なサービスを要求することがなくなります。

運転手への最短経路の表示

　配車アプリで運転手用のアプリには、目的地までの最短ルートが表示されます。ちなみに、運転手はそれに従う必要はなく目的地につけば問題ありません。ただし、どの道を通っても報酬は同じです。近所の道であれば、乗客が自分の知っている経路を口で伝えることもできますし、運転手によっては、渋滞や検問・事故の情報が表示される別のアプリを使って、独自のルートで目的地に行く人もいます。ただし、どのルートで行っても報酬は同じなので、不当に遠回りをすることはなくなります。

　最短ルートの表示には、地図に加えて、カーナビゲーションの機能が必要です。経路地図を表示するAPIが各社から提供されています。国内であれば、Yahoo!やGoogle Maps、NAVITIME、Bing Maps、Open Street Mapなどがあります。開発者がゼロから地図アプリを作るのは現実的ではありませんので、こうしたAPIを利用して実装することになるでしょう。

🎤 column

技術だけでは Web サービスは運営できない？！

　Uber をはじめ Grab、滴滴出行は、非常に便利な配車サービスです。また、フードデリバリーも、生活になくてはならないサービスになっています。距離や時間帯に応じて料金があらかじめ決定されることや、運転手の評価システムがあるため、故意に遠回りされたり、法外な料金を要求されるというトラブルもありません。既存のタクシーよりも安全で安心のサービスかもしれません。また、タクシーよりもずっと運賃が安いのも特徴ですが、運転手に話を聞いてみると、仕事の失業中や、退職後の空き時間を利用しているという人も多く、乗客だけでなく運転手側にもメリットがあるものとなっています。

　しかし、いくら評価システムがあると言っても、どんな人間が運転手をしているのか分かりません。そのため、配車サービス利用者に対する暴行事件や殺人事件など、多くの問題が起きており、社会問題となっています。

　Web サービスを開発し、運営していく上で意識したい点ですが、結局のところ、サービスを使うのは機械ではなく人間であるという点です。いくら良い仕組みを作ったとしても、悪意を持って使うユーザーもいます。実際にサービスを始める前に、悪意あるユーザーによって、どんな問題が引き起こされる可能性があるのか、それを防止するための策があるかなど、想定されうる問題点に対する対策を考えておくと良いでしょう。

　また当初、Uber は東南アジアでも事業を展開していました。しかし、後に滴滴出行や Grab に事業を売却してしまいました。Uber のシステムが滴滴出行や Grab に劣っていたのでしょうか。いいえ、アプリの出来映えが問題だったのではありません。理由はいろいろ考えられますが、Uber ではその地域にマッチしたサービスが展開できないと判断したからでしょう。つまり、サービス運営において「技術がすべてではない」のです。

この節のまとめ

➡️ Uber、Grab(東南アジア)、滴滴出行 (中国) は生活に密着した配車サービスを提供している

➡️ 乗客用アプリ、運転手用アプリに分かれている

➡️ GPS を利用して運転手の現在位置をサーバーに送り、乗客とマッチングする

➡️ 最短経路の表示システムは、独自で開発する必要は無く、API が用意されている

➡️ 評価システムがあり、態度や素行の悪い運転手や乗客は評価が下がる

第3章

Webサービスの基本機能を作ってみよう

本章ではPythonでWebアプリを作る際、どのような
技術を使って、どのようなプログラムを作れば良いのか
を紹介します。手軽で必要最小限の機能を持ったFlask
フレームワークを使う方法を中心に解説していきます。

第3章 | Webサービスの基本機能を作ってみよう

| 3-1 |

PythonでWebアプリを作る方法 (CGI編)

Python はさまざまな分野で使われており、Web アプリの開発にも使われています。その際、CGI として Python を使う方法があります。ここではその方法を紹介します。

ひとこと	キーワード
● Pythonで気軽にCGIで楽しくWebアプリを作ろう	● Webアプリ ● フレームワーク ● CGIライブラリ

Python なら Web アプリ開発で優位に立てる

　世界にはたくさんのプログラミング言語があり、それらの言語を使って Web アプリを作ることができます。Python を使って Web アプリを作ると、どんな良いことがあるでしょうか。

　まず、Python にはさまざまな Web アプリを作るためのライブラリが用意されています。いくらプログラミング言語が素晴らしくても、言語によってはライブラリがほとんど用意されていないこともあります。その場合、ゼロから Web アプリのライブラリを作らないといけないので大変です。しかし、Python には、さまざまな方法で Web アプリを作るライブラリがすでに用意されています。

　さらに、Web サービスを展開していく上で有利になるさまざまなライブラリ（パッケージ）があります。Python にはライブラリを管理するパッケージシステムの PyPI(pip コマンド) が用意されており、手軽にパッケージを導入することができます。PyPI には実に多くのパッケージが登録されています。QR コードを生成したり、位置情報を利用したり、各種 API と通信するためのライブラリが用意されていたり、至れり尽くせりです。こうした多くのパッケージは、Python で Web サービスを作る上でのアドバンテージとなります。原稿執筆時点で PyPI には 214,364 ものプロジェクトが登録されていました。

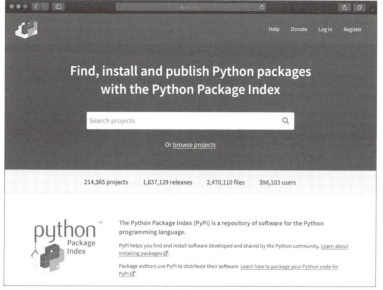

▲ PyPI の Web サイト - 多くの Python ライブラリが登録されている

　そして、Python でアプリを開発する利点は、部品となるライブラリーだけにとどまらず、多数の Web フレームワークが用意されていることです。フレームワーク（Framework）とは「骨組み」「枠組み」「下部構造」を意味する言葉です。Web アプリケーションを開発するための基本的な仕組みです。Web アプリケーションを開発するための「土台」です。つまり、Python で一から Web アプリケーションを作る必要はなく、必要な枠組みが最初から用意されています。プログラマーは、不足している部分だけを作れば良く、用意されている部品をどのように組み合わせるかを指示するだけで、Web アプリケーションを作ることができます。

利用する Web サーバーによって使えるアプリの形態が違う

　本書の冒頭 1 章で世の中にはいろいろな形態の Web サーバーでサービスを運用できることを紹介しましたが、どの形態の Web サービスを作成するかで、使える Python のライブラリやフレームワークが異なります。

　例えば、原稿執筆時点で、レンタルサーバーの LOLIPOP! は、月 100 円で 10GB の容量、500 円で 120GB の容量の Web サーバーを利用できます。PHP、Perl、Ruby に加えて、Python も動かすことができます。ただし、Python の動作モードは、CGI に限られます。加えて、CGI の作成において、高負荷な CGI の利用は禁止されています。さらに、30 秒を超えて動作するプログラムは禁止されています。そのため、Python をサーバーとして起動したままにすることはできないといった制約があります。

　また、バイナリ形式のファイルの設置も禁止されています。つまり、Python のライブラリを使おうと思ったときに制限があります。

これに対して、さくらのVPSであれば、月585円で25GBの容量、月800円で50GBの容量というプランが用意されていますが、Pythonをサーバーとして起動することもできますし、自由にライブラリのインストールが可能です。ただし、VPSのため、Webサーバーのインストールからセキュリティの設定まで、自身で行う必要があります。

　詳しくは1章で紹介していますが、どの形態のサーバーを利用すれば良いのか、料金や拡張性などを自分の目的に合わせて考慮する必要があります。

▲ Lolipop! レンタルサーバーの価格表

▲ さくらの VPS の価格表

第3章　Webサービスの基本機能を作ってみよう

CGIモードで利用する場合

さて、まずは、お金も手間もかけることなく、とにかく簡単で良いので始めてみたいという方も多いことでしょう。その場合、前述のロリポップなどレンタルサーバーを使って「CGIモード」でPythonを利用することになります。CGIモードとはWebサーバーからPythonのスクリプトを実行しその標準出力をHTMLとして利用する方式です。Webサーバーとは別プロセスでスクリプトが実行されます。ちなみに、CGIモードに対し「モジュールモード」があります。これはWebサーバーのプロセス内でスクリプトが実行されます。Pythonが利用可能なレンタルサーバーでは、大抵CGIモードのみがサポートされることが多いようです。この場合、自由度は低いもののサーバーのメンテナンスも不要で、かつ最低予算でWebサービスを始めることができます。

簡単なプログラムを作ってみよう

では、CGIモードで動く簡単なプログラムを作ってみましょう。以下は、Pythonをサポートしている、格安レンタルサーバーで、簡単なメッセージ「Hello, World!」を表示するプログラムです。

参照するファイル　file: src/ch3/hello.cgi

```
#!/usr/local/bin/python3.4

# Content-Type のヘッダーを出力 --- （※1）
print("Content-Type: text/html; charset=UTF-8")
print("")

# メッセージを出力 --- （※2）
print("Hello, World!")
```

ちなみに、普通のPythonプログラムと、上記のCGIのプログラムを比べてみても、それほど違うわけではないということが分かるでしょう。まず、上記のプログラムを用意します。

そして、ここがCGIで動かすプログラムの注意点なのですが、プログラムの一行目を書き換えます。一行目に書く「#!」から始まる実行ファイルのパスを、シェバン（shebang）と呼びますが、CGIを動かすには、この一行目の部分をPythonがインストールされているフルパスに書き換える必要があります。

上記のLolipop!レンタルサーバーでは「#!/usr/local/bin/python3.4」がPythonのパスです。パスは利用しているレンタルサーバーによって異なりますので、サーバーのマニュアル、または管理者に尋ねる必要があります。また、改行記号はLF("\n")[0x0A]である必要があります。Windowsでよく使われるCR+LF("\r\n")[0x0D0A]だとエラーで動きませんので注意してください。

シェバンを書き換えたら、プログラムをWebサーバーにアップロードします。アップロードの方法もサーバーごとに異なりますので、マニュアルを参照してください。一般的には、FTP/SFTPクライアントのツールを利用してサーバーにファイルをアップロードします。

087

Windows/macOS/Linux 共に使える SFTP のアップローダーには、FileZilla があります。サービス業者より提供された、サーバー名、ユーザー名、パスワード、デフォルトのディレクトリを指定して、Web サーバーに接続して、プログラムをアップロードします。大抵、アップロード先のディレクトリの指定があるので、そのディレクトリにファイルをアップロードしましょう。

● FileZilla(Client)
[URL]https://filezilla-project.org/download.php?type=client

▲ FileZilla の Web サイト

　ファイルをアップロードしたら、ファイルのパーミッションを書き換えます。パーミッションをどの値にしたら良いのかもサーバーのマニュアルを参考に設定します。Lolipop! では CGI ファイルは 700 に設定するように指示がありました。サクラインターネットでは、755 または 705 に設定するように指示がありました。

●参考

サクラインターネット (さくらのレンタルサーバ、さくらのマネージドサーバの場合)	
情報の URL	https://help.sakura.ad.jp/206206041/
シェバン	#!/usr/local/bin/python
CGI ファイルのパーミッション	755 または 705

Lolipop!	
情報の URL	https://lolipop.jp/manual/hp/cgi/
シェバン	#!/usr/local/bin/python3.4
CGI ファイルのパーミッション	700
CGI のデータファイルのパーミッション	600

エックスサーバー	
情報の URL	https://www.xserver.ne.jp/manual/man_program_cgi.php
	https://www.xserver.ne.jp/manual/man_program_soft.php
シェバン	#!/usr/bin/python3.6
CGI ファイルのパーミッション	755 または 705

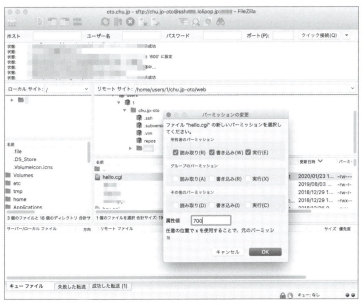

▲ SFTP でアップロードしてパーミッションを書き換える

そして、Web ブラウザーで「http:// サイト名 /hello.py」を開きます。すると、Python のプログラムが実行されて「Hello, World!」がブラウザー上に表示されます。

▲ Hello, World!

プログラムを確認してみましょう。プログラムの一行目のシェバンについてはすでに説明しました。(※1) の部分に注目しましょう。CGI のプログラムでは、最初の改行 2 つ以前の部分がヘッダーとして扱われます。そこで、CGI のプログラムでは、最初に何を出力するのか、コンテンツの種類（Content-

Type）を出力します。ここでは、text/html、つまり、HTMLであることを明示します。そして、改行2つの後が実際に画面に出力するHTMLの本文となります。

CGIでサイコロのアプリを作ろう

次に、メッセージ表示を利用した、サイコロアプリを作ってみましょう。

参照するファイル　file: src/ch3/dice.cgi

```
#!/usr/local/bin/python3.4

# Content-Typeのヘッダーを出力
print("Content-Type: text/html; charset=UTF-8")
print("")

# サイコロを表示
import random
dice = random.randint(1, 6)
# HTMLに埋め込んで表示
print("<html><body><h1>")
print("Dice =", dice)
print("</h1></body></html>")
```

先程と同じ手順で、サーバーにアップロードします。そして、Webブラウザーでアクセスしてみましょう。すると、ブラウザーをリロードするたびに値が変わります。

▲ ランダムな整数を表示するサイコロアプリ

プログラムは、「Hello World!」のものと、ほとんど同じですが、random.randint関数を使って、1から6までのランダムな数が表示されるようにしています。

column

CGI で日本語を表示しようとしてエラーが出る場合

　Web サーバーの設定によって、Python の日本語設定が行われていない場合があります。その場合、日本語を print で表示しようとすると、エラーコード 500 が表示されて正しくプログラムが動きません。

　動かない時は、print の出力先である sys.stdout を書き換えて、UTF-8 が表示できるようにします。

(参照するファイル)　file: src/ch3/nihongo.cgi

```python
#!/usr/local/bin/python3.4

# 日本語を表示するために必要
import sys
sys.stdin = open(sys.stdin.fileno(), 'r',
                encoding='UTF-8')
sys.stdout = open(sys.stdout.fileno(), 'w',
                encoding='UTF-8')
sys.stderr = open(sys.stderr.fileno(), 'w',
                encoding='UTF-8')

# Content-Type のヘッダーを出力
print("Content-Type: text/html; charset=UTF-8")
print("")

# 日本語を表示
print("<html><body><h1>")
print(" 賢い子は父親を喜ばせ，愚かな子は母親を悲しませる。")
print("</h1></body></html>")
```

　上記のプログラムをサーバーにアップして、ブラウザーで確認すると以下のように、日本語が正しく表示されます。

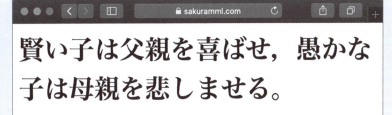

▲ エラーが出たら sys.stdout の値を書き換えると正しく日本語が表示できる

この節のまとめ

→ CGI として Python を動かすことができる

→ CGI の場合、改行 2 つより前がヘッダー情報で Content-Type などを出力し、それ以後が本文となる

→ 日本語が表示されない場合は、sys.stdout を書き換えると良い

第3章 | Webサービスの基本機能を作ってみよう

3-2
フレームワークについて

本節では Python のフレームワークを利用した簡単なプログラムを紹介します。フレームワークとは何か、どんなフレームワークがあるのか、いつどれを選んだら良いのか紹介します。

ひとこと
- フレームワークを使ってWebアプリをサクッと開発しよう

キーワード
- フレームワーク
- Django
- Flask
- Bottle
- Tornado

Web フレームワークについて

前節でも紹介しましたが、**Web アプリケーション・フレームワーク**とは、Web アプリケーションの開発を支援するためのフレームワークです。Web 開発でよく出てくる共通の作業をライブラリにまとめて、手軽に利用できるように設計したものです。

多くのフレームワークでは、アーキテクチャ（基本構造）が定義されており、そのやり方に沿って、機能を作り込んでいきます。これに加えて、テンプレートエンジンや URL マッピング機能、データベースへのアクセスやオブジェクトとのマッピングなどの機能を提供します。

093

Python の有名ワークフレーム

Web フレームワークには、さまざまなものがあります。Python で使えるものには、Django、Flask、bottle、Tornade、Plone などがあります。ここでは簡単にその特徴を紹介します。

Django - 多機能なフルスタックのフレームワーク

Django(ジャンゴ) とは、Web アプリケーションの開発で必要なさまざまな機能を実装した、フルスタックの Web フレームワークです。素早く実用的な Web アプリケーションの開発を支援します。Instagram や Pinterest、Mozilla、NASA、Bitbucket など多くの有名 Web サービスが Django を採用しています。そのため資料が多く、学習しやすい環境が整っています。

● Django
[URL] https://www.djangoproject.com/

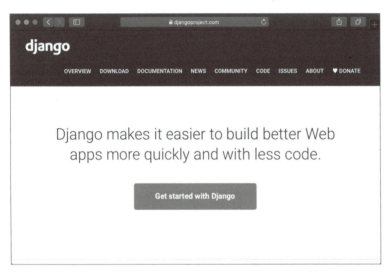

▲ Django の Web サイト

Flask - 使いやすいマイクロ・フレームワーク

　Flask は、必要最低限の機能を備えたフレームワークです。最低限と言いつつも、テンプレートエンジンや、開発用のサーバーやデバッガ、ユニットテストのサポートなど、基本的な機能を一通り備えています。WSGI(Web Server Gateway Interface) に対応しており、この規格に対応した Web サーバー (FastCGI、Apache など) と組み合わせて利用できます。余計な機能がないので見通しが良く、軽快に動作するのがメリットです。

● Flask
[URL] http://flask.palletsprojects.com/

▲ Flask の Web サイト

Bottle - 超軽量フレームワーク

　「bottle.py」という1ファイルで成り立っているシンプルで軽量なフレームワークです。それでも、URL のルーティング機能やシンプルなテンプレートエンジンといった機能を持っています。Flask と同じように WSGI にも対応しています。さまざまなプラグインが用意されており、機能を拡張することもできます。1ファイルなので、フレームワークの仕組みを学ぶのにも適しています。

● Bottle
[URL] https://bottlepy.org/

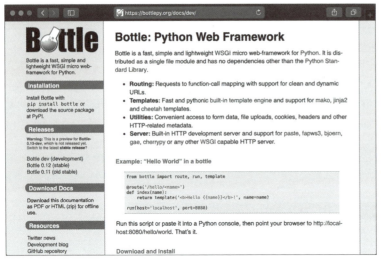

▲ Bottle の Web サイト

Tornado - リアルタイム通信や非同期処理に優れたフレームワーク

　Tornado は非同期処理に優れたネットワーク処理のためのライブラリです。WebSockets を利用したリアルタイム通信や、大量のリクエストに対応する非同期通信が可能です。そのため、チャットアプリなど継続的にユーザーとやりとりが発生するアプリの開発に利用されます。

● Tornade
[URL] http://www.tornadoweb.org/

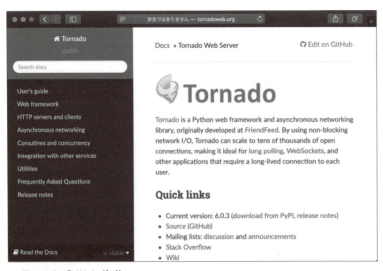

▲ Tornado の Web サイト

第3章　Webサービスの基本機能を作ってみよう

オススメのフレームワークはどれ？

ここまでの部分で、有名な四大フレームワークを紹介しました。ここで紹介したどのフレームワークも人気があり安心して採用できます。とは言え、どれを選んだら良いのか迷ってしまうこともあるでしょう。それぞれのフレームワークに個性がありますので、その個性を見極めながら自分のプロジェクトに最適なフレームワークを選びましょう。

FlaskとBottleは共に軽量でシンプルなフレームワークです。素早くちょっとしたWebサービスを開発したい場合には、この2つがオススメです。必要最低限の機能があり、バランス良く作られています。

少し大きな規模のWebサービスを開発したい時には、Djangoがオススメです。InstagramやPinterestなど著名なWebサービスで使われていることからも分かるように、複数人での開発にも向いています。中規模以上のWebアプリケーションで採用されているMVC(Model View Controller)パターンを採用しており、さまざまな機能を作り込む必要がある場合や、サービスを安定して作り込みたい場合に採用できます。

チャットなどリアルタイムなやりとりが必要な場合にはTornadoを使うことになるでしょう。このように、用途に合わせて、必要な機能を持ったフレームワークを選択するのが良いでしょう。

本書で扱う Flask のインストールについて

本書では、1つの大きなアプリケーションを作るのではなく、サンプルとして小さなWebアプリを複数作ります。そこで、学習量が少なく、シンプルで手軽にプロジェクトを開始できるFlaskを使ったプログラムを紹介します。設定ファイルや決まり事が少ないので、他のフレームワークを利用して開発を行う際の参考になることでしょう。

それでは、Flaskをインストールしましょう。コマンドラインにて、以下のコマンドを実行します。

```
pip install Flask==1.1.1
```

一番簡単な Web アプリを作ろう

それでは、Flaskを利用して一番簡単なWebアプリを作ってみましょう。まず、以下のプログラムを用意します。これは、画面にHello,World!と表示するだけのアプリです。

参照するファイル　file: src/ch3/hello_flask.py

```python
from flask import Flask

# Flask のインスタンスを作成 --- ( ※ 1)
app = Flask(__name__)
```

097

```
# ルーティングの指定 --- （※2）
@app.route('/')
def index():
    return "Hello, World!"

# 実行する --- （※3）
if __name__ == '__main__':
    app.run(host='0.0.0.0')
```

ほんの10行程度のプログラムですが、これでも立派なWebアプリです。コマンドラインから以下のコマンドを実行すると、Webサーバーが起動します。

```
# --- macOS や Linux の場合 ---
export FLASK_APP=hello_flask.py
flask run --host=0.0.0.0

# --- Windows のコマンドプロンプトの場合 ---
set FLASK_APP=hello_flask.py
flask run --host=0.0.0.0
```

あるいは、普通のPythonスクリプトのように、次のように記述して実行することもできます。

```
python hello_flask.py
```

実行すると開発用のWebサーバーが起動し、アクセス先のURL(0.0.0.0:5000)が表示されます。それでは、Webブラウザーを起動して、このURLにアクセスしてみましょう。

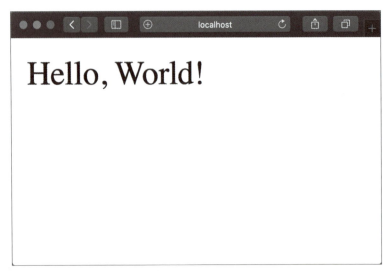

▲ Flaskで一番簡単なWebアプリを作ったところ

上記のように、Hello, World! が表示されれば成功です。一番簡単なWebアプリが動きました。

プログラムを確認してみましょう。(※1)の部分では、Flaskのインスタンスを作成します。(※2)の部分では、ルーティングの指定を行います。ここで指定したのは、サーバーのルート「/」にアクセスがあった場合に、その直後にある関数 indexを実行するというものです。そして、この関数の戻り値がサーバーのレスポンスとなります。

(※3)の部分ではFlaskを実行します。この二行は絶対に必要という訳ではなく、コマンドラインから「flask run」コマンドで実行する際には、(※3)の部分は記述不要になります。

仮想マシンから Flask にアクセスする際の注意

仮想マシン上でFlaskを実行している時には、host='0.0.0.0'の指定が必要です。というのも、FlaskのWebサーバーはデフォルトでローカルホスト以外からのアクセスを遮断するからです。プログラム(※3)の部分で app.runのオプションに hostを指定するか、コマンドラインから Flaskを実行する際に、--host=0.0.0.0 のオプションをつけてサーバーを起動します。

開発中に便利なデバッグモード

上記(※3)の、app.run()の部分で、debug=Trueのオプションを付け加えると、開発用のデバッグモードでFlaskサーバーが起動します。その場合、プログラムを実行した後でも、ソースコードを書き換えた時に、自動的にプログラムをリロードするようになります。プログラムの開発中は、以下のようなモードにしておくと良いでしょう。

```
app.run(debug=True)
```

次の画面は、デバッグモードにした時のものです。ソースコードが更新されると、それを自動で検知してアプリの実行をリロードします。

▲ デバッグモードだと更新を自動で検知してリロードしてくれる

「This is a development server」という警告について

なお、プログラムを実行するたびに「WARNING: This is a development server. Do not use it in a production deployment.」と表示されます。これは、開発用の簡易サーバーなので、本番では別の方法で実行するようにという警告です。というのも、この開発用のサーバーは、それほどパフォーマンスがよくないとのことです。

実際にWebサービスをリリースした場合には、上記の方法で実行するのではなく、WSGIに対応したWebサーバーを利用します。そして、そのサーバーでFlaskのアプリを動かすようにします。それぞれのサーバーごとの設定については、詳しくは以下のドキュメントを確認してください。

● Flask Documentation > Deployment Options
[URL] https://flask.palletsprojects.com/en/1.1.x/deploying/

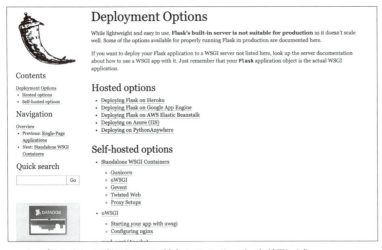

▲ サービスのリリース時にはWSGI対応のWebサーバーを利用しよう

この節のまとめ

→ Webアプリの開発にフレームワークは欠かせない

→ Django、Flask、Bottle、Tornadoなど有名なフレームワークがある

→ それぞれ開発するアプリにあったフレームワークを選ぶのが成功の秘訣

→ Flaskは非常にシンプルなフレームワークなので、本書でいろいろなサンプルを作るのに使う

第3章 | Webサービスの基本機能を作ってみよう

3-3

テンプレートエンジンを使ってみよう

テンプレートエンジンを使えば、Web アプリの作成がぐっと簡易化されます。ただ文字列を差し込むだけでなく他のパーツを埋め込んだり、条件判定や繰り返しを記述したりできます。

ひとこと	キーワード
● テンプレートエンジンで捗るWebアプリ開発	● テンプレートエンジン ● jinja2

テンプレートエンジンについて

テンプレートエンジンとは、ひな形（テンプレート）と実際のデータを合成して成果となるドキュメントを出力する機能のことです。Web アプリにおけるテンプレートエンジンとは、HTML の出力に特化しています。

基本的には、ひな形の特定のフィールドにデータを流し込むことで HTML を出力するのですが、昨今のテンプレートエンジンは、それだけでなく、条件によって表示する内容を変更したり、外部のパーツを埋め込んだりできます。また、配列（リスト型）のデータを出力するのに便利な、繰り返しを表現することもできます。

101

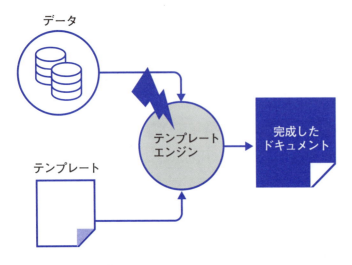
▲ テンプレートエンジンの仕組み

　もちろん、Web アプリケーションを開発する中で、高機能なテンプレートエンジンが不要な場合もあります。しかし、テンプレートエンジンを利用するなら、デザインとロジックを明確に分離できるので、すっきりと見通しがよくなります。

Python のテンプレートエンジンについて

　Python では各種フレームワークごとにテンプレートエンジンが提供されています。それによって、設定を追加することなくテンプレートエンジンを利用できます。
　前節で紹介した Django や Bottle、Tornado といったフレームワークでは、それぞれ独自のテンプレートエンジンが提供されています。また、Flask では jinja2 というテンプレートエンジンが採用されていますが、機能にうまく組み込まれており、別途組み込みの処理を行う必要はありません。また、jinja2 は Django のテンプレートエンジンと似ていると言われています。
　他にも、Zope フレームワークには ZPT(Zope Page Template) があり、Pyramid フレームワークには Chameleon が採用されています。このように、テンプレートエンジンは、フレームワークと密接に結びついて使われています。

テンプレートエンジン Jinja の簡単な使い方

　それでは、テンプレートエンジンを使って、短い Web アプリケーションを作ってみましょう。本書では、Flask の使い方を紹介するため、Flask のテンプレートエンジンである Jinja を使う事になります。
　テンプレートエンジンを利用する場合、プログラムとテンプレートのフォルダーを分けて管理した方が分かりやすいものとなります。Flask ではデフォルトで「templates」というフォルダーにテンプ

第 3 章　Web サービスの基本機能を作ってみよう

レートファイルを配置することが決まっています。そこで、以下のようなフォルダー構成でファイル
を準備しましょう。

```
.
├── app.py    --- メインプログラム
└── templates --- テンプレートを入れるディレクトリ
    └── card.html    --- テンプレートファイル
```

それでは、最初にテンプレートを見てみましょう。{{ username }} や {{ age }} という表現があります
が、この「{{ … }}」の部分がテンプレートエンジンによって差し替わる部分です。

参照するファイル file: src/ch3/template-card/templates/card.html

```
<html><body>
  <h1>{{ username }} さんの紹介 </h1>
  <div>
    <p> 年齢は、{{ age }} 才です。</p>
    <p> メールアドレスは、{{ email }} です。</p>
  </div>
</body></html>
```

次に、メインアプリの app.py を見てみましょう。ここでは、テンプレートエンジンを用いて、上記
の card.html にデータを流し込んで表示します。

参照するファイル file: src/ch3/template-card/app.py

```python
from flask import Flask, render_template

app = Flask(__name__)

@app.route('/')
def index():
    # データを指定 --- （ ※ 1）
    username = ' ケイジ '
    age = 19
    email = 'keiji@example.com'
    # テンプレートエンジンにデータを指定 --- （ ※ 2）
    return render_template('card.html',
            username=username,
            age=age,
            email=email)

if __name__ == '__main__':
    app.run(host='0.0.0.0')
```

Web サーバーを起動するには、コマンドラインから以下のコマンドを実行します。

```
python app.py
```

103

表示されたURLにWebブラウザーでアクセスすると、次のように表示されます。

▲ テンプレートエンジンを利用して自己紹介を表示したところ

　実行結果を見ると、テンプレートの「card.html」で、{{ username }}や{{ age }}、{{ email }}の部分が置換されて表示されていることが分かるでしょう。そこで、プログラムとテンプレートを見比べながら詳細を確認してみましょう。
　メインプログラムのapp.pyの(※1)を見てみましょう。ここでは、Flaskのルートにアクセスがあった時に実行される処理を記述しています。それで、usernameやage、emailと言ったデータを指定しています。
　(※2)の部分、render_template関数を使ってHTMLを出力します。この時、テンプレートファイル「card.html」と、テンプレートに埋め込む各種データを指定します。これにより、テンプレートに変数を埋め込みます。

テンプレートエンジンで条件分岐を使ってみよう

　さて、ただ単にテンプレートに値を埋め込むだけであれば、単純な文字列置換でも問題ありません。テンプレートエンジンを使う良さを紹介しましょう。テンプレートエンジンでは、条件分岐を記述することができます。
　例えば、上記の自己紹介のサイトで、19才以下のユーザーに関しては、メールアドレスを公開しないというルールで運用したいとしましょう。その場合、テンプレートエンジンの条件分岐を利用して、次のように記述することができます。
　先ほどと同じように、次のようなディレクトリ構成でファイルを準備しましょう。今回は、CSSを導入して少しデザインにも配慮してみます。FlaskではCSSや画像などの静的なファイルは、「static」というディレクトリに配置するように決められています。

第 3 章　Web サービスの基本機能を作ってみよう

```
.
├── app_keiji.py     --- メインプログラム 1（データがケイジさんの場合）
├── app_yusuke.py    --- メインプログラム 2（データがユウスケさんの場合）
├── static   --- 静的なファイルを配置するディレクトリ
│   └── style.css    --- スタイルシート
└── templates   --- テンプレートを配置するディレクトリ
    └── card-age.html   --- テンプレート
```

今回は最初にスタイルシートを紹介します。背景色やパディングを指定しているだけの CSS です。

参照するファイル　file: src/ch3/template-card-if/static/style.css

```css
h1 {
    background-color: red;
    color: white;
    padding: 12px;
}
div#desc {
    padding-left: 3em;
    border: 1px solid red;
}
```

次にテンプレートファイルを紹介します。このテンプレートでは、年齢を表す変数 age の値によって表示内容を変更します。19 才以下であればメールアドレスを隠して表示します。

参照するファイル　file: src/ch3/template-card-if/templates/card-age.html

```html
<html><head>
  <!-- CSS を埋め込む ----（※ 1）-->
  <link rel="stylesheet"
   href="{{ url_for('static', filename='style.css') }}">
</head><body>
  <h1>{{ username }} さんの紹介 </h1>
  <div id="desc">
    {# 年齢によって表示内容を切り替える ---（※ 2）#}
    {% if age < 20 %}
      <p> 年齢は、{{ age }} 才（未成年）です。</p>
      <p> 連絡先は非公開です。</p>
    {% else %}
      <p> 年齢は、{{ age }} 才です。</p>
      <p> メールアドレスは、{{ email }} です。</p>
    {% endif %}
  </div>
</body></html>
```

そして、次にメインプログラムを紹介します。最初に先ほどと同じ 19 才のケイジさんのデータを流し込むプログラムです。

105

参照するファイル file: src/ch3/template-card-if/app_keiji.py

```python
from flask import Flask, render_template
app = Flask(__name__)

@app.route('/')
def index():
    # テンプレートエンジンにデータを指定
    return render_template(
            'card-age.html',
            username='ケイジ',
            age=19,
            email='keiji@example.com')

if __name__ == '__main__':
    app.run(host='0.0.0.0')
```

このプログラムを実行してみましょう。コマンドラインから以下のコマンドを実行します。

```
python app_keiji.py
```

実行するとWebサーバーが起動し、起動したサーバーのアドレスが表示されるので、そのURLにアクセスします。19才以下なのでメールアドレスが表示されません。

▲ テンプレートエンジンの条件分岐によってメールアドレスが隠された

次に、20才以上のユーザーのデータ（20才のユウスケさん）を表示してみましょう。

参照するファイル file: src/ch3/template-card-if/app_yusuke.py

```python
from flask import Flask, render_template
app = Flask(__name__)

@app.route('/')
```

```
def index():
    # テンプレートエンジンにデータを指定
    return render_template(
            'card-age.html',
            username='ユウスケ',
            age=20,
            email='yusuke@example.com')

if __name__ == '__main__':
    app.run(host='0.0.0.0')
```

同じように、以下のコマンドを実行してサーバーを起動しましょう。なお、先ほど起動したサーバーは、[Ctrl]+[C]キーを押して中断させてから実行してください。

```
python app_yusuke.py
```

すると、ユウスケさんは20才なのでメールアドレスが表示されます。

▲ 20才以上のユーザーは正しくメールアドレスが表示されます

テンプレートとプログラムについて確認してみましょう。今回、プログラムの方は、表示するユーザーの年齢を変更しただけで前回のものと一緒です。しかし、年齢によって表示される内容が変化します。

テンプレートファイルの「card-age.html」を見てみましょう。(※1)の部分では、CSSを埋め込んでいます。このようにテンプレートファイルの中で、url_for関数を使うことで実際のURLに差し替えて表示してくれます。

続いて、(※2)の部分では変数ageの内容に応じて表示するメッセージを切り替えています。なお、Jinjaでは、「{# … #}」のように書いたところがコメントとして扱われます。

今回のポイントである条件分岐は、以下のような書式で記述しています。

```
{%if 条件 %}
    ここに条件が真の時の内容
{% else %}
    ここに条件が偽の時の内容
{%endif %}
```

テンプレートエンジンの継承機能

　テンプレートエンジンの Jinja には、他にもいろいろな機能があります。例えば、覚えておくと便利な機能に継承機能 (extends) があります。この機能を使うと Web アプリ内で利用する複数のページで共通するヘッダーやフッターなどのパーツを持つ基本的なレイアウトファイルを使いつつ、異なる差分の部分だけを定義したファイルを作るだけでよくなります。

　例えば、以下のような Web アプリの中で、ログインページ (login)、ユーザーリストのページ (users)、アプリの説明ページ (about) という 3 つのページを表示する必要があるとしましょう。それぞれ 3 つのページをそれぞれゼロから準備することもできます。しかし、同じ Web アプリなので、ある程度デザインを共通で作っておくと、アプリに統一感も出ますし、効率よくアプリ作ることができることが分かるでしょう。そんなときに便利なのが継承の機能です。

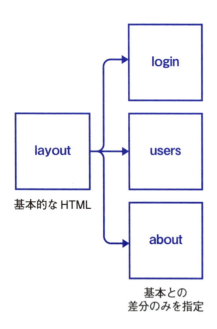

▲ 基本的なレイアウトを元にして異なるページを生成できるのが継承の機能

　「継承」と言うと堅苦しい感じがしますが、それほど難しいものではありません。最初に、基本となる layout というファイルを作っておいて、そのファイルの中で、書き換えが必要となる部分を block

第3章　Webサービスの基本機能を作ってみよう

として定義しておきます。そして、layout を継承して作るページの中で、書き換えるブロックの差分の
みを記述します。これによって、元の layout ファイルの特定の変更部分を反映したページを生成し
ます。

layout.html

```
<html>
<body>
  <h1>
    {% block title %}…
  </h1>
```

```
    <div>
      {% block contents %}…
  </div>
  </body>
  </html>
```

users.html

ユーザーリスト

<h3> ケイスケ </h3>
…
<h3> ダイキ </h3>
…

▲ 継承元のファイルからの特定 block の差分のみを記述する

それでは、実際のコードで動作を確認してみましょう。以下のようなディレクトリ構造でファイル
を配置しましょう。ここまでの部分で紹介したように、Flask では templates ディレクトリにテンプレー
トファイルを配置します。

```
.
├── app.py     --- メインプログラム
└── templates    --- テンプレートを配置するディレクトリ
    ├── users.html   --- レイアウトを継承して作ったテンプレート
    └── layout.html   --- レイアウトを定義したテンプレート
```

それでは、メインプログラムを確認しましょう。このプログラムでは、テンプレートエンジンを利
用して、テンプレート「users.html」にリスト型のデータ users を流し込んで表示します。

参照するファイル　file: src/ch3/template-etc/app.py

```
from flask import Flask, render_template
app = Flask(__name__)

@app.route('/')
def index():
    users = [
        {'name':'ケイスケ', 'age':22},
        {'name':'ダイキ', 'age':25},
        {'name':'セイジ', 'age':18},
    ]
    return render_template(
            'users.html',
```

109

```
                users=users)

if __name__ == '__main__':
    app.run(debug=True, host='0.0.0.0')
```

次に、テンプレートファイルを確認してみましょう。今回利用するテンプレートは2つあります。まず、HTMLの基本となる構造を定義したレイアウト「layout.html」と、そのレイアウトに実際にユーザーリストを流し込んで表示する「users.html」です。

まずは、レイアウトを定義したHTMLファイルです。h1要素に「title」ブロックを指定、div要素に「contents」ブロックを指定しました。

参照するファイル file: src/ch3/template-etc/templates/layout.html

```
<html><head>
<style>
  h3 { background-color: silver; padding:8px; }
  div.user {
      border: 1px dotted silver;
      margin: 8px; padding: 8px;
  }
</style>
</head><body>
  <h1>
      {% block title %}
      <!-- ここにタイトルを表示 -->
      {% endblock %}
  </h1>
  <div>
    {% block contents %}
    <!-- ここにコンテンツを表示 -->
    {% endblock %}
  </div>
</body></html>
```

そして、レイアウトとの差分を定義したユーザーリストの一覧を表示するテンプレートが以下になります。

参照するファイル file: src/ch3/template-etc/templates/users.html

```
{# レイアウトを継承する --- (※1) #}
{% extends "layout.html" %}

{# titleのブロックを書き換える --- (※2) #}
{% block title %}
ユーザーリスト
{% endblock %}

{# contentsのブロックを書き換える --- (※3) #}
{% block contents %}
  {% for user in users %}
```

110

第3章　Webサービスの基本機能を作ってみよう

```
    <div class="user">
      <h3>{{ user.name }}</h3>
      <p>年齢は、{{ user.age }}才です。</p>
    </div>
  {% endfor %}
{% endblock %}
```

　それでは、Webサーバーを起動して動作を確認してみましょう。コマンドラインで以下のコマンドを実行します。

```
python app.py
```

　すると、Webサーバーが起動します。ブラウザーで指定のURLにアクセスすると、以下のようにユーザーリストが表示されます。

▲ テンプレートエンジンの継承を利用してユーザーリストを表示したところ

　それでは、プログラムとテンプレートを確認してみましょう。プログラム「app.py」では、辞書型のデータのリスト users をテンプレート「user.html」に流し込んでいます。

　レイアウトを定義したテンプレート「layout.html」では、基本的なHTMLを定義します。書き換えが必要になる場所に、title と contents という2つのブロックを定義します。

　実際にユーザーリストを表示するテンプレート「users.html」を確認しましょう。(※ 1) の部分では、基本的なHTMLのテンプレート「layout.html」を継承することを指定します。(※ 2) の部分では、title ブロックに差し込む内容を指定します。

111

(※ 3) の部分では、contents ブロックに差し込む内容を指定します。ここでは、for 構文を利用して繰り返しリスト型の users の内容を出力します。for の使い方は、Python のものと同じように記述できますが、Jinja テンプレートエンジンでは、辞書型の変数の記述が Python よりも簡易になります。{{ user['name'] }} と書くところを、{{ user.name }} のように記述することもできます。

ここで紹介したプログラムでは、表示したいファイルが 1 つだけだったので、レイアウトとコンテンツでファイルを分けるメリットが分からないかもしれません。しかし、複数の機能がある場合に、基本的なレイアウトを元に、差分だけを作成した画面を作ることができるので便利です。

この節のまとめ

→ テンプレートエンジンを利用すると、データをテンプレートに流し込んで表示できる

→ テンプレートエンジンでは、変数を埋め込むだけでなく、if や for などの制御構文も利用できる

→ テンプレートエンジンを利用すると、ロジックとデザインを上手に分離してスッキリ見せられる

第3章 | Webサービスの基本機能を作ってみよう

| 3-4 |

URLパラメーターとフォームの取得

Webアプリケーションでは、URLパラメーターや送信フォームよりパラメーターを取得することができます。ここでは、URLパラメーターやフォームのパラメーターの取得方法を紹介します。

ひとこと
● パラメーターを利用してアプリを組み立てていこう

キーワード
● URLパラメーター
● FORM要素

Webアプリケーションにパラメーターを与える

HTTP通信は、要求（リクエスト）に対する応答（レスポンス）が一セットであり、それが通信のすべてであることはすでに紹介しました。つまり、Webサイトを訪問したユーザーは、サーバーに対して何かしらのアクションを実行したい場合には、何かしらのパラメーターを添えてリクエストを送信します。

URLパラメーター

Webサーバーに対してパラメーターを送信したい場合に便利なのがURLパラメーターです。
URLの後ろに「?name=value」のように変数名と値を付けたもののことです。

113

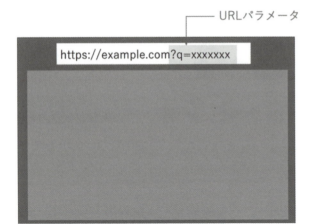

▲ URL パラメーターとは URL の後ろにある変数のこと

　複数のパラメーターを与えることもできます。この場合、以下のように値を & で区切ってつなげます。

● URL パラメーター

```
http:// ホスト名?name1=value1&name2=value2&name3=value3
```

　それでは、この URL パラメーターを Flask フレームワークで受け取る方法を紹介します。ここでは、パラメーター a と b に与えた値をかけ算して表示するという簡単な Web アプリを作ってみます。

参照するファイル　file: src/ch3/mul.py

```python
from flask import Flask, request
app = Flask(__name__)

@app.route('/')
def index():
    # URL パラメーターを取得 --- (※1)
    a = request.args.get('a')
    b = request.args.get('b')
    # パラメーターが設定されているか確認 --- (※2)
    if (a is None) or (b is None):
        return "パラメーターが足りません。"
    # パラメーターを数値に変換して計算 --- (※3)
    c = int(a) * int(b)
    # 結果を出力 --- (※4)
    return "<h1>" + str(c) + "</h1>"

if __name__ == "__main__":
    app.run(host='0.0.0.0')
```

プログラムを実行するには、コマンドラインから以下のコマンドを実行します。

```
python mul.py
```

すると、Web サーバーが起動するので、Web ブラウザーで指定された URL にアクセスします。ただし、今回は、URL パラメーターをテストするのが目的ですから、以下のようなアドレスにアクセスしてみましょう。

```
http://127.0.0.1:5000/?a=30&b=50
```

Web ブラウザーに以下のように、a と b を掛け合わせた値 1500 が表示されたら成功です。URL パラメーターの a や b の値を書き換えて実行して動作を確認すると良いでしょう。

▲ URL パラメーターのテストをしているところ

プログラムを確認してみましょう。(※1) の部分で、URL パラメーターを取得しています。このように、request.args.get('a') のように記述して値を取得できます。なお、値が設定されていない場合は、None となります。そのため、(※2) の部分で None かどうかを判定しています。None であれば計算できませんので、その旨を出力します。

(※3) の部分ではパラメーターを整数に変換して計算を行います。パラメーターは基本的に文字列で得られます。そして、(※4) の部分で計算結果を出力します。

Web フォームについて

URL パラメーター以外でサーバーにユーザーからの入力を送信する方法には、Web フォームがあります。これは、HTML の form 要素を利用してサーバーにデータを送信する方法です。フォームには、いくつかのバリエーションがあるのですが、まずは簡単に GET を利用したフォームを作ってみましょう。

ここでは、名前の入力フォームがあり、これに入力して送信すると、名前入りの挨拶文を作成してくれる Web アプリを作ってみましょう。

参照するファイル file: src/ch3/get_test.py

```python
from flask import Flask, request
app = Flask(__name__)

# サーバールートへアクセスがあった時 --- （※ 1）
@app.route('/')
def index():
    # フォームを表示する --- （※ 2）
    return """
        <html><body>
        <form action="/hello" method="GET">
          名前: <input type="text" name="name">
          <input type="submit" value=" 送信 ">
        </form>
        </body></html>
    """

# /hello へアクセスがあった時 --- （※ 3）
@app.route('/hello')
def hello():
    # name のパラメーターを得る --- （※ 4）
    name = request.args.get('name')
    if name is None: name = ' 名無し '
    # 自己紹介を自動作成
    return """
    <h1>{0} さん、こんにちは！</h1>
    """.format(name)

if __name__ == '__main__':
    app.run(host='0.0.0.0')
```

プログラムを実行するには、コマンドラインから以下のコマンドを入力します。

```
python get_test.py
```

　コマンドを実行すると Web サーバーが起動します。そこで、表示された URL に Web ブラウザーでアクセスすると、以下のように名前の入力フォームが表示されます。名前を入力して送信すると、挨拶文が表示されます。

第 3 章　Web サービスの基本機能を作ってみよう

▲ テキストボックスに名前を入れて送信すると…。

▲ 自己紹介を表示

　プログラムを確認してみましょう。(※ 1) の部分では「@app.route('/')」と書くことで、サーバーのルートへアクセスがあった時に、続く index 関数を実行するように指定します。また、(※ 3) の部分では、「@app.route('/hello')」と書いてあるので、サーバーの /hello へアクセスがあったときに、続く hello 関数を実行します。

　(※ 2) の部分では、名前の入力フォームを記述しています。ここは HTML のフォームです。form 要素で、action 属性には送信先 URL を指定します。そして、method 属性には、GET か POST の HTTP メソッドを指定します。ここでは、GET を指定しました。

　ユーザーが送信ボタンを押すと「/hello」に対してデータが送信されます。(※ 3) の部分で指定した通り、hello 関数が実行されます。(※ 4) の部分では、送信されたパラメーターを取得して、自己紹介文を出力します。

117

GET で送信した場合 URL パラメーターを指定したのと同じ

さて、上記のプログラムを見てみて、URL パラメーターを取得した時と同じだと気づいた人は鋭いです。そうです。フォームを GET メソッドで送信した時、URL パラメーターにフォームの値が設定される仕組みとなっているのです。そのため、URL パラメーターを取得する方法「request.args.get(パラメーター名)」でフォームから送信された値を取得できます。

そのため、GET メソッドでフォームを送信する場合、アプリのテストをするのも非常に手軽です。わざわざフォームを表示して送信しなくても、URL を直接書き換えることでテストできるからです。

ただし、URL には最大文字数制限があります。ブラウザーの実装にもよりますが、Internet Explorer9 以前の最大長は 2048 文字でした。最近のモダンブラウザーであれば、1 万文字以上でも大丈夫とのことですが、文字数制限があるという点だけは覚えておきましょう。

GET メソッドのフォームを取得する方法

それでは、簡単にまとめてみましょう。GET メソッドで送信したフォームの値を受け取るには、以下のように、request.args を使って取得します。request.args.get を使うと名前がフォームに含まれなかった時のデフォルト値を指定することができます。

```
# GET メソッドのフォームの値を取得する方法
value = request.args[' 名前 ']
value = request.args.get(' 名前 ', ' デフォルト値 ')
```

Web フォームを POST で送信する場合

フォームから送信した内容を URL 欄に表示したくない場合や、比較的長いデータを送信したい場合には、POST メソッドを利用します。それでは、次に、POST メソッドを使った簡単なメッセージボードを作ってみましょう。

参照するファイル file: src/ch3/board.py

```python
from flask import Flask, request, redirect
import os
app = Flask(__name__)

# データの保存先 --- ( ※ 1)
DATAFILE = './board-data.txt'

# ルートにアクセスしたとき --- ( ※ 2)
@app.route('/')
def index():
    msg = ' まだ書込はありません。'
    # 保存データを読む --- ( ※ 3)
```

第3章 Webサービスの基本機能を作ってみよう

```python
    if os.path.exists(DATAFILE):
        with open(DATAFILE, 'rt') as f:
            msg = f.read()
    # メッセージボードと投稿フォーム --- (※4)
    return """
<html><body>
<h1> メッセージボード </h1>
<div style="background-color:yellow;padding:3em;">
{0}</div>
<h3> ボードの内容を更新 :</h3>
<form action="/write" method="POST">
    <textarea name="msg"
     rows="6" cols="60"></textarea><br/>
    <input type="submit" value=" 書込 ">
</form>
</body></html>
""".format(msg)

# POST メソッドで /write にアクセスしたとき --- (※5)
@app.route('/write', methods=['POST'])
def write():
    # データファイルにメッセージを保存 --- (※6)
    if 'msg' in request.form:
        msg = str(request.form['msg'])
        with open(DATAFILE, 'wt') as f:
            f.write(msg)
    # ルートページにリダイレクト --- (※7)
    return redirect('/')

if __name__ == '__main__':
    app.run(host='0.0.0.0')
```

コマンドラインで以下のコマンドを実行すると Web サーバーが起動します。

```
python board.py
```

Web ブラウザーでコマンドラインに表示された URL にアクセスします。すると、以下のようにメッセージボードアプリが表示されます。画面下部のテキストボックスに文章を記述して「書込」ボタンを押すと、ボードの内容を更新します。

119

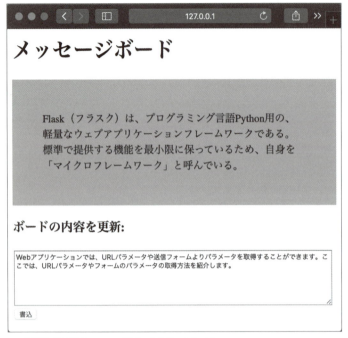

▲ 書き換え可能なメッセージボードを作ったところ

プログラムを確認してみましょう。(※1)の部分でデータの保存先ファイルを指定します。(※2)の部分では、ルートにアクセスした時の指定を行います。(※3)の部分では、データファイルが存在するとき、ファイルの内容を読み込みます。(※4)では、メッセージボードの表示、および、その下にあるボード内容を更新する投稿フォームを HTML で出力します。ここでは、特に、投稿フォーム (form 要素)の method が POST になっている点に注目してください。この指定で、フォームは POST メソッドでサーバーにデータを送信します。

(※5)の部分では、投稿フォームから POST メソッドで送信した内容を受け取る /write へのアクセスを処理するように指定します。(※6)の部分では、投稿されたフォームデータから msg のデータを取り出し、データファイルに保存します。そして、保存した後で、(※7)で指定しているように、ルートページへリダイレクトします。

POST メソッドのフォームを取得する方法

なお、POST メソッドで送信したフォームの値を受け取るには、以下のように、request.form を使って取得します。request.form.get を使うと名前がフォームに含まれなかった時のデフォルト値を指定することができます。

```
# フォームの値を取得する方法
value = request.form['名前']
value = request.form.get('名前', 'デフォルト値')
```

Flask のルーティングで URL に含まれる値を利用する方法

ところで、Flask では、URL の中にあるディレクトリ名をパラメーターとして取り出すことができるよう工夫されています。

例えば、よくある URL に https://example.com/users/384 のようなものがあります。このとき、想定されるのが、ユーザー ID が 384 のユーザーページを表示するというものです。このような URL を取得するには、以下のように記述します。

```
@app.route('/users/<user_id>')
def users(user_id):
    return "ユーザー {0} のページ".format(user_id)
```

▲ URL の中にあるパラメーターを取得する例

Flask でフォームのパラメーターの処理方法

ここで一度、Flask でパラメーターを取り出す方法をまとめてみましょう。Flask では手軽にフォームの値を取得できますが、どのメソッドで送信したかによって、取り出し方が異なります。

GET メソッドで送信したデータ、あるいは、URL パラメーターで指定した変数を取得するには、以下のようにして取得できます。

```
# フォームを GET メソッドで送信した時
@app.route('/')
def index():
    value = request.args.get('変数名')
```

POST メソッドで送信したデータは、以下のようにして取得できます。ただし、ルーティングを指定する際、methods に POST を指定する必要があります。

```
# フォームを POST メソッドで送信した時
@app.route('/write', methods=['POST'])
def write():
    value = request.form.get('変数名')
```

この節のまとめ

 Flask を使えば Web フォームで送信した変数を手軽に取り出すことができる

 GET か POST のメソッドによって値を処理する方法が異なるので注意する

 URL パラメーターは、GET メソッドと同じ方法で取り出せる

 Flask のルーティングで URL に含まれる値を利用することもできる

第3章 | Webサービスの基本機能を作ってみよう

3-5

CookieとWebStorage - クライアントへデータを保存

Webアプリを使うユーザーのPC内にデータを保存する方法が2つあります。簡単な
データを保存できるCookieと、JavaScriptのAPIであるWebStorageです。ここでは
その使い方を紹介します。

ひとこと
● CookieとWebStorage、PCにデータを保存しよう

キーワード
● Cookie
● WebStorage
● localStorage
● sessionStorage

ユーザーのPCにデータを保存すること

　Webアプリを作る上で、ユーザーのPCにデータが全く保存できないと困ったことになります。というのも、HTTP通信はステートレスが基本です。ステートレスというのは、状態がないということで、HTTP通信だけの範囲では、ユーザーごとにカスタマイズしたページを表示することはできないということになってしまうからです。つまり、HTTP通信に何かしらの仕組みを仕掛けることで、ユーザーごとに異なったコンテンツを表示できるようになります。

Cookieについて

　その仕掛けの1つが、Cookie(クッキー)です。Cookieには4KBのデータを保存できます。Cookieの保存最大容量は4KBなので、それほどたくさんの情報を保存できる訳ではありません。そのため、Cookieに保存するのは、ユーザーを識別するためのIDなど、比較的短いデータに限られます。

　なお、CookieはHTTP通信のヘッダーを用いてやりとりされます。Webサーバー側がWebブラウザーに対してCookieへ保存を要求し、その要求に応じてWebブラウザーがPCにデータを保存します。そして、次回、Webブラウザーでは、そのWebサイトにアクセスする際に、HTTPヘッダーにデータを含めてサーバーにアクセスします。

123

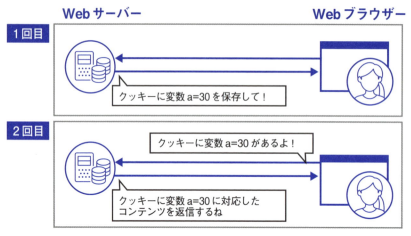

▲ Cookie の仕組み

WebStorage について

　ユーザーの PC にデータを保存するもう 1 つの方法は、JavaScript の API である WebStorage です。WebStorage には永続的にデータを保存できる localStorage と、ブラウザーを閉じると消えてしまう sessionStorage の二種類が用意されています。

　これを使うと、5MB から 10MB のデータを保存することができます。保存できる容量はブラウザーに依存します。Cookie よりも容量が大きいとは言え、昨今のデータは大きいものが多いので、5MB と言うのも決して大きいとは言えません。そのため、何をユーザーの PC に保存するのかについては、よく考える必要があります。また、保存できるのは、文字列のみなので、あまりにも大きなデータを保存しようとするとそれほどパフォーマンスが出ません。

　Cookie は Web サーバーとブラウザーの通信ごと（つまり、ページ遷移のタイミング）で保存と読み込みが行われますが、WebStorage では JavaScript を介して読み書きが行われます。そのため、ページ遷移を行うことなく任意のタイミングで読み書きができるのがメリットです。

データの保存期間について

　食べ物に賞味期限が設定されているように、Cookie にも有効期限が設定できます。なお、Cookie の有効期限を指定しなかった場合には、ブラウザーを閉じた際に消えてしまいます。これに対して、WebStorage の localStorage には有効期限がありません。ただし、WebStorage には、sessionStorage と localStorage の二種類があります。このうち、有効期限がないのが localStorage で、sessionStorage はブラウザーを閉じると消えてしまいます。

　また、Cookie、WebStorage を問わず、ユーザーが自分の都合で保存した内容をクリアできるという点も覚えて起きましょう。次回、訪問時に必ず前回保存した内容が利用できるわけではないのです。

そのため、ユーザーが保存したデータを消してしまっても、ログインなどの仕組みを通じて、継続して利用できる手段を用意しておく必要があります。

アクセス範囲について

ところで、Cookie も WebStorage も、Web サイトを跨いで保存されたデータにアクセスすることはできません。つまり、hoge.com で保存したデータを、fuga.com で読み込むことはできないということです。またサブドメインが異なる場合もアクセスできません。例えば、neko.example.com で保存したデータを、inu.example.com で読み込むことはできません。また、異なるポートを用いる場合もアクセスできません。例えば、hoge.com:8080 で保存したデータを、hoge.com:8888 から読み込むことはできないということです。

そもそも、Web ブラウザーでは、**同一生成元ポリシー(Same-Origin Policy)** が採用されています。これは、ホスト、スキーム、ポートがすべて同一であれば、同一生成元であると見なすものです。つまり、Cookie や WebStorage では、同一生成元ごとにきっちり区切られているので、ポートやサブドメインが異なる場合に、勝手にアクセスできないようになっています。

ユーザーの PC に保存するということ

ユーザーの PC にデータを保存することに関して、アプリの開発者が覚えておくべきことがいくつかあります。まず、ユーザーの PC に保存したデータは、必ずしもアプリ開発者が意図した通りにならない事があります。と言うのは、保存期間のところでも紹介したように、ユーザーが消去してしまう可能性があること、また、保存したデータをユーザーが勝手に改変することすら可能です。

どういうことかと言うと、例えば、SNS などで、ユーザー ID とログインしているかどうかの情報をユーザーの PC に保存したとします。このとき、ユーザーの PC にユーザー「クジラ (id:1234)」でログインしていると保存したとします。しかし、悪意あるユーザーがこの情報を書き換えて「ライオン (id:5555)」でログインしていると改変してしまったら、どうなるでしょう。きちんと対策をしておかないと、ぜんぜん関係ないライオンさんの重要なデータを勝手に見たり、書き換えができてしまう危険があるということです。

ユーザーの手元に保存しても良いデータかどうか

基本的に、Web サービスにおいて、ユーザーの PC に保存しても良い情報というのは、ユーザーによって書き換えられたり、削除されても問題がないデータでなければなりません。

例えば、掲示板に投稿前の下書き原稿などは、ユーザーの PC に保存しておいても問題ないでしょう。また、小説やニュースなどの長文をじっくり読んでもらうサービスであれば、フォントサイズや背景色といったカスタマイズ情報を保存しておくのも問題ありません。WebStorage では、一度読み込

んだデータを何度も読み込まなくても良いように、ローカルにキャッシュしておくという使い方も良いでしょう。

また、WebStotage は JavaScript 上で読み書きできるという仕組みであるため、悪意のある JavaScript が実行される可能性も考慮しておく必要があります。そのため、クレジットカードなどの機密情報は保存しないようにしましょう。

ユーザーすべてが善人であることは期待できない

セキュリティの項で改めて考察しますが、アプリ開発者は、すべてのユーザーが善人であり、アプリ開発者の思い通りにサービスを利用してくれると考えてはいけません。常に、悪意のユーザーがいて、想定しない使い方をする可能性があることを念頭において開発をする必要があります。

Cookie と WebStorage の違いについて

しかし、なぜユーザーの PC にデータを保存する方法が二種類もあるのでしょうか。Cookie と WebStorage はどう違うのでしょうか。どのように使い分けたら良いのでしょうか。

両者の一番大きな違いは、Cookie が HTTP 通信の枠組みの中で行われるのに対して、WebStorage は JavaScript で制御するという点です。そのため、Web サーバー側の Python だけでなんとかしようと思った場合には、Cookie を使う必要があります。また、昨今の Web ブラウザーでオフにしている人は少ないと思いますが、JavaScript がオフである場合には、WebStorage は使えません。さらに、WebStorage は比較的新しい規格であるため、HTML5 に対応したモダンブラウザーでなければ使えません、例えば、Internet Explorer8、Safari4 より前のバージョンでは利用できません。

Flask で Cookie を使う方法

それでは、簡単に Cookie を使った Web サイトへの訪問回数カウンタを作ってみましょう。ユーザーがサイトを訪問するたびに、訪問回数をカウントアップするものです。

参照するファイル file: src/ch3/cookie_counter.py

```
from flask import Flask
from flask import make_response,request # Cookie のため ---（※1）
from datetime import datetime
```

```python
app = Flask(__name__)

@app.route('/')
def index():
    # Cookieの値を取得 --- (※2)
    cnt_s = request.cookies.get('cnt')
    if cnt_s is None:
        cnt = 0
    else:
        cnt = int(cnt_s)
    # 訪問回数カウンタに1加算 --- (※3)
    cnt += 1
    response = make_response("""
        <h1>訪問回数：{}回</h1>
    """.format(cnt))
    # Cookieに値を保存 --- (※4)
    max_age = 60 * 60 * 24 * 90 # 90日
    expires = int(datetime.now().timestamp()) + max_age
    response.set_cookie('cnt', value=str(cnt),
            max_age=max_age,
            expires=expires)
    return response

if __name__ == '__main__':
    app.run(host='0.0.0.0', debug=True)
```

プログラムを実行するには、以下のコマンドを実行します。

```
python cookie_counter.py
```

Webサーバーが起動したら、指定されたURLにWebブラウザーでアクセスします。

▲ Cookieを利用した訪問回数カウンタを実行したところ

　Webブラウザーをリロードするたびに、訪問回数がカウントアップされていくのを確認することができるでしょう。
　プログラムを確認してみましょう。(※1)の部分はCookieを読み書きするのに必要な関数make_responseとrequestを取り込みます。というのも、CookieはHTTPヘッダーを介してやりとりするので、ヘッダーを操作するために、要求（リクエスト）と応答（レスポンス）の詳細を指定する必要があるのです。

(※ 2) の部分では Cookie の値を取得します。Cookie はリクエストのヘッダーにセットされているので、request.cookies.get メソッドで取得します。もし、値が設定されていなければ、None となります。(※ 3) の部分では訪問カウンタをカウントアップします。

そして、(※ 4) の部分では Cookie に値を保存します。レスポンスのヘッダーに Cookie を保存するので、make_response 関数を使って、レスポンスを作成し、これの set_cookie メソッドを使って Cookie に値をセットします。

その際、有効期限 (expires と max_age) を設定することができます。expires には有効期限の日時を表すタイムスタンプ、max_age にはクッキーの期限までの秒数を指定します。もし、これらの有効期限を指定しない場合ブラウザーを閉じたときに Cookie の値は削除されます。ちなみに、expires と max_age の両方が指定されている場合、max_age が優先されます。ここでは、両方を指定していますが、一般的にはどちらか一方を指定するだけで十分です。

実際に送受信される HTTP ヘッダーを覗いてみよう

Web ブラウザーには開発者に役立つ多くの機能が付属しています。それで、実際に Web サーバーとブラウザーでやりとりされる情報を見ることができます。Cookie の値がどのようにやりとりされているのかも確認できるので、一度覗いてみましょう。

例えば、Chrome ブラウザーであれば、ブラウザーメニューから [その他のツール > デベロッパーツール] をクリックします。[Network] のタブを開いて、Filter の部分を [All] にして、ブラウザーをリロードします。表示された 127.0.0.1:5000 のアクセスをクリックします。Headers を確認しましょう。

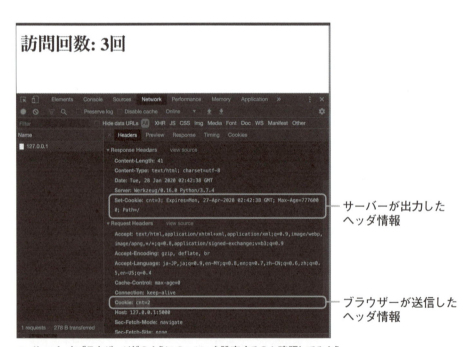

▲ サーバーとブラウザーがどのように Cookie を設定するのか確認してみよう

Cookieが削除できることを確認してみよう

　この訪問カウンタは、ユーザーのPCに保存されるCookieを利用するため、ユーザーがCookieをクリアしてしまうと0に戻ってしまうことも確認してみましょう。Chromeであれば、ブラウザーのメニューから[設定 > 詳細設定 > プライバシーとセキュリティ > 閲覧履歴データの削除]をクリックします。そして、詳細設定のタブで、[期間：1時間以内]を選び、[Cookieと他のサイトデータ]にチェックして[データを削除]のボタンをクリックします。

　それでは、ここでFlaskを使ってCookieを利用する方法を簡単にまとめてみます。

```
# [FlaskでCookieを扱う方法まとめ]

# Cookieを使うのに必要な宣言
from flask import make_response,request
from datetime import datetime

# Cookieの値を取得
value = request.cookies.get('name')

# Cookieに値を設定
max_age = 60 * 60 * 24 * 90 # 有効時間
expires = int(datetime.now().timestamp()) + max_age
response = make_response('出力するHTML') # responseを生成
response.set_cookie('name', value=value,
    max_age=max_age, expires=expires) # 値と有効期限を設定
return response
```

▲ Cookieの削除をしたところ

WebStorage でデータを保存してみよう

　次に、JavaScript の API である WebStorage を利用して、ユーザーの PC 内にデータを保存してみましょう。簡単な例として、テキストエリアの値を逐次 WebStorage に保存してみます。サーバーにデータを送信していませんが、ブラウザーを閉じたり別の Web サイトを閲覧したとしても、文章が復元されるのを確認してみましょう。

参照するファイル　file: src/ch3/webstorage.html

```html
<!DOCTYPE html>
<html><meta charset="UTF-8"><body>
  <textarea id="tbox" rows="5" cols="60"></textarea>
  <script type="text/javascript">
  // textareaのオブジェクトを取得 --- (※1)
  const tbox = document.getElementById('tbox')
  // すでにテキストが保存されていれば復元 --- (※2)
  if (localStorage['tbox']) {
    tbox.value = localStorage['tbox']
  }
  // キーが押された時にテキストを保存 --- (※3)
  tbox.onkeydown = function (e) {
    localStorage['tbox'] = tbox.value
  }
  </script>
</body></html>
```

　Web ブラウザーに上記の HTML ファイルをドラッグ＆ドロップするとプログラムを実行できます。最初にテキストボックスに適当な文章を入力しましょう。キーを押すタイミングで、WebStorage に文章を保存します。その後、ブラウザーをリロードしたり、新規ウィンドウで同じ HTML ファイルを開いてみましょう。すると WebStorage に保存したテキストが復元されます。

▲ WebStorage について

第3章　Web サービスの基本機能を作ってみよう

　プログラムを確認してみましょう。(※ 1) の部分では、textarea のオブジェクトを取得します。(※ 2)
の部分では、WebStorage の localStorage でキー「tbox」に保存されているデータを読み込んで、
textarea に設定します。そして、(※ 3) の部分で textarea 内でキーが押されたタイミングで
WebStorage の localStorage のキー「tbox」に textarea の値を保存します。

　このように、JavaScript の API である WebStorage の localStorage を利用して、データの読み書きを
するのは非常に簡単です。以下に使い方をまとめてみました。

```
// データの保存
localStorage[" キー名 "] = 値

// データ読み込み
変数 = localStorage[" キー名 "]

// 特定のキーを削除
localStorage. removeItem(" キー名 ")

// すべての値を削除
localStorage.clear()
```

この節のまとめ

→ ユーザーの PC にデータを保存する方法がある

→ Cookie を使うと HTTP ヘッダーを介してデータを保存できる

→ WebStorage を使うと JavaScript の API を利用してデータを保存できる

→ ただし、ユーザーの PC に保存できる容量や期限の制限がある

| 第3章 | Webサービスの基本機能を作ってみよう |

3-6

セッション - サーバーへデータを保存

前節ではクライアント側へデータを保存する方法を紹介しましたが、本節ではセッションを利用してサーバーへデータを保存する方法を紹介します。

ひとこと	キーワード
● セッションでサーバーへデータを保存しよう	● セッション / Session ● Cookie ● ログイン

セッションとは何か？

セッション (Session) の仕組みは、ログインなどの機構を用いて、ユーザーを識別しつつ個々のデータをサーバーに保存する仕組みです。Flask フレームワークでは、Cookie を用いてセッションを実装しています。

セッションを使うなら、Web サイトを訪問するユーザーごと、個別のデータをサーバーに保存することができます。それによって、ユーザー専用のページを実現できます。つまり、通販サイトであれば、ユーザーごとに買い物かごを用意して、個別に注文を受け付けることができるようになります。セッションを使うことで、誰がどんな注文したかを保存できます。

セッションを利用してみよう

実際に、セッションを体験してみるのが一番早いので試してみましょう。これは、最初のページでユーザー名を入力したら、他のページにアクセスしたときにも、ユーザー名を利用したメッセージを表示するようにするものです。

参照するファイル　file: src/ch3/session_hello.py

```
from flask import Flask, request, session, redirect
app = Flask(__name__)
app.secret_key = '9KStWezC' # 適当な値を設定 --- (※1)
```

第3章 Webサービスの基本機能を作ってみよう

```python
@app.route('/')
def index():
    # ユーザー名の入力フォームを出力 --- （※2）
    return """
    <html><body><h1>ユーザー名を入力</h1>
    <form action="/setname" method="GET">
      名前: <input type="text" name="username">
      <input type="submit" value="開始">
    </form></body></html>
    """

@app.route('/setname')
def setname():
    # GETの値を取得 --- （※3）
    name = request.args.get('username')
    if not name: return redirect('/')
    # セッションに値を保存 --- （※4）
    session['name'] = name
    # 他のページにリダイレクト --- （※5）
    return redirect('/morning')

def getLinks():
    return """
    <ul><li><a href="/morning">朝の挨拶</a></li>
    <li><a href="/hello">昼の挨拶</a></li>
    <li><a href="/night">夜の挨拶</a></li></ul>
    """

@app.route('/morning')
def morning():
    # セッションにnameがある？ --- （※6）
    if not ('name' in session):
        # nameがないのでルートに飛ばす --- （※7）
        return redirect('/')
    # セッションからユーザー名を得る --- （※8）
    name = session['name']
    return """
    <h1>{0}さん、おはようございます！</h1>{1}
    """.format(name, getLinks())

@app.route('/hello')
def hello():
    if not ('name' in session):
        return redirect('/')
    # セッションから名前を得てメッセージ出力 --- （※9）
    return """<h1>{0}さん、こんにちは！</h1>{1}
    """.format(session['name'], getLinks())

@app.route('/night')
def night():
    if not ('name' in session):
        return redirect('/')
    # セッションから名前を得てメッセージ出力 --- （※10）
```

133

```
        return """<h1>{0}さん、こんばんは！</h1>{1}
        """.format(session['name'], getLinks())

if __name__ == '__main__':
    app.run(host='0.0.0.0')
```

以下のコマンドを実行すると、Webサーバーが起動します。それで、コマンドラインに表示されるURLをブラウザーで開きます。

```
python session_hello.py
```

ユーザー名の入力画面が出るので、入力して「開始」ボタンを押します。すると、サーバーのセッションに変数が保存されます。そのため、別のページに遷移してもユーザー名が表示されます。

▲ ユーザー名を入力して開始ボタンを押すと名前がセッションに保存される

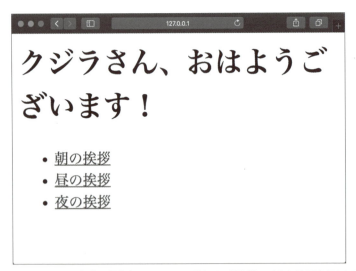

▲ セッションに名前が保存されているので別のページを開いても名前が表示される

第 3 章　Web サービスの基本機能を作ってみよう

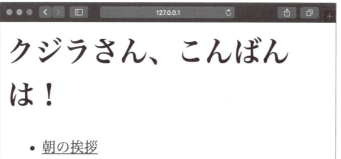

▲ 同じく別のページを表示しても名前が表示される

　このように、従来ステートレスである HTTP 通信の枠組みの中で、ユーザーごとの情報を Web サーバーに保存するのに、セッションを使います。
　プログラムの (※ 1) では、セッション情報を暗号化するためのキーを設定します。この暗号キーはアプリごとに変更する必要があります。
　(※ 2) の部分では、ユーザー名の入力フォームを表示します。form 要素を見ると分かりますが、「開始」という submit ボタンを押した時に、/setname へ GET メソッドでフォームを送信します。
　「/setname」へフォームが送信された時に関数 setname が実行されます。(※ 3) の部分では、フォームからユーザーが入力したユーザー名 (username) の値を取り出します。もし、フォームに値がなければ、ルートへリダイレクトしてユーザーの入力を求めます。(※ 4) の部分では、セッションに値を保存し、(※ 5) の部分で他のページにリダイレクトします。
　関数 morning では朝の挨拶を表示するページを表示します。その際、(※ 6) の部分では、セッションに name の値があるかを確認して、値がなければ (※ 7) で記述しているように、ルートにリダイレクトします。(※ 8) の部分ではセッションから実際に値を取り出して、その値を利用してメッセージを出力します。
　そして、(※ 9) と (※ 10) の部分では、それぞれ昼と夜の挨拶を表示するページで、ユーザー名を埋め込んでメッセージを出力します。

Cookie とセッションの違い

　ちなみに、上記とほとんど同じ動作をするプログラムを、Cookie を用いて実現することもできます。Cookie にユーザー名を保存する方法です。もちろん、Cookie を使う方法でもユーザー名を表示させることはできます。
　しかし、Cookie には保存できる容量に制限がありますし、何よりデータを保存する先がクライアント側です。これに対してセッションを利用した場合はサーバー側にデータが保存されるため、ユーザーが勝手にデータを改変することができません。

種類	保存される先	ユーザーが改変・消去できるか
Cookie	クライアント (Web ブラウザ内)	できる
セッション	サーバー	できない

ログイン処理を実装してみよう

次に、セッションを利用して、ログインが必要な Web アプリを作りましょう。ログインに成功してはじめてアプリ内の情報を表示できるというアプリを作ってみましょう。

参照するファイル　file: src/ch3/login_app.py

```python
from flask import Flask, request, session, redirect
app = Flask(__name__)
app.secret_key = 'm9XE4JH5dB0QK4o4'

# ログインに使うユーザー名とパスワード --- ( ※ 1)
USERLIST = {
    'taro': 'aaa',
    'jiro': 'bbb',
    'sabu': 'ccc',
}

@app.route('/')
def index():
    # ログインフォームの表示 --- ( ※ 2)
    return """
<html><body><h1> ログインフォーム </h1>
<form action="/check_login" method="POST">
ユーザー名 : <br/>
<input type="text" name="user"><br>
パスワード : <br>
<input type="password" name="pw"><br>
<input type="submit" value=" ログイン ">
</form>
<p><a href="/private"> →秘密のページ </a></p>
"""

@app.route('/check_login', methods=['POST'])
def check_login():
    # フォームの値を取得 --- ( ※ 3)
    user, pw = (None, None)
    if 'user' in request.form:
        user = request.form['user']
    if 'pw' in request.form:
        pw = request.form['pw']
    if (user is None) or (pw is None):
        return redirect('/')
```

136

第3章 Webサービスの基本機能を作ってみよう

```python
        # ログインチェック --- （※4）
        if try_login(user, pw) == False:
            return """
            <h1> ユーザー名かパスワードの間違い </h1>
            <p><a href="/"> →戻る </a></p>
            """
        # 非公開ページに飛ぶ --- （※5）
        return redirect('/private')

@app.route('/private')
def private_page():
        # ログインしていなければトップへ飛ばす --- （※6）
        if not is_login():
            return """
            <h1> ログインしてください </h1>
            <p><a href="/"> →ログインする </a></p>
            """
        # ログイン後のページを表示 --- （※7）
        return """
        <h1> ここは秘密のページ </h1>
        <p> あなたはログイン中です。 </p>
        <p><a href="/logout"> →ログアウト </a></p>
        """

@app.route('/logout')
def logout_page():
        try_logout() # ログアウト処理を実行 --- （※8）
        return """
        <h1> ログアウトしました </h1>
        <p><a href="/"> →戻る </a></p>
        """

# 以下、ログインに関する処理をまとめたもの
# ログインしているかチェック --- （※9）
def is_login():
    if 'login' in session:
        return True
    return False

# ログイン処理を行う --- （※10）
def try_login(user, password):
    # ユーザーがリストにあるか？
    if not user in USERLIST:
        return False
    # パスワードがあっているか？
    if USERLIST[user] != password:
        return False
    # ログイン処理を実行
    session['login'] = user
    return True

# ログアウトする --- （※11）
def try_logout():
    session.pop('login', None)
    return True
```

137

```
if __name__ == '__main__':
    app.run(host='0.0.0.0')
```

以下のコマンド実行すると、Web サーバーを起動します。起動したら、Web ブラウザーで指定された URL にアクセスしましょう。

```
python login_app.py
```

Web ブラウザーで URL を開くと、以下のようなログインフォームが表示されます。

▲ トップページのログインフォーム

パスワードの入力に失敗すると、エラーを表示します。

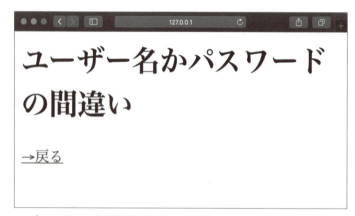

▲ パスワードの入力を間違えてログインに失敗したところ

もし、ログインする前に秘密のページ (/private) を表示すると、「ログインしてください」というページが表示されます。

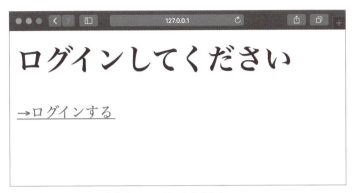

▲ ログインしていないと秘密のページは表示されない

　もし、ログインに成功すると、秘密のページが表示されます。

▲ ログインに成功して秘密のページが表示されたところ

　「→ログアウト」のリンクをクリックすると、セッションの値を削除してログアウトします。

▲ ログアウトしたところ

動作を確認したら、プログラムを確認してみましょう。

プログラムの (※ 1) の部分では、3 人分のユーザー名とパスワードを辞書型で定義します。本体はデータベースなどから取得することになりますが、ここでは、定数としてプログラムにべた書きします。

そして、(※ 2) の部分では、HTML のログインフォームを出力します。ここでは、/check_login に対して POST メソッドでデータを送信するフォームを定義しました。

(※ 3) の部分ではフォームの値を取得します。ただし、フォームにユーザー名 (user) とパスワード (pw) のデータを含まないときには、ログインページにリダイレクトして飛ばすようにしています。(※ 4) の部分ではユーザー名とパスワードが合致するかテストします。もしユーザー名が存在しない、あるいは、パスワードが間違っている場合には、エラーメッセージを表示します。そして、ユーザー名とパスワードが合致したときに、ログインの処理を行って、(※ 5) の部分で、会員だけが見られる非公開のページにリダイレクトします。

なお、ここでは、ユーザー名が存在しない場合とパスワードが異なる場合でエラーメッセージを変えることもできます。しかし、ユーザー名が存在することが分かると、それだけでサイトへの不正侵入の可能性が高まるので敢えて同じメッセージを出すようにしています。

続いて、(※ 6) の部分では、ログインしないと見られないプライベートな秘密のページを定義しています。ログインチェックをしてログインしていなければ、ログインが必要な旨を表示します。そして、ログインしていれば、(※ 7) の部分で秘密のページを表示します。

(※ 8) の部分ではログアウト処理を実行し、ログアウトした旨を表示します。

なお、ここでは、(※ 9) 以下の部分で、ログインに関する処理を関数にまとめています。ここでは、セッション内にキー「login」が存在していればログイン状態、セッションに「login」というキーが存在していなければログアウト状態と判断することにしました。

(※ 10) の部分 (try_login 関数) ではログイン処理を行う関数を定義します。ユーザー名とパスワードが (※ 1) の部分で定義した辞書型の変数 USERLIST にあれば、ログイン成功と見なして、セッションに「login」というキーを保存します。

(※ 11) の部分 (try_logout 関数) では、セッションから「login」というキーを削除します。これによって、ログアウト状態と判定します。そのために、session.pop メソッドを利用してセッションから「login」というキーを削除しています。

■ ログイン処理に Flask の拡張パッケージを使う方法

なお、ログイン処理を実現するための「flask-login」というパッケージがあります。このパッケージを利用すると、ログイン・ログアウト、ユーザーセッションの記憶などのタスクを簡易化することができます。

@app.route デコレーターの直後に @login_required というデコレーターを追加することで、ログインが必要なページであることを明示し、ログインしていない場合には、エラーメッセージを表示します。

とは言え、本節で紹介している通り、ログイン処理を実装する方法は、それほど難しくありません。そのため、自分で実装しても良いのですが、こうした有名なパッケージを利用することで、ログイン処理の機構を統一化することができます。

セッションの機構はどうやって実現しているのか？

Flask などのフレームワークを利用すると、セッションなどの仕組みが最初から組み込まれています。そのため、特にその仕組みを理解しなくても、セッションを利用して、ユーザーごとに異なるデータを Web サーバーに保存できます。

しかし、どのように実現されているのか、知らないよりは知っておいた方が良いに決まっています。特に、Web サービスのセキュリティについて考慮する際、どのようにセッションが実現されているのかを知らないと対処に困る場合もあります。

本節の冒頭で Flask のセッション管理は、Cookie を利用していると書きました。と言うのも、セッションの機構を実現するのに、Cookie 以外にもいくつかの方法があります。しかし、さまざまなフレームワークを見ても、Cookie を使う方法が最も普及しています。

そこで、セッションの機構を Cookie で実現する手順を紹介します。次の図がセッションの仕組みを簡単に表したものです。

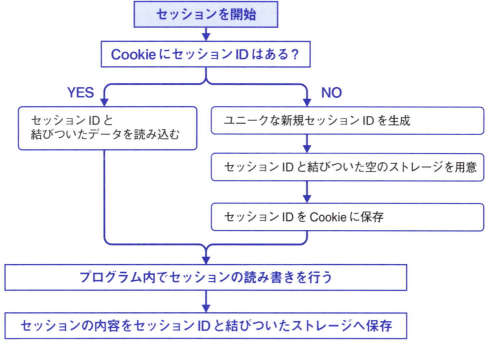

▲ セッションの仕組み

この図にあるとおり、セッションを始める時には、最初にCookieにセッションIDが設定されているかを調べます。
　もし、すでにセッションIDが発行されているならば、Webサーバーですでにそのセッションのためのデータ領域が用意されていることが分かります。そこで、データベースなどからセッションIDと紐付いたデータを読み出します。
　CookieにセッションIDが設定されていない場合には、新規でセッションIDを発行します。このIDは以前発行したIDと重複することがなく、容易に類推されることのない値です。そして、セッションIDと結びついた空のストレージを用意します。そして、セッションIDをCookieに保存します。
　ここまでの手順で、セッションが利用できるのでプログラムでセッションの読み書きを行います。プログラムの最後に、セッションの内容を、セッションIDと結びついたストレージへ書き込みます。
　次回、ブラウザーからこのサイトにアクセスした時には、セッションIDの値がCookieにあるかを確認して、もしあるならば、ストレージからセッションIDと結びついたデータを読み出して活用するという手順になります。
　ここまで見てきて分かるように、セッションはステートレスなHTTP通信にユーザーごとに異なるコンテンツを表示するための仕掛けの大枠です。そのため、ユーザーを識別するログインの仕組みは、セッションを利用しつつ別途作る必要があります。

FlaskのセッションIDを覗いてみよう

　Flaskでは「session」というCookieが発行されます。Webブラウザーのデベロッパーツールを確認すると、どんなセッションIDが設定されているのか確認できます。

▲ FlaskではsessionというCookieが発行されているのが分かる

第3章 Webサービスの基本機能を作ってみよう

セッションデータはずっと保存され続けるの？

セッションはページを訪問しただけで開始されるものです。自動でブラウザーにCookieを設定し、Webサーバーにデータの保存領域を作成します。ログインしたユーザーのデータは、長期間に渡って保存する必要があります。しかし、セッションデータは、ただ一度きり訪問しただけのユーザーのためにも用意されます。そのため、すべてのセッションデータを長期で保存するなら、Webサーバーにまったく使われることのない無駄なセッションデータが貯まってしまいます。

そのため、セッションのデータは、一定期間保存したら自動的に領域を削除する仕組みになっています。Flaskでもアプリの設定 (PERMANENT_SESSION_LIFETIME) により、自動的にセッションのデータは削除されます。デフォルトでは31日後に削除されるようになっています。それでは、ユーザーのデータをもっと長く保存したい時はどうしたら良いでしょうか。その場合はデータベースなどにデータを保存します。Flaskの設定を変更することで保存期限を長くすることもできますが、セッションはあくまでも一時的な仮の保存領域として利用すべきです。

この節のまとめ

→ セッションを利用するならサーバー内に安全にユーザーのデータを保存できる

→ ログインの仕組みは、セッションの機構を用いて実現する

→ Flaskにもセッションの機構があるので手軽にセッションを実現できる

→ ここではFlaskを用いてログインの仕組みを作ってみた

143

第3章 | Webサービスの基本機能を作ってみよう

|3-7|
ファイルのアップロードについて

どんな Web サービスを開発するとしても、画像やファイルのアップロード機能は必要
です。そこで、ファイルのアップロードを行う方法を紹介します。

ひとこと	キーワード
● フレームワークを使えばファイルのアップロード 　も簡単に実装できる	● アップロード ● multipart/form-data

ファイルのアップロードについて

　Web フレームワークには、必ずファイルのアップロード機能が用意されています。ファイルのアッ
プロードは、Web サービスにおける必要不可欠な機能だからです。テキストが主体の Web サービスで
あったとしても、ユーザーのプロフィール写真をアップロードできるようにしているサービスは数限
りなくあるでしょう。加えて、もしも画像やファイルの共有サービスなどを作るとなれば、アップ
ロード機能はサービスの根幹とも言える機能でしょう。

　最小限の機能しか無いマイクロフレームワークをウリにしている Flask にも、しっかりとファイルの
アップロード機能は用意されています。それでは、ファイルのアップロードを行うプログラムを作っ
てみましょう。

画像をアップロードする Web アプリを作ろう

　それでは、画像のアップローダーを作ってみましょう。最初に、Web アプリの実行ディレクトリに画
像を保存するディレクトリを用意しておきましょう。Flask では static というディレクトリに静的なファ
イルを保存することになっています。そこで、この static 以下に images というディレクトリを作成
し、ディレクトリに書き込み権限を与えておきましょう。

　以下のようなディレクトリ構造にします。

144

第3章　Webサービスの基本機能を作ってみよう

```
.
├── app.py    --- メインファイル
└── static    --- 静的なファイルを保存するディレクトリ
    └── images   --- アップロードした画像を保存するディレクトリ
```

ディレクトリの準備ができたらアップローダーのアプリを作ってみましょう。

参照するファイル file: src/ch3/uploader/app.py

```python
from flask import Flask, request, redirect
from datetime import datetime
import os

# 保存先のディレクトリとURLの指定 --- (※1)
IMAGES_DIR = './static/images'
IMAGES_URL = '/static/images'
app = Flask(__name__)

@app.route('/')
def index_page():
    # アップロードフォーム --- (※2)
    return """
<html><body><h1>アップロード</h1>
<form action="/upload"
        method="POST"
        enctype="multipart/form-data">
    <input type="file" name="upfile">
    <input type="submit" value="アップロード">
</form>
</body></html>
    """

@app.route('/upload', methods=['POST'])
def upload():
    # アップされていなければトップへ飛ばす --- (※3)
    if not ('upfile' in request.files):
        return redirect('/')
    # アップしたファイルのオブジェクトを得る --- (※4)
    temp_file = request.files['upfile']
    # JPEGファイル以外は却下する --- (※5)
    if temp_file.filename == '':
        return redirect('/')
    if not is_jpegfile(temp_file.stream):
        return '<h1>JPEG以外アップできません</h1>'
    # 保存先のファイル名を決める --- (※6)
    time_s = datetime.now().strftime('%Y%m%d%H%M%S')
    fname = time_s + '.jpeg'
    # 一時ファイルを保存先ディレクトリへ保存 --- (※7)
    temp_file.save(IMAGES_DIR + '/' + fname)
    # 画像の表示ページへ飛ぶ
    return redirect('/photo/' + fname)
```

145

```python
@app.route('/photo/<fname>')
def photo_page(fname):
    # 画像ファイルがあるか確認する --- (※8)
    if fname is None: return redirect('/')
    image_path = IMAGES_DIR + '/' + fname
    image_url  = IMAGES_URL + '/' + fname
    if not os.path.exists(image_path):
        return '<h1>画像がありません</h1>'
    # 画像を表示するHTMLを出力する --- (※9)
    return """
    <h1>画像がアップロードされています</h1>
    <p>URL: {0}<br>
file: {1}</p>
    <img src="{0}" width="400">
    """.format(image_url, image_path)

# JPEGファイルかどうかを確認する --- (※10)
def is_jpegfile(fp):
    byte = fp.read(2) # 先頭2バイトを読む
    fp.seek(0) # ポインタを先頭に戻す
    return byte[:2] == b'\xFF\xD8'

if __name__ == '__main__':
    app.run(host='0.0.0.0')
```

以下のコマンドを実行すると、Webサーバーが起動し、サーバーのURLが表示されます。

```
python app.py
```

表示されたサーバーのURLをWebブラウザーで開きましょう。すると、以下のように、ファイルのアップロードフォームが表示されます。そこで、JPEG画像を選んでアップロードしましょう。ここでは、JPEGファイル以外はアップロードできないように制限しています。正しくJPEG画像がアップロードできると画像を表示します。

▲ アップロードフォームが表示される

▲ 画像をアップロードすると画像が表示される

　それでは、アップローダーのプログラムを確認してみましょう。
　まず、(※1)の部分では保存先のディレクトリとその際のURLを指定します。ここでは、Flaskが静的ファイルを保存するのに利用するstaticディレクトリ以下に、imagesというディレクトリを作成したので、これを利用します。
　(※2)の部分では、ファイルのアップロードフォームをHTMLで記述しています。ポイントとなるのは、method属性に「POST」を指定することと、enctype属性に「multipart/form-data」を指定することです。
　ファイルを選択して「アップロード」ボタンを押すと、/uploadにデータが送信されます。(※3)の部分では、ファイルがアップロードされているか確認します。何かしらの間違いか、悪意を持ったユーザーによって、これ以降の処理がアップロード以外の目的で実行されることを防ぐ必要があります。(※4)の部分で指定しているように、正しくファイルがアップロードされていれば、request.files[name]でアップロードしたファイルのオブジェクトが得られます。(※5)の部分では、アップロードしたファイルがJPEGファイルかどうかを確認します。もし、JPEGファイルでなければ、エラーメッセージを表示します。また、ファイル名が空の場合も再度ファイルをアップロードするようにトップページへ飛ばします。
　(※6)の部分ではアップロードしたファイルのファイル名を決定します。ここでは、アップロードした時間を元にして「年月日時分秒.jpeg」の形式のファイルにします。そして、(※7)の部分で、アップロードされている一時ファイルをアプリの任意のディレクトリに移動します。移動後は、画像の表示ページへリダイレクトします。
　(※8)以降の部分(関数photo_page)ではURLで指定された画像ファイルを表示します。最初に、指定のディレクトリにファイルがあるかを確認します。そして、(※9)の部分で画像をHTMLによって表示します。
　(※10)の部分では、JPEGファイルかどうかを確認します。JPEGファイルの先頭2バイトが0xFFD8であるという特徴を活用して、ファイルの最初の2バイトを確認して、JPEGファイルかを判定します。

アップロードはセキュリティへの配慮が不可欠

今回は、JPEGファイルのみを受け付けるようにしましたが、アップロードするファイルは、できるだけ制限した方が安全です。悪意を持ったユーザーは、コンピューターウィルスなど、危険なファイルをアップロードしようとします。そのため、ファイル形式を判定し、望まないファイルは排除することが必要になります。

その際、Flaskではユーザーがアップロードした時のオリジナルのファイル名も取得できます。しかし、ファイル名のみでファイル形式を判断するのは危険です。わざとファイルの拡張子を変更してアップロードする悪意のユーザーもいるので気をつけましょう。

それで、対策として、アップロードしたファイルには、ファイルの実行権限を付与しないように気をつけましょう。また、アップロードするファイルの形式を制限するようにします。

アップロードサイズを制限する

どんな容量のファイルもアップロードできるようにすると、Webサーバーの容量を圧迫してしまう可能性があります。そこで、MAX_CONTENT_LENGTHを指定して、ファイル1つの最大ファイルサイズを指定することもできます。以下のように、指定します。この制限を超えたファイルがアップロードされた時にはエラーが発生します。

```
# ファイルサイズを5MBに制限する
app.config['MAX_CONTENT_LENGTH'] = 1024 * 1024 * 5
```

ファイル形式を制限する

上記の例では、バイナリデータを確認してファイルがJPEGか確認しましたが、アップロードされた画像ファイルの形式を判定するには、imghdrライブラリを利用できます。png、bmp、gif、jpegなど基本的な画像形式を判定できます。

```
import imghdr
fmt = imghdr.what('xxx.png')
if fmt == 'png':
    print('PNG画像です ')
```

ちなみに、ファイル形式を調べるライブラリには、mimetypesパッケージもあります。これを利用すると、画像ファイルだけでなく、さまざまなファイル形式を判定できます。しかし、これはファイル名からファイル種類を類推するだけで、ファイルの内容を確認しているわけではないので、容易にファイルの偽造が可能です。

第3章　Webサービスの基本機能を作ってみよう

```
import mimetypes
mtype, enc = mimetypes. guess_type('xxx.pdf')
if mtype == 'application/pdf':
    print('PDF です ')
```

　なお、ファイル種類の判定をより正確に行いたい場合には、python-magic パッケージを利用することもできます。以下の pip コマンドを実行してライブラリをインストールします。

```
pip install python-magic==0.4.15
pip install python-magic-bin==0.4.14
```

　ファイルを判定するには、以下のように記述します。

```
import magic
mime = magic.from_file('xxx.pdf', mime=True)
if mime == 'application/pdf':
    print('PDF です ')
```

　これを利用して、ファイルを制限すると安全にファイルをアップロードできるでしょう。なお、4 章では仲間うちで使える、ログイン機能付きのアップローダーを作ります。そちらのプログラムも参考になることでしょう。

この節のまとめ

→ 昨今の Web アプリでは、ファイルのアップロード機能は欠かせない

→ Flask を使えば、比較的手軽にアップロードができる

→ アップロード機能はセキュリティ攻撃に使われることがあるので慎重に利用すること

第3章 | Webサービスの基本機能を作ってみよう

3-8
スマートフォン対応しよう

今では Web サイトの訪問者の大半はスマートフォンを利用しています。PC 向けの Web サイトも、スマートフォン向けの Web サイトも、それほど違いはありません。ここでは、スマートフォン対応方法を紹介します。

ひとこと
● ちょっと手をかけてPCもスマホも両対応しよう

キーワード
● viewport
● favicon(ファビコン)

スマートフォン対応の Web ページにするには？

特に何もしなくても、PC 向けの Web サイトをスマートフォンで確認することができます。ただし、その場合、画面がぎゅっと小さく表示されるので、ユーザーは拡大縮小してページを見る必要があります。

そこで、スマートフォン対応を行いましょう。とは言っても、スマートフォン用のサイトにする方法は、ページのヘッダーに以下の meta タグの viewport を 1 つ加えるだけです。

```
<meta name="viewport"
    content="width=device-width,initial-scale=1">
```

以上で、対応完了です。

PC とスマートフォンの違いを考えよう

しかし、PC とスマートフォンでは、いろいろと勝手が違います。スマートフォン対応の Web サービスを作る場合には、PC とスマートフォンの違いをしっかりと押さえておく必要があります。

画面サイズが違う

まず、PCとスマートフォンでは、そもそもの画面サイズが異なります。スマートフォンは、4インチから5インチが主流です。タブレットは7インチから10インチが主流です。また、ノートパソコンは、11インチから16インチが主流です。

当然、16インチのノートパソコンと、5インチのスマートフォンでは、表示できるそもそもの情報量が異なります。

横向きと縦向きの違い

もう1つの大きな違いは、画面の向きです。パソコンの画面は大抵、横長です。そのため、パソコンを対象としたWebサイトでは、横長で映える画面構成になります。しかし、スマートフォンは、手に持って使うという特性上、縦向きのデザインにしなくてはなりません。

縦向きのスマートフォンと、横向きのパソコンでは、そもそものデザイン手法が異なるという点を念頭に置かなくてはなりません。

キーボードの有無

パソコンにはキーボードが付いていますが、スマートフォンにはキーボードがありません。スマートフォンでは、文字入力を行う場合、画面の下半分にソフトウェアキーボードが表示され、そのソフトウェアキーボードを使って文字を入力します。そのため、文字入力の画面では画面のかなりの部分がソフトウェアキーボードに占領されることを覚悟しなくてはなりません。

そうした特性上、パソコンでは文字入力で十分な場面でも、スマートフォンでは一覧から選択するようにするなど、インターフェイスの調整が必要になることもあります。

マウスからタッチイベントに

パソコンではマウスによって操作ができますが、スマートフォンではマウスを使わず、画面を直接触れるタッチ操作によって操作を行います。タッチ操作はマウスを使うよりも直感的に操作ができる反面、小さいリンクは押しにくくなります。

PCでは十分な大きさのリンク領域も、スマートフォンでは大きめにするなど、対策が必要な場面も多くあります。

スマートフォン対応に役立つツール

　このように、パソコンとスマートフォンでは、表示が異なります。そのため、パソコンで開発したものをスマートフォンで確認するという作業が必要になります。しかし、開発中に異なる端末を行ったり来たりするのは大変です。パソコンからスマートフォンの画面を確認できると開発がはかどります。

　ここでは、開発に役立つツールを紹介します。

iOS シミュレーター

　macOS 限定ですが、Xcode には iPhone や iPad の使い勝手を確認できるシミュレーターが搭載されています。最初に macOS の AppStore から Xcode をインストールして、Xcode のメニューから、[Open Developer Tool > Simulator] をクリックして起動します。

▲ iOS のシミュレーター

　当然、Web ブラウザーの Safari もインストールされているので、実機でどのように Web ページが表示されるのか手軽に確認ができます。

第 3 章　Web サービスの基本機能を作ってみよう

▲ iOS シミュレーターには Safari も搭載されている

Chrome のデベロッパーツール

　Google Chrome のデベロッパーツールを使うと、スマートフォンのモバイルブラウザーでどのように表示されるのかを簡易確認することができます。

　操作方法ですが、デベロッパーツールの [Elements] タブをクリックし、タブのすぐ左にあるアイコンをクリックすると、モバイルブラウザーでの表示を確認することができます。

▲ Chrome のデベロッパーツールでスマホ画面を確認

153

もう少し詳しく viewport を指定する

　最初に meta タグの viewport を書けばスマートフォン対応ができると書きました。ここでは、もう少し詳しく viewport について紹介します。この viewport の設定には、いろいろなパラメーターがあります。正しく設定を行うと、より魅力的で便利な Web ページを表示できます。

　そもそも、一般的に Web ブラウザーでは、自由に画面の拡大縮小ができます。viewport を指定すると、デフォルトのズームサイズを指定したり、仮想的な画面サイズを指定できます。

　例えば、以下のように設定すると、仮想的な画面の横幅サイズを 360 ピクセルとしてレンダリングしてくれます。もしも、実際の端末の画面サイズが 768 ピクセルだったとしても、あたかも 360 ピクセルであるかのように描画してくれます。これは、ゲームなどを作った場合に、画面のピクセル数が固定されていると非常に都合が良いので、固定サイズの画面が必要な場合に、以下のような指定を行います。

```
<meta name="viewport" content="width=360">
```

　なお、本節の冒頭や以下で指定しているように、width の値を device-width と指定すると、実際の端末サイズの幅でレンダリングするようになります。

```
<meta name="viewport"
    content="width=device-width,initial-scale=1">
```

Web サイトへのリンクアイコン

　Web サービスをリリースする際、アイコン画像を用意すると、ブックマークしてもらえる確率が増えます。ブックマークしてもらえると Web サイトを訪問してもらいやすくなります。特に、スマートフォンで、ホーム画面に追加してもらえると、大幅にアクセス回数が増えます。それでは、どのように、アイコン画像を用意したら良いでしょうか。ここでは、アイコンについてまとめてみます。

　大きく分けて、Web サイトのために用意すべきなのは、「favicon」「スマホ用アイコン」の二種類です。

(1)favicon(ファビコン)
　favicon とは、ブラウザーのタブに表示される Web サイトのアイコン画像です。設定しなくても問題ありませんが、タブ表示したときやブックマークした時に Web サイトを探しやすくなるというメリットがあります。

(2) スマホ用アイコン

　スマートフォンでは見ている Web サイトをホーム画面に追加することができます。その際に、スマホ用アイコンを設定しておくと、アプリと同じようにアイコン表示されます。もし、このアイコンを設定しない場合、ページのサムネイルがアイコン画像に使用されますが、任意の画像を指定した方が見栄えが良くなります。

表示中の Web サイトをホーム画面に追加する方法

　なお、Web サイトのテストする際に確認が必須となるので、表示中の Web サイトをホーム画面に追加する方法を確認しておきましょう。

【iOS の場合】
(1) iPhone で「Safari」アプリを起動して、Web サイトを表示する
(2) 下部の「共有」アイコンから「ホーム画面に追加」をタップ
(3) 「ホームに追加画面」で「追加」をタップ
(4) すると、ホーム画面に Web サイトへのリンクが表示される

【Android の場合】
(1) Chrome ブラウザーを開いて、Web サイトを表示する
(2) 画面右上の三点リーダー (3 つの点) をタップ
(3) メニューから「ホーム画面に追加」をタップ
(4) 「ホーム画面に追加」で「追加」をタップ
(5) すると、ホーム画面に Web サイトへのリンクが表示される

　上記のように設定することで、ホーム画面に Web サイトへのリンクが表示されます。ホーム画面に追加されたリンクアイコンをタップすることで、Web サイトをホーム画面から直接表示することができます。

▲ Web サイトをホーム画面に追加できる

▲ ホーム画面にアイコンを追加したところ

アイコンを指定するには？

以下は、Web サイトにアイコン画像を設定する際の指定例です。用途に応じた複数のアイコンを指定することが理想です。

```
<!-- favicon の指定 -->
<link rel="icon" href="/favicon.ico">

<!-- スマホ用アイコン -->
<link rel="apple-touch-icon"
    sizes="180x180" href="/apple-touch-icon.png">
```

favicon について

favicon の拡張子は .ico 形式にするのがおすすめです。拡張子が「.ICO」のアイコン形式の画像は、Windows などで使われる複数の画像を内部に保持することができるものです。そのため、さまざまな環境で適切なサイズの画像を選んで表示してくれます。

なお、favicon にはアイコン形式以外の画像も設定できますが、今では便利な変換ツールがいろいろあるので、そうしたツールを利用してアイコン形式を指定すると良いでしょう。

favicon を生成する方法

　favicon を作るには、ImageMagick などのツールをインストールして、コマンドラインから以下のようにコマンドを実行すると、アイコンを作成できます。
　Windows では、以下の URL より ImageMagick をダウンロードできます。

● ImageMagick > Windows Binary Release
[URL] https://imagemagick.org/script/download.php#windows

　macOS で、ImageMagick をインストールするには、最初に Homebrew をインストールし、その上で以下のコマンドを実行して ImageMagick をインストールします。

```
brew install imagemagick
```

　以下は、PNG 画像「favicon-16.png」と「favicon-32.png」から「favicon.ico」の画像を生成する例です。

```
convert favicon-16.png favicon-32.png favicon.ico
```

　また、「favicon」「作成サービス」などで Web 検索すると、Web 上で favicon の生成サービスを見つけることができます。そうしたサービスを利用するのも良いでしょう。

apple-touch-icon について

　iOS(iPhone や iPad) の標準ブラウザーの Safari や、Android で Web サイトをホーム画面に追加した時に表示されるのが **apple-touch-icon** です。apple から始まっているものの、Android でもホーム画面に配置アイコンをこの名前で指定できます。なお、apple-touch-icon は必須の設定ではないのですが、ホーム画面に分かりやすいアイコンを配置できるので、オススメです。

column

Windows のピン止めに対応する場合

　Windows ではスタート画面に Web サイトをピン留めしておくことができます。その際に任意のアイコン画像を指定することができます。Windows8 や Windows10 のスタート画面に Web サイトをピン留めした時のアイコンを指定したい時には、以下の指定を加えると良いでしょう。

```
<!-- Windows用アイコン -->
<meta name="application-name" content="{ サイト名 }"/>
<meta name="msapplication-square70x70logo" content="small.jpg"/>
<meta name="msapplication-square150x150logo" content="medium.jpg"/>
<meta name="msapplication-wide310x150logo" content="wide.jpg"/>
<meta name="msapplication-square310x310logo" content="large.jpg"/>
<meta name="msapplication-TileColor" content="#FAA500"/>
```

Android でタブの色を変更する方法

Android の Chrome や Google アプリでタブの色を設定することができます。ヘッダータグに以下の指定を記述するとタブの色を好きな色に変更することができます。

```
<meta name="theme-color" content="#ff9999">
```

favicon と apple-touch-icon を指定しよう

iOS の場合、Safari のホーム画面のアイコンを設定したいなら、apple-touch-icon を指定します。また、Safari のお気に入りのアイコンを設定したいなら、favicon.ico(または、apple-touch-icon) を指定します。

Android の Chrome、あるいは標準ブラウザーでも、ホーム画面のアイコンを設定したいなら、apple-touch-icon を指定します。ブックマークでは、favicon.ico（または、apple-touch-icon）を指定します。

この節のまとめ

→ meta タグの viewport を設定すればスマートフォン対応が完了する

→ viewport の width の指定は具体的な値か device-width が指定できる

→ 省略可能だが favicon や apple-touch-icon にアイコンを指定しよう

第3章 | Webサービスの基本機能を作ってみよう

3-9
CSSフレームワークについて

Webアプリフレームワークと並んで、開発者が重宝しているフレームワークにCSSフレームワークがあります。これは、綺麗なデザインやレイアウトを実現するのに役立ちます。ここでは、CSSフレームワークの簡単な使い方を紹介します。

ひとこと
● CSSフレームワークで手軽にデザインを仕上げよう

キーワード
● CSSフレームワーク
● Bootstrap
● Pure.css
● Zurb Foundation

CSS フレームワークについて

　1章で簡単にCSSについて紹介しました。CSSとは文書構造を記したHTMLを装飾するためのものです。そして、Webサービスをいろいろな人に使って貰うためには、デザインが整っていて、画面配置が使いやすいものが求められています。その際、ボタンやグリッド、画面ナビゲーションなど、さまざまな要素が正しく整然と配置されている必要があるのです。しかし、これらをきっちりレイアウトするのは意外と難しいものです。

　そこで、利用したいのが **CSS フレームワーク**です。CSSフレームワークとは、Webサービスを作る上で、よく使われるデザインやレイアウト、ボタンなどのパーツを集めてライブラリとしてまとめたものです。

　利用できるパーツには、ボタンやテキストのスタイルから、タブ切り替えコンテンツ、ドロップダウンメニューなどの凝ったものまで、さまざまなものが用意されています。また、要素を横並びにしたり、全画面表示にしたりと、ページのレイアウトを簡単に指定できるようになっています。レスポンシブデザインにも対応しており、いろいろなデバイスで使えるように配慮されています。

159

どんな CSS フレームワークがあるのか

　CSS フレームワークには、**Bootstrap**、**Pure.css**、**Zurb Foundation** など、いろいろなものがあります。それぞれに特色があり、サンプルもたくさんあるので、どれが自分の作りたい Web サイトに相応しいかを確認することができます。

Bootstrap について

　Bootstrap は CSS フレームワークの中でも定番のものです。NASA が採用するなど世界中で利用されています。Twitter 社にて開発されており、以前は「Twitter Bootstrap」と呼ばれていましたが現在は「Bootstrap」になっています。幅広い Web ブラウザーに対応しているのも特徴です。ライセンスは、MIT License と非常に自由度の高いものとなっています。ブラウザーの横幅サイズを判断基準として、レイアウトデザインを柔軟に調整することも可能です。

● Bootstrap
[URL] https://getbootstrap.com/

▲ Bootstrap の Web サイト

Pure.css について

「Pure.css」は Yahoo! が提供してる CSS フレームワークです。コンパクトなフレームワークで気軽に使うことができます。ファイルが軽量なのが特徴で、最低限の設定しかありませんが、グリッドシステムやレイアウト、フォーム部品やフォーム、テーブル、メニューなど、基本的なパーツが定義されています。また、他のツールと組み合わせて使うことも考慮されています。

● Pure.css
[URL] https://purecss.io/

▲ Pure の Web サイト

Zurb Foundation について

Zurb Foundation は、Bootstrap と同じく人気の CSS フレームワークです。フォーム、ボタン、ナビゲーションや、JavaScript や HTML のテンプレートが用意されています。

● Zurb Foundation
[URL] https://get.foundation

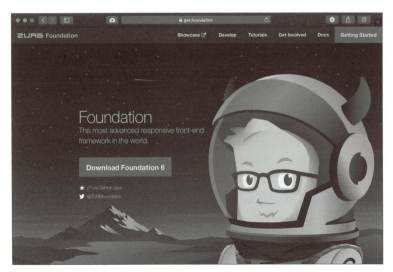

▲ Zurb Foundation の Web サイト

その他の CSS フレームワーク

他にも、**UIkit**、**Skeleton**、**Base**、**Materialize**、**Milligram**、**Bulma** など、いろいろな CSS フレームワークがあります。

CSS フレームワーク「Pure.css」を使ってみよう

それでは、CSS フレームワークを使ってみましょう。今回利用するのは、ファイルサイズも小さく、必要最小限のフレームワーク Pure.css です。CSS フレームワークの最初の一歩にぴったりなので、試してみましょう。

ダウンロード

Pure.css は以下の URL からダウンロードできます。Pure.css の 1.0.1 で基本 CSS のサイズは 17KB とコンパクトなものとなっています。

```
● Pure.css
[URL] https://purecss.io/
```

Pure.css の基本的な利用方法

アーカイブをダウンロードしたら、その中から「pure-min.css」を選んで、プロジェクトへコピーします。HTML に以下のように CSS をリンクするように記述します。

参照するファイル file: src/ch3/css/basic_head.html

```
<!DOCTYPE html>
<html>
  <head>
    <meta charset="UTF-8">
    <meta name="viewport"
      content="width=device-width, initial-scale=1">
    <link rel="stylesheet" href="pure-min.css">
    <title> テスト </title>
  </head>
  <body>
    <h1> テスト </h1>
  </body>
</html>
```

CDN を利用して使う方法

別の方法として **CDN**(コンテンツ配信ネットワーク) を利用することもできます。この場合、自分の Web サイトに CSS ファイルを配置する必要はなく、HTML の link タグを以下のように記述すると、Pure.css を利用できるようになります。

```
<link rel="stylesheet"
  href="https://unpkg.com/purecss@1.0.1/build/pure-min.css"
  integrity="sha384-nn4HPE8lTHyVtfCBi5yW9d20FjT8BJwUXyWZT9InLYax14RDjBj46LmSzt
kmNP9w"
  crossorigin="anonymous">
```

Pure でボタンを作ろう

スマートフォンがパソコンと根本的に違う点が、マウスでなく指を利用してタッチ操作を行うという点です。別のページへのリンクを記述する際に、単に a タグを記述するだけでは、リンクが押しにくいという問題が生じます。そこで、Pure の出番です。a タグをボタンのように仕上げることができます。

参照するファイル file: src/ch3/css/a_button.html

```html
<!DOCTYPE html>
<html><head><meta charset="UTF-8">
    <meta name="viewport"
      content="width=device-width, initial-scale=1">
    <link rel="stylesheet" href="pure-min.css">
</head><body>
    <div style="padding:20px;">
      <a class="pure-button" href="#"> イチゴ </a>
      <a class="pure-button" href="#"> リンゴ </a>
      <a class="pure-button" href="#"> バナナ </a>
    </div>
</body></html>
```

Web ブラウザーで開いてみると、以下のように a タグをボタンのように使えることが分かります。

▲ a タグをボタンのように使える

ポイントは、Pure.css より CSS ファイル「pure-min.css」を読み込むことと、a タグの class 属性に「pure-button」を指定することです。

Pure でいろいろなボタン

ただボタンを作るだけでなく、class 属性に「pure-button-primary」のクラスを追加すると青色のプライマリーボタンを表示することができます。また、「pure-button-disabled」を追加すると利用不可のボタンを表示できます。以下は、いろいろなボタンを作る例です。

参照するファイル file: src/ch3/css/buttons.html

```html
<!DOCTYPE html>
<html><head><meta charset="UTF-8">
    <meta name="viewport"
      content="width=device-width, initial-scale=1">
    <link rel="stylesheet" href="pure-min.css">
</head><body>
    <!-- a タグでボタン -->
    <div style="padding:20px;">
```

```html
          <a class="pure-button pure-button-primary"
             href="#">イチゴ</a>
          <a class="pure-button"
             href="#">リンゴ</a>
          <a class="pure-button pure-button-disabled"
             href="#">バナナ</a>
        </div>
        <!-- button タグを使う場合 -->
        <div style="padding:20px;">
          <button class="pure-button pure-button-primary">
            イチゴ</button>
          <button class="pure-button">
            リンゴ</a>
          <button class="pure-button" disabled>
            バナナ</a>
        </div>
</body></html>
```

Webブラウザーで表示すると、次のようになります。

▲ いろいろなボタンが表現できる

Pure の命名規則

Pure.css では、すべてのクラス名が「pure-xxx」という形式で名付けられています。そのため、Pure.css のクラスを使っているのか、独自定義のクラスを使っているのか区別しやすくなっています。

165

Pure でグリッド を試してみよう

Pure を利用すると、グリッドデザインに基づいて、自由な画面レイアウトを行うことができます。グリッドレイアウトは要素を格子状に並べることによって、整った印象の Web サイトを作るためのデザイン手法です。しかも、レスポンシブ Web デザインに対応できます。

Pure では 5 分割、12 分割のグリッドに対して配置を行うことができます。まず、基本を確認してみましょう。要素に対して **pure-u-1-5** を与えるならグリッドの 1/5 の幅を指定することに、**pure-u-3-5** を与えるならグリッドの 3/5 の幅を指定することになります。

参照するファイル file: src/ch3/css/grid.html

```
<!DOCTYPE html>
<html><head><meta charset="UTF-8">
  <meta name="viewport"
      content="width=device-width, initial-scale=1">
  <link rel="stylesheet" href="pure-min.css">
  <style>
  .blue { background-color: blue; }
  .green { background-color: green; }
  .red { background-color: red; }
  p { text-align: center; height: 400px; }
  </style>
</head><body>

<div class="pure-g">
  <div class="pure-u-1-5 blue">
    <p> あいうえお </p>
  </div>
  <div class="pure-u-3-5 green">
    <p> かきくけこ </p>
  </div>
  <div class="pure-u-1-5 red">
    <p> さしすせそ </p>
  </div>
</div>

</body></html>
```

上記のコードを Web ブラウザーで確認すると、次のように表示されます。

第 3 章　Web サービスの基本機能を作ってみよう

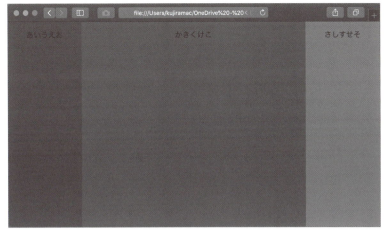

▲ ブラウザーで表示したところ

この場合、画面サイズを変更しても、5 分割で 1:3:1 の比率は保持されます。

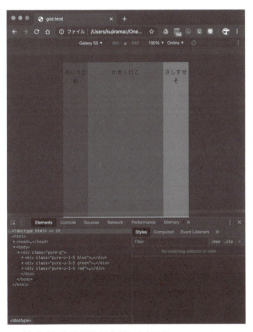

▲ モバイル向けの表示を試したところ

Pure でレスポンシブなグリッドを設計

これを、レスポンシブ Web デザインに対応させてみましょう。PC 向けのブラウザーでは、1:3:1 で画面を区切って表示するのですが、モバイル向けのブラウザーでは、各コンテンツを各種モバイル向けに表示するようにします。

なお、レスポンシブなグリッドを設計をする場合には、「pure-min.css」に加えて、Pure.css の配布アーカイブに含まれる「grids-responsive-min.css」を利用します。

以下の HTML ファイルは、画面サイズに応じて表示方法を変えるものです。768px より幅の広い環境で表示した時には、横並びで 1:3:1 の比率でコンテンツが表示されますが、それ未満の環境で表示する場合には、コンテンツを縦並びで表示します。

参照するファイル file: src/ch3/css/grid-res.html

```
<!DOCTYPE html>
<html><head><meta charset="UTF-8">
  <meta name="viewport"
     content="width=device-width, initial-scale=1">
  <link rel="stylesheet" href="pure-min.css">
  <link rel="stylesheet" href="grids-responsive-min.css">
  <style>
  .blue { background-color: blue; }
  .yellow { background-color: yellow; }
  .red { background-color: red; }
  p { text-align: center; height: 150px; }
  </style>
</head><body>

<div class="pure-g">
  <div class="blue pure-u-1 pure-u-md-1-5">
    <p> あいうえお </p>
  </div>
  <div class="yellow pure-u-1 pure-u-md-3-5">
    <p> かきくけこ </p>
  </div>
  <div class="red pure-u-1 pure-u-md-1-5">
    <p> さしすせそ </p>
  </div>
</div>

</body></html>
```

Web ブラウザーでレスポンシブに表示が変化するか確認してみましょう。まず、幅広の PC 向け（横幅が 768px より広い）ブラウザーで表示した場合です。この場合 class に指定した「pure-u-md-*-5」の値が適用されるため、div 要素が 1:3:1 にレイアウトされます。

▲ 普通にブラウザーで表示したところ

次に、同じ HTML を横幅を狭くして表示してみます。すると、この場合 class に指定した「pure-u-1」の値が適用されるため、div 要素が 1/1(つまり 100%) にレイアウトされるため、コンテンツが縦並びで表示されます。

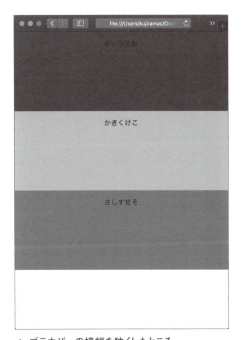

▲ ブラウザーの横幅を狭くしたところ

以上、簡単に Pure.css の使い方を紹介しました。Pure は手軽に利用できる上に、レスポンシブデザインに対応するのも簡単です。

この節のまとめ

→ デザインやレイアウトを手軽に整えるCSSフレームワークがある

→ Pure.cssはファイルサイズが小さく、手軽にレイアウトを整えることができる

→ レスポンシブデザインに対応させれば、PCもモバイルも対応できる

第4章

簡単なサービスを作ってみよう

本章では、具体的な Web アプリを作ってみます。掲示板やファイル転送サービス、SNS や画像共有サービスなど、ある程度の規模がある Web アプリを作ってみます。小さなサンプルを作っているだけでは気づかない、実践的な開発テクニックを学ぶことができるでしょう。

第4章 ｜ 簡単なサービスを作ってみよう

4-1

会員制の掲示板サービスを作ろう

チームメンバーだけで書き込みができる会員制の掲示板を作ってみましょう。会員だけ
が見られるようにするために、ログインの仕組みが必要です。小さなアプリで Web アプ
リの基礎的な仕組みを確認しましょう。

ひとこと
●ログイン機能で会員制のサイトを実現しよう

キーワード
●ログイン
●セッション
●掲示板
●JSON

会員制の掲示板サービスを作ろう

　ここで作る Web サービスは、会員制の掲示板です。チームメンバーだけがログインして掲示板の内
容を確認できるようにしてみましょう。チームメンバーはほぼ固定か、それほど頻繁に入れ替わりが
ないものとして、メンバーは設定ファイルに記述したユーザー名とパスワードでログインできるもの
とします。

　一般的に掲示板の書き込みの保存先には、データベースを利用すると良いのですが、ここでは会員
制サイトの仕組みを把握できるよう、ファイルに JSON 形式でデータを保存するようにします。

▲ メンバーだけが書き込める掲示板

▲ ログインしないと内容を見たり書き込んだりできない

Webアプリのファイル構成

　アプリのファイル構成は以下のようにします。最初に、CSSファイルなど静的なファイルを配置するstaticディレクトリと、テンプレートを配置するtemplatesディレクトリを作成します。また、掲示板のデータファイルを保存するdataディレクトリも用意しましょう。そして、staticディレクトリに、CSSフレームワークの「pure」よりpure-min.cssをコピーします。

```
.
├── app.py
├── bbs_data.py
├── bbs_login.py
├── data
│   └── log.json
├── static
│   ├── pure-min.css
│   └── style.css
└── templates
    ├── index.html
    ├── login.html
    └── msg.html
```

前章では小さなサンプルが多かったので、すべてのプログラムを1つのPythonスクリプトにまとめていました。しかし、少し機能が多いアプリを作る場合に、すべてのプログラムを1つのファイルに記述するのは無理があります。そこで、機能ごとにモジュールに分割することになります。Pythonでモジュールを作るのは簡単で、プログラムを別ファイルに分割するだけでモジュールとして利用できます。

今回は、メインプログラムのapp.pyと、ログインに関する機能をまとめたbbs_login.py、データファイルの読み書きに関する機能をまとめたbbs_data.pyとプログラムを機能ごとに分けてみました。

会員制の掲示板を実行する方法

上記のapp.pyがあるディレクトリをカレントディレクトリとします。その上で、コマンドラインで以下のコマンドを実行します。

```
python app.py
```

すると、Webサーバーが起動して、サーバーのアドレスがコマンドライン上に表示されます。そのアドレスにWebブラウザーでアクセスすると、アプリを実行できます。

なお、ユーザー名とパスワードは、bbs_login.pyに直接記述しているので、アプリを使えるメンバーを追加したい場合には、このファイルを修正します。参考までに以下のユーザーが設定されています。

▼ ユーザー設定

ユーザー名	パスワード
taro	aaa
jiro	bbb
sabu	ccc

ログインを実現するモジュールを作ろう

最初に、掲示板アプリへのログインを管理するモジュールを作ってみましょう。セッションの機構を利用して、ユーザーごとのログイン状態を管理します。

参照するファイル　file: src/ch4/bbs/bbs_login.py

```python
from flask import session, redirect

# ログイン用ユーザーの一覧を定義 --- （※1）
USERLIST = {
    'taro': 'aaa',
    'jiro': 'bbb',
    'sabu': 'ccc',
}
```

第4章 簡単なサービスを作ってみよう

```python
# ログインしているか調べる --- (※2)
def is_login():
    return 'login' in session

# ログイン処理 --- (※3)
def try_login(user, password):
    # 該当ユーザーがいるか？
    if user not in USERLIST: return False
    # パスワードが合っているか？
    if USERLIST[user] != password: return False
    # ログイン処理 --- (※4)
    session['login'] = user
    return True

# ログアウト処理 --- (※5)
def try_logout():
    session.pop('login', None)
    return True

# セッションからユーザー名を得る --- (※6)
def get_user():
    if is_login(): return session['login']
    return 'not login'
```

ログイン管理する上記のプログラムを確認しましょう。(※1) の部分では、ログインするユーザーとパスワードを辞書型で記述します。ユーザーを追加したり削除するには、この部分を変更します。

(※2) の部分では、ログインしているかどうかを判定する関数を定義します。ここでは、セッションを利用してログイン状態を管理します。セッションに「login」というキーがあれば、ログイン状態であること、なければログインしていないという単純な仕組みにしています。

(※3) の部分では、ユーザーとパスワードが正しいかを確認して、正しければセッションにログインしたことを記録します。ユーザーとパスワードの確認では、辞書型の変数 USERLIST を確認します。そしてそれが正しければ、(※4) の部分でセッション「login」にユーザー名を記録します。

(※5) の部分ではログアウト処理を行います。ここでは、セッションから「login」というキーを削除します。

(※6) の部分では、セッションからユーザー名を取得します。ここでは、セッションの「login」にユーザー名を保存しているので、この情報を返します。

データの読み書きをするモジュール

次に、データファイルの読み書きを行うモジュールを作ってみましょう。今回、データは JSON 形式でファイルに保存するものにします。Python の json モジュールを利用することで、簡単に Python のリスト型、辞書型のデータをファイルに保存することができます。

なお、ここでは以下のような JSON データをファイルに保存するようにしました。

```
 1 ▼ [
 2 ▼     {
 3           "name": "taro",
 4           "text": "良いですねー！いつものインドカレーの店に行きましょう
                   。それでは、お昼12時に集合で！",
 5           "date": "2020/02/05 16:47"
 6       },
 7 ▼     {
 8           "name": "jiro",
 9           "text": "誰か、お昼一緒に行きませんか？今日は、カレーが食べた
                   いなぁー。",
10           "date": "2020/02/05 16:46"
11       }
12   ]
```

▲ JSON データの形式

　以下が、データの読み書きを行うモジュールです。ファイルに対して読み書きを行っている部分に注目して見てみましょう。

`参照するファイル` file: src/ch4/bbs/bbs_data.py

```python
import os, json, datetime
# 保存先のファイルを指定 --- (※1)
BASE_DIR = os.path.dirname(__file__)
SAVE_FILE = BASE_DIR + '/data/log.json'

# ログファイル（JSON形式）を読み出す --- (※2)
def load_data():
    if not os.path.exists(SAVE_FILE):
        return []
    with open(SAVE_FILE, 'rt', encoding='utf-8') as f:
        return json.load(f)

# ログファイルへ書き出す --- (※3)
def save_data(data_list):
    with open(SAVE_FILE, 'wt', encoding='utf-8') as f:
        json.dump(data_list, f)

# ログを追記保存 --- (※4)
def save_data_append(user, text):
    # レコードを用意
    tm = get_datetime_now()
    data = {'name': user, 'text': text, 'date': tm}
    # 先頭にレコードを追記して保存 --- (※5)
    data_list = load_data()
    data_list.insert(0, data)
    save_data(data_list)

# 日時を文字列で得る
def get_datetime_now():
    now = datetime.datetime.now()
    return "{0:%Y/%m/%d %H:%M}".format(now)
```

176

第4章　簡単なサービスを作ってみよう

上記のデータの読み込み部分のプログラムを確認してみましょう。(※1) の部分では、ファイルの保存先ファイルパスを指定します。ここで書いているように「os.path.dirname(__file__)」と書くと、そのスクリプトファイルのパスを得ることができます。

(※2) の部分では、ファイルを読み出して、JSON データをデコードして Python のリスト型データを返します。そして、(※3) の部分では、Python のデータを JSON データにエンコードして、ファイルへ書き出します。

(※4) の部分では、ファイルの先頭にデータを追記して保存します。(※5) の部分を見ると分かりますが、追記保存と言っても、先頭にデータを追記するため、一度全部のデータをファイルから読み出し、リストの append メソッドを利用してデータを追記してファイルへ保存します。

会員制の掲示板のメインプログラム

次に、掲示板のメインプログラム「app.py」を確認してみましょう。ログインに関する機能とデータの入出力の機能をモジュールに分割したので、コメントを含めて 60 行ちょっと程度と見通しが良いプログラムになっています。

Web フレームワークを使って開発する際、フレームワークが重要な役割を演じるのが「ルーティング」です。ルーティングというのは、Web サーバーがクライアントからリクエストを受け取った時、そのリクエストに含まれる「リクエスト URL」をどのように処理するか（バインドするか）を決定する際に、このリクエスト URL とサーバーの処理内容を結びつける処理のことを言います。それで、Web アプリを開発する時に、どんなリクエスト URL に対して、どんな処理を行うのかという点を表にまとめておくと、プログラムの動きを追いかけやすくなります。以下のリクエスト URL と機能の表を確認しつつプログラムを見てみましょう。以下の URL が route() デコレータと対応します。

▼ アクセス先と機能の関係

URL	ログインの要不要	機能
/	必要	掲示板の書き込みフォームとログの表示画面
/login	不要	ログインフォーム画面
/try_login	不要	ログイン判定
/logout	不要	ログアウト処理を行う
/write	必要	ログの書き込み処理を行う

それでは、実際のメインプログラムのコードを確認してみましょう。

参照するファイル　file: src/ch4/bbs/app.py

```
from flask import Flask, redirect, url_for, session
from flask import render_template, request
import os, json, datetime
import bbs_login # ログイン管理モジュール --- (※1)
import bbs_data  # データ入出力用モジュール --- (※2)
```

177

```python
# Flask インスタンスと暗号化キーの指定
app = Flask(__name__)
app.secret_key = 'U1sNMeUkZSuuX2Zn'

# 掲示板のメイン画面 --- （※3）
@app.route('/')
def index():
    # ログインが必要 --- （※4）
    if not bbs_login.is_login():
        return redirect('/login')
    # ログ一覧を表示 --- （※5）
    return render_template('index.html',
            user=bbs_login.get_user(),
            data=bbs_data.load_data())

# ログイン画面を表示 --- （※6）
@app.route('/login')
def login():
    return render_template('login.html')

# ログイン処理 --- （※7）
@app.route('/try_login', methods=['POST'])
def try_login():
    user = request.form.get('user', '')
    pw = request.form.get('pw', '')
    # ログインに成功したらルートページへ飛ぶ
    if bbs_login.try_login(user, pw):
        return redirect('/')
    # 失敗した時はメッセージを表示
    return show_msg(' ログインに失敗しました ')

# ログアウト処理 --- （※8）
@app.route('/logout')
def logout():
    bbs_login.try_logout()
    return show_msg(' ログアウトしました ')

# 書き込み処理 --- （※9）
@app.route('/write', methods=['POST'])
def write():
    # ログインが必要 --- （※10）
    if not bbs_login.is_login():
        return redirect('/login')
    # フォームのテキストを取得 --- （※11）
    ta = request.form.get('ta', '')
    if ta == '': return show_msg(' 書込が空でした。 ')
    # データに追記保存 --- （※12）
    bbs_data.save_data_append(
            user=bbs_login.get_user(),
            text=ta)
    return redirect('/')

# テンプレートを利用してメッセージを出力 --- （※13）
def show_msg(msg):
```

```
        return render_template('msg.html', msg=msg)

if __name__ == '__main__':
    app.run(debug=True, host='0.0.0.0')
```

メインプログラムの詳細を確認します。(※ 1) の部分では、import でログイン管理モジュールを取り込みます。そして、(※ 2) ではデータ入出力を行う機能のモジュールを取り込みます。

(※ 3) の部分では掲示板のメイン画面 (書き込みフォームとログ) の表示処理を記述します。(※ 4) の部分ですが、この画面はログインが必要なので、ログインしていなければ、ログイン画面にリダイレクトするように飛ばします。(※ 5) の部分では、render_template 関数を利用して、テンプレート index.html の内容を表示します。その際、ユーザー名や表示するログデータを引数として与えます。

(※ 6) の部分ではログイン画面を表示します。ここでは単純に、render_template 関数を利用して、ファイル「login.html」（ログインフォーム）を表示します。

(※ 7) の部分ではログイン処理を記述します。この関数では POST メソッドのフォームを受け付けます。フォームからユーザー名 (user) とパスワード (pw) の値を取り出して、ログインできればトップページに、リダイレクトして飛びます。失敗した時は、失敗した旨を表示します。

(※ 8) の部分では、ログアウト処理を行い、その旨をメッセージとして表示します。

(※ 9) の部分では、ログの書き込み処理を行います。このページもログインが必要なので、(※ 10) の部分でログインしているかどうか確認し、ログインしていなければ、ログインページへリダイレクトするようにします。(※ 11) の部分では、掲示板の投稿フォームから送信されたフォームデータより、書き込み内容 (ta) の内容を読み出して、(※ 12) の部分でデータファイルに追記します。書き込みが完了したら、トップへリダイレクトで飛ぶように指定します。

(※ 13) では手軽にメッセージを出力できるように、テンプレートへメッセージを埋め込んで表示できる関数を定義しました。

 column

URL ルーティングとファイルシステムについて

Apache など一般的な Web サーバーでは、一度、ドキュメントルート (DocumentRoot) のパスを指定すると、そのディレクトリがルートパスになります。例えば、ドキュメントルートを「/var/www/html」としている時、クライアント (Web ブラウザ) から「https://example.com/hoge/fuga.html」という URL にリクエストが合った場合、Web サーバーはドキュメントルートをたどって、「/var/www/html/hoge/fuga.html」というファイルがあるかどうかを確認し、そのファイルを読み込んでレスポンスとして返します。

その際、もし CGI でプログラムを実行する場合には、クライアントから「https://example.com/script.py」にアクセスがあると、「var/www/html/script.py」を実行し実行結果をクライアントに返します。つまり、Web サーバーの動作は、OS のファイルシステムと深く結びついています。

しかし、多くの Web フレームワークでは、OS のファイルシステムとは関係なく、より分かりやすい URL に機能を結びつけています。これが「ルーティング」の機能です。ここまで見てきたように、Flask においても同様のルーティング機能が備わっています。とは言え、CSS ファイルや画像ファイル、JavaScript ファイルなどは、OS のファイルシステムと結びついていた方が便利な場面も多いです。そこで、「/static」以下のファイルについては、OS のファイルシステムに従ってファイルを読み込んでレスポンスとして返します。なおこのディレクトリ名は、Flask のオブジェクトを生成する際に明示的に指定が可能です。

各種テンプレートファイル

ここからは、ログインフォームなどのテンプレート・ファイルを確認していきましょう。今回は、テンプレートの機能は最低限しか使用していないので、HTML さえ知っていれば容易に読むことができることでしょう。

ログインフォームのテンプレート

以下は、ログインフォームのテンプレートです。POST メソッドでユーザー名とパスワードを、URL「/try_login」へ送信するという点に注目してください。

参照するファイル file: src/ch4/bbs/templates/login.html

```html
<!DOCTYPE html>
<html><meta charset="UTF-8">
  <meta name="viewport"
    content="width=device-width, initial-scale=1.0">
  <link rel="stylesheet" href="static/pure-min.css">
  <link rel="stylesheet" href="static/style.css?v=12">
  <body><div class="content">
  <h1> 会員制の掲示板 </h1>
  <form action="/try_login" method="POST"
        class="pure-form pure-form-stacked">
    <legend>☺ ログインが必要です </legend>
    <fieldset>
      <label for="user"> ユーザー名 </label>
      <input type="text" name="user" id="user">
      <label for="pw"> パスワード </label>
      <input type="password" name="pw" id="pw">
      <button type="submit"
              class="pure-button pure-button-primary">
      ログイン </button>
    </fieldset>
  </form>
</div></body></html>
```

第4章　簡単なサービスを作ってみよう

上記のテンプレートは次のような画面です。

▲ ログインフォーム

　Pure.css のデザインを適用するため、HTML の form 要素のクラス属性に「pure-form」を指定しています。CSS フレームワークを使うと、簡単にデザインを整えることができるのが良い点です。また、「pure-form-stacked」を追加することで、フォームが縦に並ぶようになります。

メッセージを表示用のテンプレート

　次に、メッセージを表示するだけのテンプレートです。{{ msg }} という部分に実際のメッセージが埋め込まれて表示されます。

参照するファイル　file: src/ch4/bbs/templates/msg.html

```html
<!DOCTYPE html>
<html lang="ja"><head><meta charset="UTF-8">
  <meta name="viewport"
    content="width=device-width, initial-scale=1.0">
  <title> メッセージ </title>
  <link rel="stylesheet" href="static/style.css?v=1a">
  <link rel="stylesheet" href="static/pure-min.css">
</head><body>
  <div class="content box">
    <h1>{{ msg }}</h1>
    <div><a href="/"> →トップページへ </a></div>
  </div>
</body></html>
```

181

上記のテンプレートは次のような画面です。以下は、{{ msg }} の部分に「ログアウトしました」というメッセージを当てはめます。

▲ メッセージ画面のテンプレート

メインページのテンプレート

　以下がメインページのテンプレートです。(※ 1) の部分では、掲示板の書き込みフォームを記述し、(※ 2) の部分では掲示板のログを表示します。(※ 3) の部分では、ハンバーガーメニューの処理を記述します。

参照するファイル　file: src/ch4/bbs/templates/index.html

```
<!DOCTYPE html>
<html><meta charset="UTF-8">
  <meta name="viewport"
    content="width=device-width, initial-scale=1.0">
  <link rel="stylesheet" href="static/pure-min.css">
  <link rel="stylesheet" href="static/style.css?v=0220">
  <body><div class="content">
  <!-- 書き込みフォーム --- ( ※ 1) -->
  <h1><a id="menu-switch" href="#"> ≡ </a>
    会員制の掲示板 - {{ user }}</h1>
  <!-- メニュー -->
  <div id="menu" class="pure-menu pure-u-2-5">
    <ul class="pure-menu-list">
      <li class="pure-menu-item">
        <a href="/logout" class="pure-menu-link">→ログアウト </a>
      </li>
    </ul>
  </div>
```

第 4 章　簡単なサービスを作ってみよう

```
  <form action="/write" method="POST"
     class="pure-form pure-form-stacked">
   <textarea name="ta" rows="4" cols="60"></textarea>
   <button type="submit"
    class="pure-button pure-button-primary">
   書き込む </button>
 </form>
 <!-- 掲示板のログを表示する --- （※ 2） -->
 {% for i in data %}
   <div class="box">
     <p class="box_h">{{ i.name }} - {{ i.date }}</p>
     <p>{{ i.text }}</p>
   </div>
 {% endfor %}
 <!-- ハンバーガーメニューの開閉処理 --- （※ 3） -->
 <script type="text/javascript">
 function $(id) { return document.querySelector(id) }
 $("#menu-switch")._b = false
 $("#menu-switch").onclick = ()=>{
   $("#menu-switch")._b = !$("#menu-switch")._b
   if ($("#menu-switch")._b) {
     $("#menu").style.display = "block"
   } else {
     $("#menu").style.display = "none"
   }
 }
 </script>
</div></body></html>
```

（※ 1) の部分のフォームでは、URL「/write」に POST メソッドで書き込み内容を書き込みます。

（※ 2) の部分では、テンプレートエンジンの機能で for 構文を利用してユーザー名 {{ i.name }}、日付 {{ i.date }}、書き込み内容 {{ i.text }} を表示するようにします。このように、メインプログラムのロジック内で表示内容を組み立てるより、テンプレートエンジンを使った方が、HTML のタグを分かりやすく記述できます。

（※ 3) の部分では、画面左上のハンバーガーメニューをクリックしたときの処理を記述します。JavaScript でメニュー「≡」を押した時にメニューを表示するようにしています。

なお、(※ 1) のすぐ下にある、h1 要素ですが、アプリタイトルに加えて、ユーザー名を埋め込んでいる点にも注目してください。ログインできるサービスでは、どのユーザーでログインしているのか分かるようにしておくことも大切です。

上記のメインページのテンプレートを表示すると、以下のように表示されます。

▲ メインページの画面

CSS ファイル

　今回、CSS フレームワークの Pure.css を利用しています。前章の CSS フレームワークを参考に、static ディレクトリに pure-min.css をコピーしておいてください。そして、以下は、独自に定義した CSS ファイルです。背景に色を付けたり、ボーダーを付けたりしています。プログラミング的な要素はないので、static ディレクトリ以下に配置します。

参照するファイル file: src/ch4/bbs/static/style.css

```css
.content {
  margin-left: auto;
  margin-right: auto;
  max-width: 768px;
}
h1 {
    background-color: #0078e7;
    color: white;
    padding: 10px; margin:0;
}
form { padding: 8px; }
textarea { width: 99%; }
.box {
    border-left: 12px solid #0078e7;
    border-bottom: 1px solid #c0c0f0;
    border-top: 1px solid #f0f0f0;
    margin: 8px; padding: 8px;
}
```

```
.box_h {
    margin:4px; padding: 4px;
}
#menu-switch {
    text-decoration: none;
    color: white;
    font-size: 40px;
    width: 40px;
}
#menu {
    display: none;
    padding: 12px;
    border:1px solid silver;
}
```

 column

HTMLの間違いを見つけよう W3C Validation

なお、テンプレートを作成するときに役立つのが、HTMLのバリデータです。閉じた具の対応やタグの使い方の間違いなどを調べて指摘してくれます。うっかり、タグを閉じ忘れていても、なかなか気づかないこともあります。何かがおかしいと思ったときに、機械的に文法を確認してくれるツールが、バリデーターです。有名なのが、以下のW3C HTML Validatorです。

W3C HTML Validator
[URL] `https://validator.w3.org/`

▲ W3C HTML Validatorを使ったところ

ただし、Web サービス上だと使いにくいので、ローカル PC 上で使えるようにしたものがありま
す。もし、HTML や Python の編集に Visual Studio Code を利用しているなら拡張機能の W3C
Validation をインストールすると、HTML を書きながら文法チェックを自然に行うことができま
す。上記サイトで提供され居るバリデータは、コマンドラインツール (The Nu Html Checker) とし
ても提供されています。こうしたツールを活用すると、うっかりミスを防ぐことができます。

トップページだけログイン判定するという失敗

ところで、初心者が会員制の Web アプリを作る際によくやってしまう失敗があります。それは、一
番最初のページには、ログイン判定の処理を入れるのですが、その他のページではログイン判定をし
ないというものです。掲示板で言えば、トップページにだけログイン処理があるものの、書き込み
ページなどでログイン判定の処理を入れないため、誰でも掲示板に書き込みができてしまうのです。
会員制の Web サイトでは、ログインが必要なページと不要なページを明確に分けることが大切です。

会員制の掲示板 - 改良のヒント

ここでは簡単ながらチームメンバーだけが利用できる掲示板を作ってみました。ここで作った簡易
版プログラムでは、メンバーの追加を行うには、直接プログラムを変更しなければなりません。メン
バーを手軽に追加できるように改良すると、より実用的になります。

また、書き込みログのデータは JSON 形式でテキストファイルに保存するようになっているため、
データが小さなうちは問題なく使えますが、たくさん書き込みがあると、その分、メモリを圧迫する
ようになります。データベースへ保存するように改良すると良いでしょう。

この掲示板にはページング機能がないので、書き込まれたデータが全部表示されてしまいます。
ページ送りの機能を追加してみましょう。

さらに、今回、プログラムの全体像をスッキリ見せるために、データを書き込むときに敢えて排他
処理を入れませんでした。そのため、同時に複数人がメッセージを書き込んだ時にファイルが壊れて
しまう可能性があります。これを防ぐには、flock 関数を使って排他処理を入れる必要があります。こ
れを利用した完全バージョンをサンプル（ソースコード「bbs_data_lock.py」）に含めていますので、
後で確認してみると良いでしょう。

第4章 簡単なサービスを作ってみよう

この節のまとめ

→ 会員制の Web サイトを作るには、ログインの仕組みを導入する

→ 機能ごとにモジュールを作ることで、メインプログラムをすっきり見せることができる

→ 待ち受けを行う各 URL ごとに、ログインが必要かどうかを判断して判定処理を作る必要がある

第4章 | 簡単なサービスを作ってみよう

4-2
ファイル転送サービスを作ろう

ファイルの転送サービスとは、メールに添付できない大きなサイズのファイルを相手に
渡したいときに重宝するWebサービスです。ここでは、ファイルをスムーズに受け渡し
できる仕組みを作ってみましょう。

ひとこと	キーワード
●ファイルの受け渡しに便利なサービスを作ろう	●ファイルのアップロード
	●難解なURLの作成
	●ダウンロード回数の制限や有効期限の設定
	●TinyDB

ファイルの転送サービスとは？

　昨今、数メガ以上の大きなサイズのファイルを相手に送りたいとき、どのような方法で送ることが
できるでしょうか。メールにファイルを添付して送ることもできますが、数メガを超えるファイルを
添付してメールを送信すると、容量制限に引っかかり送信エラーのメールが戻ってくることも多いも
のです。そんな時に、ファイルの転送サービスを活用することができます。

　具体的な使い方としては、大きなサイズのファイルを、こうした転送サービスにアップロードしま
す。すると、推測が難しい難解なURLが発行されます。そこで、先方に、ファイルのダウンロード先
のURLをメールで伝えてダウンロードしてもらうという手順です。

　「宅ファイル便」(2020年にサービス終了)や「データ便」「おくりん坊」など、さまざまなWebサー
ビスがあります。こうした転送サービスには、難解なURLに加えてパスワードでセキュリティを担保
するものや、ダウンロード回数やダウンロード期限を指定できるものなどがあります。

　Dropbox、Google Drive、OneDriveなど、クラウドストレージの普及で、転送サービスの需要は減っ
ているのも確かですが、アップロードしたファイルを手軽に相手に共有できるので、転送サービスを
手放せないという方も多くいます。

　なお、Dropboxなどのクラウドストレージでは、ファイルを同期するクライアントがあるので、ファ
イルのバックアップをクラウド上のマシンに取ることができます。クラウドにアップロードしたファイ
ルは、(スマートフォンやタブレット、PCを問わず)他の端末で利用することが容易です。また、特定
のファイルを別のアカウントと共有したり、難解なURLを生成して、URLを知っている人だけがアクセ

スできるようにするなど、いろいろな機能があります。とは言え、クライアントアプリをインストールしたり、サービスにログインしたりするのは、それなりに手間がかかります。

そこで、ここでは、難解なURLを利用してファイルを共有するサービスを作ってみましょう。クラウドストレージよりも手軽に使える上に、独自のパスワードでファイルを保護して、安全にファイルの共有ができるアプリを目標としてみましょう。

ここで作るもの - ファイル転送サービス

ここでは手軽に使えるファイル転送サービスを作ってみます。ファイルをアップロードすると、推測不可能な難解なURLが発行されます。そのURLを知っている人だけがファイルをダウンロードできるWebサービスです。

▲ ファイルをアップロードできる

▲ アップロードすると難解なダウンロード用のURLを取得できる

189

以下のような難解な URL を生成します。

```
http://127.0.0.1:5000/download/FS_ab53d1a87222426e9cac23b636c702c4
http://127.0.0.1:5000/download/FS_cb66628eb3ce49a8bfbeef222078c424
http://127.0.0.1:5000/download/FS_d3a36f1943ed4b6fae4c0efb0b322b19
http://127.0.0.1:5000/download/FS_79396221495e4d71aba9233b7704f865
```

なお、セキュリティに配慮して、ダウンロードの際にはパスワードを入力する必要があります。パスワードが正しい時のみファイルをダウンロードできます。

▲ パスワードを入れてダウンロードボタンを押すとダウンロードできる

また、ダウンロードに際して「回数の制限」と「有効期限の制限」の機能も作ってみます。

第 4 章　簡単なサービスを作ってみよう

▲ ダウンロード回数を制限できる

▲ ダウンロード期限を設定できる

　加えて、今回はサービスの管理者のために、管理ページを作ってみましょう。管理者ページでは、アップロードされたファイルの一覧を確認できます。管理ページで、不要なファイルを選択して削除できるようにします。

▲ 管理ページも作ってみよう

191

ファイル転送サービスの実行方法

ここで作成するアプリを実行するには、コマンドラインで以下のコマンドを実行します。

```
python app.py
```

すると Web サーバーが起動して、サーバーのアドレスが表示されます。そこで、Web ブラウザーで表示された URL「127.0.0.1:5000」にアクセスします。

管理者ページを開くには、以下の URL にアクセスします。

```
http://127.0.0.1:5000/admin/list?pw=abcd
```

上記の管理者ページですが、パスワードで簡単に保護するようになっており、プログラム中に記述したマスターパスワードを変更した場合は、URL パラメーターの pw を変更してアクセスします。

JSON データベースの TinyDB を使ってみよう

今回、保存したファイルに関するデータを操作するために、軽量ドキュメントデータベースの TinyDB を使うことにしました。TinyDB を使うには pip コマンドにより、パッケージのインストールが必要です。以下のようなコマンドを実行しましょう。

```
pip install tinydb==3.15.2
```

プロジェクトのファイル配置を確認しよう

最初に、今回作成したプロジェクトのファイル構成を確認してみましょう。ファイルを保存する専用のディレクトリ files と、TinyDB のデータベースを保存するディレクトリ data を作成しておきましょう。また、CSS を保存する static ディレクトリも作成しましょう。

```
.
├── data
│   └── data.json
├── files
│   ├── FS_06218d86ccb94598b524aa8a6ebb1e7d
│   ├── FS_08fd72be3385457782e1c5799e0e6b24
│   └── FS_ffcdc8eb65a64df59ff551a74d864e0f
├── static
│   ├── pure-min.css
│   └── style.css
```

```
├── templates
│   ├── admin_list.html
│   ├── error.html
│   ├── index.html
│   └── info.html
├── app.py
└── fs_data.py
```

　プロジェクトのルートにある、app.py がメインプログラムで、fs_data.py がファイルやデータベースを利用するためのモジュールです。data ディレクトリにはデータを、files ディレクトリにはアップロードされたファイルを保存します。static ディレクトリには CSS など静的なファイルを配置し、templates ディレクトリには各種テンプレートを配置します。

 memo

ユーザーは static ディレクトリ以外にアクセスできない

　ファイル構成のポイントですが、Flask のデフォルト設定では、static ディレクトリ以下のみ、静的なファイルへのアクセスが許可されています。そのため、Web アプリのユーザーは、files や data ディレクトリのファイルには直接アクセスできないということを確認しておきましょう。
　前章の 3-7 で作ったアップローダーでは、アップロードした画像を直接ブラウザーで表示しています。そのため、/static/images というディレクトリを作成し、そこに画像ファイルを保存するようにしました。ユーザーに対して直接ファイルを見せるかどうかによって、どこにファイルを保存するのかを決定すると良いでしょう

メインプログラム

　それでは、メインプログラムから作ってみましょう。今回のメインプログラムも全体で 100 行以下です。少し長いですが、URL のルーティングに注目し、どの URL にアクセスすると、どの機能が発動するかという点に注意して見ていくと、プログラムの流れが分かります。

▼ URLのルーティング

URL	パスワードの要不要	機能
/	不要	トップページ。ファイルのアップロードフォームを表示
/upload	不要	アップロードフォームから送信されたファイルを保存
/download/<id>	不要	ファイル <id> のダウンロード画面。
/download_go/<id>	必要 (※ 1)	実際にファイル <id> のダウンロードを実行
/admin/list	必要 (※ 2)	管理画面。アップロードされているファイルの一覧を表示
/admin/remove/<id>	必要 (※ 2)	ファイル <id> を削除

上記の表でパスワード (※ 1) はファイルのダウンロード用パスワード、(※ 2) は管理者のためのマスターパスワードが必要です。

それでは、上記の表を参考にしてプログラムを確認していきましょう。

参照するファイル file: src/ch4/fileshare/app.py

```python
from flask import Flask, redirect, request
from flask import render_template, send_file
import os, json, time
import fs_data # ファイルやデータを管理するモジュール --- ( ※ 1)

app = Flask(__name__)
MASTER_PW = 'abcd' # 管理用パスワード --- ( ※ 2)

@app.route('/')
def index():
    # ファイルのアップロードフォームを表示 --- ( ※ 3)
    return render_template('index.html')

@app.route('/upload', methods=['POST'])
def upload():
    # アップロードしたファイルのオブジェクト --- ( ※ 4)
    upfile = request.files.get('upfile', None)
    if upfile is None: return msg('アップロード失敗')
    if upfile.filename == '': return msg('アップロード失敗')
    # メタ情報を取得 --- ( ※ 5)
    meta = {
        'name': request.form.get('name', '名無し'),
        'memo': request.form.get('memo', 'なし'),
        'pw':   request.form.get('pw', ''),
        'limit': int(request.form.get('limit', '1')),
        'count': int(request.form.get('count', '0')),
        'filename': upfile.filename
    }
    if (meta['limit'] == 0) or (meta['pw'] == ''):
        return msg('パラメーターが不正です。')
    # ファイルを保存 --- ( ※ 6)
    fs_data.save_file(upfile, meta)
```

194

```python
        # ダウンロード先の表示 --- （※7）
        return render_template('info.html',
                meta=meta, mode='upload',
                url=request.host_url + 'download/' + meta['id'])

@app.route('/download/<id>')
def download(id):
        # URL が正しいか判定 --- （※8）
        meta = fs_data.get_data(id)
        if meta is None: return msg(' パラメーターが不正です ')
        # ダウンロードページを表示 --- （※9）
        return render_template('info.html',
                meta=meta, mode='download',
                url=request.host_url + 'download_go/' + id)

@app.route('/download_go/<id>', methods=['POST'])
def download_go(id):
        # URL が正しいか再び判定 --- （※10）
        meta = fs_data.get_data(id)
        if meta is None: return msg(' パラメーターが不正です ')
        # パスワードの確認 --- （※11）
        pw = request.form.get('pw', '')
        if pw != meta['pw']: return msg(' パスワードが違います ')
        # ダウンロード回数の確認 --- （※12）
        meta['count'] = meta['count'] - 1
        if meta['count'] < 0:
            return msg(' ダウンロード回数を超えました。')
        fs_data.set_data(id, meta)
        # ダウンロード期限の確認 --- （※13）
        if meta['time_limit'] < time.time():
            return msg(' ダウンロードの期限が過ぎています ')
        # ダウンロードできるようにファイルを送信 --- （※14）
        return send_file(meta['path'],
                as_attachment=True,
                attachment_filename=meta['filename'])

@app.route('/admin/list')
def admin_list():
        # マスターパスワードの確認 --- （※15）
        if request.args.get('pw', '') != MASTER_PW:
            return msg(' マスターパスワードが違います ')
        # 全データをデータベースから取り出して表示 --- （※16）
        return render_template('admin_list.html',
            files=fs_data.get_all(), pw=MASTER_PW)

@app.route('/admin/remove/<id>')
def admin_remove(id):
        # マスターパスワードを確認してファイルとデータを削除 --- （※17）
        if request.args.get('pw', '') != MASTER_PW:
            return msg(' マスターパスワードが違います ')
        fs_data.remove_data(id)
        return msg(' 削除しました ')

def msg(s): # テンプレートを使ってエラー画面を表示
```

```
        return render_template('error.html', message=s)

# 日時フォーマットを簡易表示するフィルター設定 --- (※18)
def filter_datetime(tm):
    return time.strftime(
            '%Y/%m/%d %H:%M:%S',
            time.localtime(tm))
# フィルターをテンプレートエンジンに登録
app.jinja_env.filters['datetime'] = filter_datetime

if __name__ == '__main__':
    app.run(debug=True, host='0.0.0.0')
```

　(※1) の部分では、モジュール fs_data を取り込んでいます。前回の掲示板同様、メインプログラムの中では、なるべく細かい処理を書かないようにし、ファイルやデータベースを利用する機能を別ファイル「fs_data.py」に分割しました。

　(※2) の部分では、管理用のマスターパスワードを指定します。ここでは分かりやすいものにしていますが、実際に運用する場合にはもっと長くて難解なものにする必要があるでしょう。

　(※3) の部分は、トップページへアクセスがあったときの処理を記述しています。ここでは、テンプレート「index.html」を利用して、ファイルのアップロードフォーム画面を表示します。

　(※4) から (※7) の部分は、(※3) のアップロードフォームからファイルをアップロードした際に実行されます。ここでは、ファイルを files ディレクトリに保存し、ダウンロード可能な回数や有効期限、オリジナルのファイル名などの情報を、ファイルに付属するメタ情報としてデータベースに保存します。(※4) の部分では、アップロードしたファイル自身の情報を取り出し、(※5) の部分では、アップロードと同時に指定した各種パラメーターの情報を取得します。(※6) の部分ではファイルを保存しますが、この fs_data.save_file メソッドの中で、推測が難しい難解な固有の ID を生成しています。そして、(※7) で生成された ID を含めた情報を利用して、ダウンロード先の情報を画面に表示します。

　(※8) の部分ではダウンロード情報ページを表示します。最初に URL に含まれる ID 情報を元にして、データベースを確認し、指定されたダウンロードページが存在するかを判定します。もし ID が存在しなければ、エラーを画面に出力します。

　(※9) の部分で、ダウンロード情報ページでは、アップロードした人の名前やファイルの説明、残りのダウンロード回数や有効期限などの情報を表示します。そして、実際にダウンロードするためのパスワード入力フォームも表示します。

　(※10) から (※14) の部分では、実際にファイルのダウンロードを行います。ブラウザーへファイルを出力する前に、ダウンロードするファイルが正しいか (※10)、パスワードが正しいか (※11)、ダウンロード回数は有効か (※12)、有効期限内か (※13) を調べます。そして、問題がなければ、(※14) の部分、send_file 関数を用いて実際にファイルを送信します。

　(※15) から (※17) の部分では、管理者ページを実現するため、/admin から始まる URL の動作を指定します。(※15) から (※16) では、ファイルの一覧を表示し、(※17) ではファイルとメタ情報の削除を指定します。

　(※18) ではテンプレートエンジンの中で、手軽に日時表示ができるように、独自のフィルターを定義しています。

第4章 簡単なサービスを作ってみよう

> **memo**

サーバー管理のためにログが残るようにしておこう

　なお、ここで作成した管理者用のツールは、処理の簡易化のためファイル削除と共にメタ情報も削除してしまっています。しかし、これではファイルがアップロードされ、すでに誰かによって削除されたということが記録に残りません。ログが残らないと、何か問題が起きたときに、原因の特定が難しくなってしまいます。サーバー管理の観点から、ファイルやメタ情報を削除した際には、記録が残るようにしておくと良いでしょう

ファイルとデータベースの操作を行うモジュール

　次に、ファイルやデータベースの操作を行うモジュール「fs_data.py」のプログラムを見てみましょう。

参照するファイル file: src/ch4/fileshare/fs_data.py

```python
from tinydb import TinyDB, where
import uuid, time, os

# パスの指定 --- (※1)
BASE_DIR = os.path.dirname(__file__)
FILES_DIR = BASE_DIR + '/files'
DATA_FILE = BASE_DIR + '/data/data.json'

# アップロードされたファイルとメタ情報の保存
def save_file(upfile, meta):
    # UUIDの生成 --- (※2)
    id = 'FS_' + uuid.uuid4().hex
    # アップロードされたファイルを保存 --- (※3)
    upfile.save(FILES_DIR + '/' + id)
    # メタデータをDBに保存 --- (※4)
    db = TinyDB(DATA_FILE)
    meta['id'] = id
    # 期限を計算 --- (※5)
    term = meta['limit'] * 60 * 60 * 24
    meta['time_limit'] = time.time() + term
    # 情報をデータベースに挿入 --- (※6)
    db.insert(meta)
    return id

# データベースから任意のIDのデータを取り出す --- (※7)
def get_data(id):
    db = TinyDB(DATA_FILE)
```

197

```python
    f = db.get(where('id') == id)
    if f is not None:
        f['path'] = FILES_DIR + '/' + id
    return f

# データを更新する --- (※8)
def set_data(id, meta):
    db = TinyDB(DATA_FILE)
    db.update(meta, where('id') == id)

# すべてのデータを取得する --- (※9)
def get_all():
    db = TinyDB(DATA_FILE)
    return db.all()

# アップロードされたファイルとメタ情報の削除 --- (※10)
def remove_data(id):
    # ファイルを削除 --- (※11)
    path = FILES_DIR + '/' + id
    os.remove(path)
    # メタデータを削除 --- (※12)
    db = TinyDB(DATA_FILE)
    db.remove(where('id') == id)
```

　(※1) の部分ではアップロードされたファイルを保存するディレクトリと、データベースの保存先ファイルのパスを指定します。

　(※2) から (※6) の部分では、アップロードされたファイルとメタ情報の保存を行います。注目したいのが (※2) の部分です。ここでは、他から推測されにくい固有の ID を生成し、その情報を用いてファイルを保存します。後に詳しく紹介しますが、UUID を利用して ID を生成します。(※3) の部分では、生成した ID を用いてファイル名を決定し保存します。(※4) では、TinyDB を利用してメタ情報をデータベースに保存します。(※5) ではあらかじめファイルの有効期限の日時を計算し、メタ情報の「time_limit」に保存しておきます。(※6) の部分でデータベースにメタ情報を保存します。

　(※7) の部分では、データベース TinyDB から ID に対応したメタ情報を取り出します。そして、(※8) の部分では、データを更新します。(※9) の部分ではすべてのデータをデータベースから抽出します。

　(※10) の部分では、ファイルとメタ情報を削除します。(※11) の部分で、引数に指定した id から、アップロードされたファイルのパスを特定して削除します。(※12) の部分で id を指定してファイルのメタ情報を削除します。

テンプレートの一覧

　このアプリの中でも、複数のテンプレートファイルを用意しています。テンプレートは、メインプログラムの render_template 関数を用いて出力します。

第 4 章 簡単なサービスを作ってみよう

ファイルのアップロードフォームのテンプレート

本アプリのトップページは、ファイルのアップロードフォームです。以下は、そのアップロードフォームのテンプレートです。ここで注目したいのは、アップロードフォームでは、enctype 属性を指定する必要がある点です。

参照するファイル file: src/ch4/fileshare/templates/index.html

```html
<!DOCTYPE html>
<html><meta charset="utf-8">
  <meta name="viewport"
    content="width=device-width, initial-scale=1.0">
  <link rel="stylesheet" href="static/pure-min.css">
  <link rel="stylesheet" href="static/style.css?v=a7">
<body>
  <div class="content">
    <h1> ファイル転送サービス </h1>
  <div id="info">
    <form action="/upload" method="POST"
     enctype="multipart/form-data"
     class="pure-form pure-form-stacked">
      <fieldset>
      <legend> 最初にファイルを選んでください。</legend>
      <div class="fblock">
        <label for="upfile"> 転送したいファイルを指定 </label>
        <input type="file" name="upfile" id="upfile">
      </div>
      <legend> 下記の必要項目を記述してください。</legend>
      <div class="fblock">
        <label for="name"> お名前 </label>
        <input type="text" name="name" id="name"
               placeholder=" お名前 ">
        <label for="memo"> ファイルの説明 </label>
        <input type="text" name="memo" id="memo"
               placeholder=" ファイルの説明 ">
        <label for="pw"> ダウンロード時のパスワードを指定 </label>
        <input type="text" name="pw" id="pw"
               placeholder=" パスワード ">
        <label for="count">
        <select name="count" id="count">
          <option value="1">1 回 </option>
          <option value="3" selected>3 回 </option>
          <option value="100">100 回 </option>
        </select>
        <label for="limie"> 保存期間を指定 </label>
        <select name="limit" id="limit">
          <option value="1">1 日 (24 時間 )</option>
          <option value="3" selected>3 日 </option>
          <option value="7">7 日 </option>
          <option value="365">365 日 </option>
        </select>
      </div>
```

199

```
            <button type="submit"
                    class="pure-button pure-button-primary">
            アップロード </button>
            </fieldset>
        </form>
    </div>
</div></body></html>
```

アップロードフォームをブラウザーで開くと次のように表示されます。

▲ アップロードフォームの画面

ダウンロード画面(ファイル情報)のテンプレート

次に、ダウンロードページの URL を開いた時に、表示されるファイル情報およびダウンロードフォームのテンプレートを見てみましょう。

参照するファイル　file: src/ch4/fileshare/templates/info.html

```
<!DOCTYPE html>
<html><meta charset="UTF-8">
  <meta name="viewport"
    content="width=device-width, initial-scale=1.0">
  <link rel="stylesheet" href="/static/pure-min.css">
```

```html
    <link rel="stylesheet" href="/static/style.css?v=a7">
<body><div class="content">
  <h1>
      <!-- タイトル -->
      {% if mode == 'upload' %}
        アップロード完了
      {% else %}
        ダウンロードできます
      {% endif %}
  </h1>
  <div class="box-noborder">
    <p> ファイルの情報： </p>
    <table class="pure-table pure-table-bordered">
      <tr>
        <th> 所有者 </th>
        <td>{{ meta.name }}</td>
      </tr>
      <tr>
        <th> ファイルの説明 </th>
        <td>{{ meta.memo }}</td>
      </tr>
      <tr>
        <th> ファイル名 </th>
        <td>{{ meta.filename }}</td>
      </tr>
      <tr>
        <th> ダウンロード回数 </th>
        <td>{{ meta.count }}</td>
      </tr>
      <tr>
        <th> 保存期限 </th>
        <td>{{ meta.time_limit | datetime }}</td>
      </tr>
    </table>
  </div>
  {% if mode == 'upload' %}
    <div class="box-noborder">
      <p> ダウンロード先の情報：</p>
      <table class="pure-table pure-table-bordered">
      <tr>
        <th>URL</th>
        <td><input size="30" value="{{ url }}"></td>
      </tr>
      <tr>
        <th> パスワード </th>
        <td>{{ meta.pw }}</td>
      </tr>
      </table>
    </div>
  {% else %}
    <div class="box-noborder">
    <form action="{{ url }}" method="POST"
      class="pure-form">
      <label for="pw"> パスワード </label>
```

```
            <input type="text" name="pw" id="pw" size="16">
            <button type="submit"
                  class="pure-button pure-button-primary">
            ダウンロード </button>
        </form>
        </div>
    {% endif %}
    <p><a href="/">→他のファイルをアップロード </a></p>
</div></body></html>
```

これは、ファイルが無事にサーバーにアップロードされた後に表示されるファイル情報画面を兼ねています。mode 変数 (upload または download) を利用して、アップロード完了時に表示する内容かダウンロード前に表示する内容かを判定して画面を切り替えるようにしています。

このテンプレートをブラウザーで開くと、以下のように表示されます。

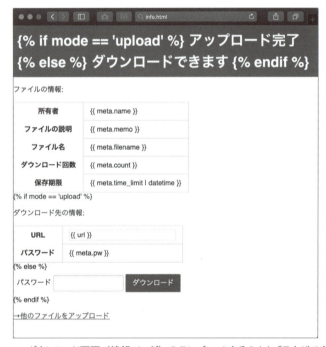

▲ ダウンロード画面（情報ページ）のテンプレートをそのままブラウザで表示したところ

エラー画面のテンプレート

以下がエラー画面のテンプレートです。何かエラーが起きた時、以下のテンプレートを用いてメッセージを表示します。

参照するファイル　file: src/ch4/fileshare/templates/error.html

```html
<!DOCTYPE html>
<html><meta charset="UTF-8">
  <meta name="viewport"
    content="width=device-width, initial-scale=1.0">
  <link rel="stylesheet" href="/static/pure-min.css">
  <link rel="stylesheet" href="/static/style.css?v=a7">
<body><div class="content">
  <h1>{{ message }}</h1>
  <p><a href="/">→他のファイルをアップロード </a></p>
</div></body></html>
```

ブラウザーで開くと次の画面のように表示されます。{{ message }} の部分が置き換わります。

▲ エラー画面のテンプレート

▲ テンプレートの {{message}} の部分が書き換わる

管理ページのテンプレート

管理画面のテンプレートは以下の通りです。テンプレートエンジンの for 構文を使うことで、各ファイルの情報を表示します。

参照するファイル　file: src/ch4/fileshare/templates/admin_list.html

```html
<!DOCTYPE html>
<html><meta charset="UTF-8">
  <meta name="viewport"
    content="width=device-width, initial-scale=1.0">
```

```
    <link rel="stylesheet" href="/static/pure-min.css">
    <link rel="stylesheet" href="/static/style.css?v=a7">
<body><div class="content">
    <h1> 管理ページ </h1>
    {% for f in files %}
      <div style="border: 1px solid silver;
                  padding: 8px; margin: 8px;
                  background-color: #fffff0;">
        <p>{{ f.name }}さん - {{ f.memo }} -
          {{ f.time_limit | datetime }} - {{ f.count }} 回 <br>
          <a href="/admin/remove/{{ f.id }}?pw={{ pw }}"> 削除 </a>
          - <a href="/download/{{ f.id }}"> ダウンロード </a></p>
      </div>
    {% endfor %}
    </div>
</body></html>
```

ブラウザーで開くと次のように表示されます。

▲ 管理画面のテンプレート

CSS

ここでも、CSS のフレームワーク Pure.css を利用しています。そのため、static ディレクトリに Pure.css よりファイル pure-min.css をコピーしましょう。すると、以下の CSS が独自に作成されます。

参照するファイル file: src/ch4/fileshare/static/style.css

```
.content {
  margin-left: auto;
```

第4章 簡単なサービスを作ってみよう

```css
  margin-right: auto;
  max-width: 768px;
}
h1 {
  background-color: #0078e7;
  color: white;
  padding: 10px; margin:0;
}
#info {
  margin: 16px; padding: 8px;
}
select {
    width:13em;
}
.fblock {
  padding: 0em 0em 1em 2em;
}
.box {
  border:1px solid silver;
  padding: 8px; margin: 8px;
}
.box-noborder {
  padding: 8px; margin: 8px;
}
th { text-align: right; }
```

　上記のCSSも、それほど大したスタイルは定義してなくて、余白の調整や背景色の指定などを行っています。やはり、CSSのフレームワークを使うと、それほどたくさんのスタイルを指定する必要がなくなるので便利です。

他と被らない難解な URL を生成する手法

　さて、ここから、プログラムの解説紹介で、詳しく説明し切れなかった部分を改めて紹介します。まず、今回のファイル転送サービスで大きな役割を果たすのが、ファイルごとに被らない難解なURLを生成するという機能です。なぜなら、この難解なURLによって、外部のユーザーにファイルが特定されるのを防ぐからです。

　難解で固有なURLを生成する具体的な方法は、いくつか存在します。簡単な方法では、そのURLを生成した日時を利用して、年月日時分秒などの情報を用いて「20211023103456」のように作成します。ただし、この方法では類推が容易ですし、同じ時間に複数のアップロードがあった際にはユニークな値となりません。他には、ランダムな値を利用してユニークな値を作成します。しかし、質の悪い乱数生成関数を使うと、同じ値が複数生成されてしまう可能性があります。そこで、日付と乱数を組み合わせた上で、SHAなどのハッシュ値に変換するなど、さまざまな方法が考案されています。

　今回は、Python標準パッケージに含まれる、uuidライブラリを利用して、難解で固有のURLを生成しています。**UUID**(Universally Unique Identifier)とは、ソフトウェアでオブジェクトを一意に識別するための識別子です。Pythonのuuidには、作成方法の異なる、uuid1、uuid3、uuid4、uuid5の関数が

205

あります。今回は、ランダムに UUID を生成する、uuid4 を利用して ID を作成し、UUID の先頭に FS_ の接頭辞を加えたものをファイル ID としました。

実際に ID を生成しているのは、プログラムファイル「fs_data.py」の (※ 2) の部分です。長い解説を書きましたが、プログラム的には、たった一行で実現できています。これは、Python の豊富なライブラリのおかげでしょう。

ただし、これだと UUID の動作が分かりにくいので、実際に Python シェルで uuid の動作を確認してみましょう。

```
# Python シェルを起動
python
# ...
# uuid パッケージを取り込む
>>> import uuid
# 適当に数回 UUID を取得してみる
>>> uuid.uuid4().hex
'a083f4dab3ba4c1799cb09358dc91ddc'
>>> uuid.uuid4().hex
'0ecc27c063c74feda055743a69307ca4'
>>> uuid.uuid4().hex
'eb8e10375242468a98d5e59cb9ef18aa'
```

上記の通り、毎回、難解かつ固有の ID が生成されているのを確認できました。

なお、UUID の生成方法については、RFC 4122 で規格が決められており、UUID version4(128 ビット) では、5.3 × 10 の 36 乗個の UUID が存在し、2 の 61 乗個の ID を生成してはじめて同じ ID が生成される可能性があるという仕様になっています。つまり、同じ ID が生成される可能性はほとんどないので安心して利用できます。もしも、それでも心配なのであれば、生成した UUID にさらにランダムな値を組み合わせたり、UUID を複数組み合わせるなどの対策が考えられます。

加えて、今回、パスワードでダウンロードを保護しているため、ファイルのダウンロード URL を類推できたとしても、他人にファイルをダウンロードされる危険性はかなり低いものになっています。

ダウンロード回数制限と有効期限の実現方法

次に、ダウンロードの回数制限と、有効期限の実現方法を考えてみましょう。とは言っても、それほど難しいものではありません。

毎回、ファイルをダウンロードする際に、ダウンロード回数が残っているか有効期間内かを確認し、確認した後でファイルを実際にダウンロードするようなプログラムを作ります。

最初に、ファイルをアップロードした時点で、データベースに対して、ダウンロード可能回数と有効期限を記録します。そして、ファイルを実際にダウンロードする段階で、残りのダウンロード回数が有効かどうか、また、ダウンロードの有効期限内かどうかを調べます。そして、ダウンロード時点で、データベースの残りダウンロード回数を 1 減らします。

これを実現する前提として、まず、ユーザーがアップロードしたファイルを、静的にアクセス可能なディレクトリには配置しないで、プログラムを通してファイルをダウンロードするようにします。

パスワードはハッシュ化して保存しよう

今回、プログラムを分かりやすくするために、ファイルをダウンロードする時に使うパスワードを平文のままデータベースに保存しています。しかし、パスワードの漏洩を防ぐ意味でも、パスワードをそのまま保存するのではなく、ハッシュ化するのが一般的です。詳しくは、5章で紹介していますので、そちらを参考にしてプログラムを改良してみると良いでしょう。

ファイル転送サービスを作ろう - 改良のヒント

上記のメモで紹介しているように、パスワードをハッシュ化して保存すると、より安全にファイルの受け渡しができるでしょう。また、ここでは、ダウンロードが不可能なディレクトリにファイルを保存するので、十分安全なのですが、サーバーにファイルを保存する際に、ファイルを暗号化して保存するのも良いでしょう。サーバーの管理者であっても、パスワードが分からなければファイルの内容を確認することができないのでより安全になります。

また、ユーザーごとにログインできる機能を作って、そのユーザーが共有したファイルの一覧を見たり、消したりできるようにするのも良いでしょう。ログイン機能をつけたら、ログインしないとダウンロードできないようにします。そうすれば、誰がどのファイルをいつダウンロードしたのか記録を取ることもできます。安全で確実にファイルを受け渡すための機能を考えていくと、サービスに多くの付加価値を持たせることができるようになるでしょう。

生成した難解な URL を QR コードで出力する機能を付けるのも良いアイデアです。この機能を実装すれば、イベントで知り合った人だけに、QR コードで特別な特典画像を配布するというような使い方ができます。QR コードの生成については、5章で詳しく紹介しているので、参考にして実装してみてください。

この節のまとめ

 ファイルの転送サービスを作ってみた

 難解で固有の URL を作成するには、UUID を使うと便利

 ファイルのダウンロードに対して、回数制限や有効期限を設定するには、データベースに記録しておいて、実際にファイルを送出する前にそれらを確認するようにすれば良い

第4章 | 簡単なサービスを作ってみよう

4-3
俳句SNSを作ろう

SNSとはFacebookやTwitterといった会員同士で情報交換ができるWebサービスです。SNSの仕組みを理解するために、タイムライン機能などを持つ俳句SNSを作ってみましょう。

ひとこと
● 俳句で学ぶSNS、データの持たせ方に注目

キーワード
● SNS
● タイムライン
● ログイン
● データ構造
● URLルーティング
● TinyDB

SNS について

　SNS(Social Networking Service)とは、登録した会員同士が情報を交換したり、交流できる会員制のWebサービスです。一般的なWebサイトと異なり、会員ごとに異なる情報が表示されるのも、SNSの良さです。

　SNSでは同じ趣味を持つ人や気になる人を登録します。そして、その人が何かを発言したり、写真を掲載したりしたときに、自分の**タイムライン**にその人たちの投稿が流れてきます。友人同士で近況報告をすることもできますが、これによって、有名人や興味対象の分野の最新情報をいち早く入手することができるメリットもあります。

ここで作るサービス - 俳句 SNS を作ろう

　それでは早速SNSを作ってみましょう。しかし、SNSの仕組みは多岐にわたり、コンパクトに作るのは難しいので、ここでは、Twitterのように、「フォローした人の情報が自分のタイムラインに表示される」という点に注目してサービスを作ってみましょう。また、俳句サービスと言うことで、フォロワーを「お気に入りの作家」と呼ぶことにしました。

　俳句SNSにアクセスするとログイン画面が表示されます。

第 4 章　簡単なサービスを作ってみよう

▲ SNS にアクセスするとログイン画面が表示される

　ログインすると、俳句 SNS のタイムラインが表示されます。このタイムラインには、お気に入り登録した作家の最新作が一覧表示されます。

▲ ログインするとタイムライン画面が表示される

▲ タイムラインには、お気に入りの作家の最新の作品が表示される

209

作家の名前をクリックすると、作家の個人ページが表示されます。作家の個人ページでは、お気に入りの登録と解除ができます。

▲ 作家の個人ページ

　そして、以下のフォームから俳句を投稿すると、投稿者をお気に入りに入れているユーザーのタイムラインに投稿した最新作が表示されます。

▲ 俳句を投稿できる

また、画面左上のハンバーガーメニュー［≡］をタップすると、サイドメニューがヒュッと開くようにも設定してみましょう。

▲ サイドメニューも実装してみよう

プロジェクトのファイル構成

このプロジェクトのファイル構成は以下のようにします。データを保存する data ディレクトリ、静的ファイルを配置する static ディレクトリ、テンプレートを配置する templates ディレクトリを最初に作成しておきましょう。

そして、ここでは、メインプログラムの「app.py」から機能を独立させて、データベースに関する機能をまとめたモジュール「sns_data.py」、ユーザー情報を管理するためのモジュール「sns_user.py」に機能を分割しました。

```
.
├── data
│   └── data.json
├── static
│   ├── pure-min.css
│   ├── side-menu.css
│   ├── style.css
│   └── ui.js
├── templates
│   ├── index.html
│   ├── layout.html
```

```
|       ├─── layout_login.html
|       ├─── login_form.html
|       ├─── msg.html
|       ├─── users.html
|       └─── write_form.html
├─── app.py
├─── sns_data.py
└─── sns_user.py
```

　また、今回開閉できるメニューを実現するために、static ディレクトリに、side-menu.css と ui.js を配置していますが、これは、Pure.css の Web サイトの Layouts > Responsive Side Menu からダウンロードできるアーカイブに含まれているものです。

● Pure.CSS > Layouts > Responsive Side Menu
[URL] https://purecss.io/layouts/

TinyDB をインストールしておこう

　なお、今回も前節と同じく、データを手軽に保存するために、データベースの **TinyDB** を利用します。前節の手順 (P.192 参照) を確認して、TinyDB をインストールしておきましょう。

Web アプリの実行方法

　上記の TinyDB をインストールした上で、Web アプリを起動するには、コマンドラインで以下のコマンドを実行します。

```
python app.py
```

　すると、Web サーバーが起動し、サーバーの URL がコマンドラインに表示されます。表示された URL を Web ブラウザーで開くとアプリを使うことができます。
　なお、ユーザー名とパスワードは、sns_user.py に直接記述しているので、アプリを使えるメンバーを追加したい場合には、このファイルを修正します。参考までに以下のユーザーが設定されています。

▼ ユーザーとパスワードの設定

ユーザー名	taro
パスワード	aaa

データ構造を考える

　さて、今回作る SNS は、ここまで紹介した Web アプリよりも、複雑な構造となっています。なぜなら、複数の種類のデータを扱わないと機能を実現できないからです。

第 4 章　簡単なサービスを作ってみよう

必要なデータの種類を以下に列挙してみましょう。

● ユーザーのログイン情報
● お気に入り登録情報
● 俳句の投稿データ

　この俳句 SNS は、一般的な SNS の一部の機能しか実装していませんが、それでも、3 つの種類の
データが必要となります。

　ユーザーのログイン情報は、機能の簡易化のため、会員制の掲示板を作った時と同じく、Python の
辞書型データでソースコードにべた書きしています。ここでは、sns_user.py のモジュールの中に書き
ました。

　どのユーザーがどのユーザーをお気に入りに登録しているかのお気に入り登録情報と、俳句の投稿
データは、データベースの TinyDB を利用して保存します。TinyDB を使うと Python の辞書型とリスト
型のデータを JSON 形式で保存できます。そのため、データ構造を JSON で表すことができます。

お気に入り登録情報のデータ構造

　ここでは、お気に入り登録情報のデータは、以下のような構造のデータにしました。データベース
の「fav」というテーブルに保存します。なお**テーブル** (**table**) というのは、データを保存する入れ物
のことです。一般的なデータベースでは、1 つのデータベース内で、複数の異なるテーブルを利用する
ことができます。

```
[
    {"id": "taro", "fav_id": "jiro"},
    {"id": "taro", "fav_id": "siro"},
    {"id": "jiro", "fav_id": "goro"},
    ...
]
```

　これは、つまり、誰が (id)、誰を (fav_id) お気に入りに登録したかという簡単な構造のリストです。
このような形式にしておけば、taro さんのお気に入り情報一覧が欲しい場合、id が taro のレコードを
抽出すれば良く、逆に taro さんをお気に入りに登録している人の数を調べたい場合には、fav_id が
taro のレコードを数えれば良いのです。

俳句の投稿データ

　俳句の投稿データは以下のような構造のデータにしました。

213

```
[
    {"id": "taro", "text": "俳句データ", "time": 1581092743},
    {"id": "jiro", "text": "俳句データ", "time": 1581092393},
    {"id": "goro", "text": "俳句データ", "time": 158109456},
]
```

　誰が (id)、俳句を (text)、いつ (time) 投稿したかというレコードのリストとなっています。なお、日時計算を簡単にするため、time はエポックタイム (Unix タイム) を記録することにしました。

URL のルーティング

　URL ルーティングとは、ファイルの物理配置に左右されず、Web アプリの機能ごとに任意の URL を組み立てる機能を言います。

　ここまで見てきたように、Web サービスを作る場合、URL のルーティングが重要な意味を持ちます。特に、Flask などフレームワークを使ってアプリを作る場合には、この URL ルーティングの善し悪しで、プログラムの読みやすさが大いに変わってきます。

　それでは、今回作るアプリの URL ルーティングをまとめてみましょう。

▼ アクセス先によるログインの要不要と概要

URL	ログインの要不要	機能
/	必要	タイムラインを表示
/login	不要	ログインフォームを表示
/login/try	不要	ログイン処理を実行
/logout	不要	ログアウト処理を実行
/users/<user_id>	必要	ユーザーの個別ページを表示
/fav/add/<user_id>	必要	お気に入りにユーザーを登録
/fav/remove/<user_id>	必要	お気に入りからユーザーを除外
/write	必要	俳句の書き込みフォームを表示
/write/try	必要	俳句の書き込み処理を実行

　このように、SNS を実現するには多くのアクションを作る必要があることが分かります。

俳句 SNS のプログラムを作ろう

　プロジェクトのファイル構成や、データ構造や URL のルーティングが決まったら、いよいよプログラムを作ってみましょう。

第4章　簡単なサービスを作ってみよう

俳句 SNS のメインプログラム

　以下がメインプログラムです。URL ルーティングに対して、何を行うかのみを指定するようにし、実際の処理はこの後で紹介する user モジュールと、data モジュールで行うように機能を分離しました。アクションが多いものの、100 行以下に収まっています。

参照するファイル file: src/ch4/haikusns/app.py

```python
from flask import Flask, redirect, render_template
from flask import request, Markup
import os, time
import sns_user as user, sns_data as data

# Flask インスタンスと暗号化キーの指定
app = Flask(__name__)
app.secret_key = 'TIIDe5TUMtPUHpyu'

# --- URL のルーティング --- (※1)
@app.route('/') # --- (※2)
@user.login_required
def index():
    me = user.get_id()
    return render_template('index.html', id=me,
            users=user.get_allusers(),
            fav_users=data.get_fav_list(me),
            timelines=data.get_timelines(me))

@app.route('/login') # --- (※3)
def login():
    return render_template('login_form.html')

@app.route('/login/try', methods=['POST']) # --- (※4)
def login_try():
    ok = user.try_login(request.form)
    if not ok: return msg('ログインに失敗しました')
    return redirect('/')

@app.route('/logout') # --- (※5)
def logout():
    user.try_logout()
    return msg('ログアウトしました')

@app.route('/users/<user_id>') # --- (※6)
@user.login_required
def users(user_id):
    if user_id not in user.USER_LOGIN_LIST: # --- (※7)
        return msg('ユーザーが存在しません')
    me = user.get_id()
    return render_template('users.html',
            user_id=user_id, id=me,
            is_fav=data.is_fav(me, user_id),
            text_list=data.get_text(user_id))
```

215

```python
@app.route('/fav/add/<user_id>') # --- (※8)
@user.login_required
def fav_add(user_id):
    data.add_fav(user.get_id(), user_id)
    return redirect('/users/' + user_id)

@app.route('/fav/remove/<user_id>') # --- (※9)
@user.login_required
def remove_fav(user_id):
    data.remove_fav(user.get_id(), user_id)
    return redirect('/users/' + user_id)

@app.route('/write') # --- (※10)
@user.login_required
def write():
    return render_template('write_form.html',
            id=user.get_id())

@app.route('/write/try', methods=['POST']) # --- (※11)
@user.login_required
def try_write():
    text = request.form.get('text', '')
    if text == '': return msg('テキストが空です。')
    data.write_text(user.get_id(), text)
    return redirect('/')

def msg(msg):
    return render_template('msg.html', msg=msg)

# --- テンプレートのフィルターなど拡張機能の指定 --- (※12)
# CSSなど静的ファイルの後ろにバージョンを自動追記 --- (※13)
@app.context_processor
def add_staticfile():
    return dict(staticfile=staticfile_cp)
def staticfile_cp(fname):
    path = os.path.join(app.root_path, 'static', fname)
    mtime =  str(int(os.stat(path).st_mtime))
    return '/static/' + fname + '?v=' + str(mtime)

# 改行を有効にするフィルターを追加 --- (※14)
@app.template_filter('linebreak')
def linebreak_fiter(s):
    s = s.replace('&', '&amp;').replace('<', '&lt;') \
        .replace('>', '&gt;').replace('\n', '<br>')
    return Markup(s)

# 日付をフォーマットするフィルターを追加 --- (※15)
@app.template_filter('datestr')
def datestr_fiter(s):
    return time.strftime('%Y年%m月%d日',
    time.localtime(s))

if __name__ == '__main__':
    app.run(debug=True, host='0.0.0.0')
```

第 4 章　簡単なサービスを作ってみよう

　プログラムを確認してみましょう。このプログラムは、大きく分けて (※ 1) からの URL ルーティングを行っている部分、そして、(※ 12) 以降のテンプレートなど拡張機能の二つの部分に分けることができます。

　(※ 2) の部分では、ルートへのアクセスがあったときに実行する処理を記述しています。ここでは、タイムラインを表示します。その際、ログインが必要です。そのため、デコレーターの @user.login_required でログインが必要な旨を明示します。このデコレーターは sns_user モジュールで作成しているものですが、ユーザーがログインしていなければ、ログインページへリダイレクトで飛ばすという機能になっています。

　(※ 3) の部分ではログインフォームを表示し、(※ 4) ではフォームから送信したユーザー名とパスワードを用いてログイン処理を実行します。失敗した際にはログインが失敗した旨をメッセージで表示します。(※ 5) ではログアウト処理を実行し、その旨をメッセージで表示します。

　(※ 6) の部分では、ユーザーごとの個別ページを表示します。この画面では、ユーザーの作品一覧および、お気に入り登録しているかどうかの情報を表示します。そのため、それらの情報を集めてテンプレートに流し込んで表示するようにします。その際、(※ 7) のように、ユーザーが存在しない場合にはあらかじめエラーを表示するようにしています。

　(※ 8) と (※ 9) の部分では、お気に入り登録と解除を行います。これは、(※ 6) のユーザー個別ページから処理を実行するように指定しています。そのため、お気に入り登録（または解除）を行った後に、ユーザー個別ページへリダイレクトで戻るようにしています。

　(※ 10) の部分では、俳句の書き込みフォームを表示します。そして、(※ 11) の部分で、書き込み処理を実行します。

　プログラムの後半 (※ 12) 以降の部分では、テンプレートエンジン jinja2 の機能を拡張するコンテキストプロセッサーや、フィルターを定義して登録しています。

　(※ 13) の部分ではコンテキストプロセッサーに staticfile を追加します。これは、CSS など static ディレクトリにある静的ファイルを指定する際、例えば「style.css」を指定すると「style.css?v=xxxx」のようにファイルの更新日時を表示します。これによって、Web ブラウザーに CSS がキャッシュされてしまい CSS ファイルを更新しても、デザインが反映されないという問題に対処できます。

　(※ 14) の部分では、改行を有効にするフィルター linebreak を追加します。というのも、Flask のテンプレートエンジン jinja2 ではすべての値を自動的に HTML に変換します。その際、改行や空白行は無視される仕様になっています。しかし、俳句作品では改行が非常に重要な要素となるので、この改行を有効にするフィルターが必要なのです。

　(※ 15) の部分では、エポックタイム (Unix タイム) で表現されるデータを「Y 年 m 月 d 日」の形式で出力するフィルター datestr を追加します。データ構造の部分で紹介した通り、俳句の投稿日時は実数である値であるエポックタイムで管理されます。そこで、これを文字列で出力するフィルターが必要なので定義しています。

　なお、@app.context_processor や、@app.template_filter などのデコレーターを使うと、手軽にコンテキストプロセッサーやフィルターなどのテンプレートをカスタマイズする機能を作成できるのが Flask の良いところです。

217

Flask におけるコンテキストプロセッサーとは？

コンテキストプロセッサー (context processor) とは、テンプレートエンジンを拡張する仕組みの1つです。Flask のテンプレートエンジンの jinja2 の機能を拡張する方法には、フィルターとこのコンテキストプロセッサーがあります。フィルターは、テンプレートに値を差し込む際に値を整形したり、書式化するのに利用します。

それに対して、コンテキストプロセッサーは、テンプレートエンジンに値を流し込む前に実行され、テンプレート内で使える変数や関数を登録するのに利用できます。

ユーザーとログイン管理のモジュール

次に、ユーザーとログインの管理を行う sns_user モジュールを作成してみましょう。

参照するファイル file: src/ch4/haikusns/sns_user.py

```python
# ログインなどユーザーに関する処理をまとめた
from flask import Flask, session, redirect
from functools import wraps

# ユーザー名とパスワードの一覧 --- (※1)
USER_LOGIN_LIST = {
    'taro': 'aaa',
    'jiro': 'bbb',
    'sabu': 'ccc',
    'siro': 'ddd',
    'goro': 'eee',
    'muro': 'fff' }

# ログインしているかの確認 --- (※2)
def is_login():
    return 'login' in session

# ログインを試行する --- (※3)
def try_login(form):
    user = form.get('user', '')
    password = form.get('pw', '')
    # パスワードチェック
    if user not in USER_LOGIN_LIST: return False
    if USER_LOGIN_LIST[user] != password:
        return False
    session['login'] = user
    return True

# ユーザー名を得る --- (※4)
def get_id():
    return session['login'] if is_login() else '未ログイン'

# 全ユーザーの情報を得る --- (※5)
def get_allusers():
```

第4章　簡単なサービスを作ってみよう

```
        return [ u for u in USER_LOGIN_LIST ]

# ログアウトする --- (※6)
def try_logout():
    session.pop('login', None)

# ログイン必須を処理するデコレーターを定義 --- (※7)
def login_required(func):
    @wraps(func)
    def wrapper(*args, **kwargs):
        if not is_login():
            return redirect('/login')
        return func(*args, **kwargs)
    return wrapper
```

プログラムの (※1) の部分では、ユーザー名とパスワードの一覧を Python の辞書型で定義しています。実際にグループで使おうと思ったらこの部分を書き換えて使います。

(※2) の部分では、ログインしているかどうかを判定します。本章の会員制の掲示板と同じ仕組みで、セッションを利用してログイン機能を実現します。セッション内に login というキーがあるかどうかを確認し、ログインしたらユーザー名をセッションの login に保存するという流れです。

(※3) の部分では、フォームからユーザー名 (user) とパスワード (pw) のフィールドを読み出し、(※1) のユーザーの一覧に合致するかを調べます。問題なければセッションの login というキーに、ユーザー名を保存します。

(※4) の部分ではセッションからログイン名を取得し、(※5) の部分では全ユーザーのユーザー名一覧を返します。

(※6) の部分ではログアウト処理を記述します。つまり、セッションから login キーを削除します。

(※7) の部分では、ログインが必要なことを明示するデコレーターを定義します。このデコレーター「@user. login_required」はメインプログラムの app.py で何度も利用しています。ここでの処理は、ログインしているかを調べて、ログインしていなければ、/login にリダイレクトするようにします。

データベースの操作を行うモジュール

次に、データベース TinyDB を操作するモジュール「sns_data」を作ってみましょう。

参照するファイル　file: src/ch4/haikusns/sns_data.py

```
from tinydb import TinyDB, Query
import time, os

# パスの指定 --- (※1)
BASE_DIR = os.path.dirname(__file__)
DATA_FILE = BASE_DIR + '/data/data.json'

# データベースを開く --- (※2)
db = TinyDB(DATA_FILE)
```

219

```python
# お気に入り登録用の fav テーブルのオブジェクトを返す --- （※3）
def get_fav_table():
    return db.table('fav'), Query()

def add_fav(id, fav_id): # --- （※4）
    table, q = get_fav_table()
    a = table.search(
        (q.id == id) & (q.fav_id == fav_id))
    if len(a) == 0:
        table.insert({'id': id, 'fav_id': fav_id})

def is_fav(id, fav_id): # --- （※5）
    table, q = get_fav_table()
    a = table.get(
        (q.id == id) & (q.fav_id == fav_id))
    return a is not None

def remove_fav(id, fav_id): # --- （※6）
    table, q = get_fav_table()
    table.remove(
        (q.id == id) & (q.fav_id == fav_id))

def get_fav_list(id): # --- （※7）
    table, q = get_fav_table()
    a = table.search(q.id == id)
    return [row['fav_id'] for row in a]

# 俳句保存用の text テーブルのオブジェクトを返す --- （※8）
def get_text_table():
    return db.table('text'), Query()

def write_text(id, text): # --- （※9）
    table, q = get_text_table()
    table.insert({
        'id': id,
        'text': text,
        'time': time.time()})

def get_text(id): # --- （※10）
    table, q = get_text_table()
    return table.search(q.id == id)

# タイムラインに表示するデータを取得する --- （※11）
def get_timelines(id):
    # お気に入りユーザーの一覧を取得 --- （※12）
    table, q = get_text_table()
    favs = get_fav_list(id)
    favs.append(id) # 自身も検索対象に入れる
    # 期間を指定して作品一覧を取得 --- （※13）
    tm = time.time() - (24*60*60) * 30 # 30日分
    a = table.search(
        q.id.one_of(favs) & (q.time > tm))
    return sorted(a,
            key=lambda v:v['time'],
            reverse=True) # --- （※14）
```

第4章　簡単なサービスを作ってみよう

　上記のプログラムを見てみましょう。(※ 1) の部分では、TinyDB のデータファイルの保存パスを指定しています。そして、(※ 2) の部分で TinyDB のデータベースを開きます。

　(※ 3) から (※ 7) の部分では、お気に入り情報を管理する fav テーブルを操作する関数を定義しています。(※ 3) では、TinyDB でテーブルを操作するオブジェクトを得るには、table メソッドを利用します。また、テーブルを操作するのに利用する Query オブジェクトも同時に生成して、二つの値を戻します。(※ 4) ではお気に入り登録を行います。ここでは、引数 id が fav_id をお気に入りに登録するようにします。単に fav テーブルに値を挿入すれば良いのですが、同じ値が複数挿入されないように、最初に登録されているか確認し、重複して登録しないように配慮しています。(※ 5) では id が fav_id をお気に入り登録しているかどうかを確認します。(※ 6) ではお気に入りを解除します。remove メソッドを利用して、指定の id と fav_id の組み合わせを削除します。(※ 7) ではお気に入りの一覧を取得します。

　そして、(※ 8) から (※ 10) の部分では俳句を保存する text テーブルを操作します。(※ 8) の部分では text テーブルを操作するオブジェクトを返します。(※ 9) の部分では俳句をデータベースに挿入し、(※ 10) では id を指定して作品の一覧を取得します。

　(※ 11) の部分ではタイムラインに表示するデータを取得します。ここで、タイムラインのデータを取得する時に、まず、(※ 12) の部分でお気に入りのユーザーの一覧を取得し、その作者の俳句一覧を取り出すようにします。その際、(※ 13) の部分でやっているように、30 日前の日付を表すエポックタイムを計算し、その値以上 (つまり、その日時以降) の作品を検索します。なお、(※ 14) の部分では日付をキーにして降順 (日付の新しい順) にデータを並べ替えて返します。

俳句 SNS で使うテンプレート

　続けて、俳句 SNS で使うテンプレートを作りましょう。今回は、積極的にテンプレートの継承機能を使ってみます。テンプレートの継承機能は、3 章のテンプレートエンジンの節で紹介していますので、そちらを参考にしてください。これは簡単に言うと、テンプレートの共通部分を利用し、差分だけを記述できるという機能です。

共通テンプレート

　最初に、テンプレートの基本となる共通テンプレートを定義した layout.html を見てみましょう。HTML の基本パーツのほか、ヘッダーやタイトル、メインコンテンツ、フッターを定義します。その際、各パーツを継承先のテンプレートで書き換えることができるように、block として定義しています。つまり、{% block *** %} から {% endblock %} の部分は、この layout.html を継承したテンプレートで書き換えることができるということです。

参照するファイル file: src/ch4/haikusns/templates/layout.html

```html
<!DOCTYPE html>
<html><head><meta charset="UTF-8">
  <meta name="viewport"
    content="width=device-width, initial-scale=1.0">
  <link rel="stylesheet" href="/static/pure-min.css">
  <link rel="stylesheet" href="/static/side-menu.css">
  <link rel="stylesheet" type="text/css"
        href="{{ staticfile('style.css') }}">
  <title> 俳句 SNS</title>
</head><body>
<div id="layout" class="page">
{% block header %}
<!-- ここにヘッダーの内容 -->
{% endblock %}
<div id="main">
<div class="header">
<h1>
  {% block title %}
  俳句 SNS
  {% endblock %}
</h1>
</div><!-- end of .header -->

<div class="contents">
  {% block contents %}
  <!-- ここにメインコンテンツ -->
  {% endblock %}
</div><!-- end of .contents -->

{% block footer %}
  <p class="footer"><a href="/" class="pure-button">
  トップページへ </a></p>
{% endblock %}
</div><!-- end of #main -->
</div><!-- end of #layout -->

{% block footer_script %}{% endblock %}
</body></html>
```

なお、上記の共通テンプレートをブラウザーで表示すると次のように表示されます。

▲ 基本的な要素を持つ共通テンプレートをブラウザーで表示したところ

ログイン後の共通レイアウトのテンプレート

　ユーザーがログインすると、タイムラインや俳句の投稿などの機能が使えるようになります。そこで、ログインしたページのすべてで、これらの機能へのリンクが表示されるようにします。ログイン中に表示するページでは、以下の layout_login.html を継承して作るようにします。

参照するファイル file: src/ch4/haikusns/templates/layout_login.html

```html
{% extends "layout.html" %}

{% block header %}
<!-- ハンバーガーアイコン -->
<a href="#menu" id="menuLink" class="menu-link">
    <span></span>
</a>
<!-- サイドメニューの内容 -->
<div id="menu">
<div class="pure-menu">
  <a class="pure-menu-heading" href="#">俳句メニュー </a>
  <ul class="pure-menu-list">
    <li class="pure-menu-item">
      <a href="/" class="pure-menu-link">
          タイムライン </a></li>
    <li class="pure-menu-item">
      <a href="/write" class="pure-menu-link">
          俳句を書く </a></li>
    <li class="pure-menu-item">
```

```
        <a href="/logout" class="pure-menu-link">
            ログアウト </a></li>
    </ul>
</div>
</div>
{% endblock %}

{% block footer_script %}
<script src="/static/ui.js"></script>
{% endblock %}
```

なお、横幅の広い PC やタブレットで画面を確認すると、サイドメニューが自動的に表示されます。

▲ 横幅が広い端末ではサイドメニューが表示される仕組み

ログインフォームのテンプレート

　以下は、ログインフォームのテンプレートです。共通テンプレートの layout.html を継承します。そのため、ヘッダーやフッターなどの共通パーツの記述はありません。純粋にログインフォームだけを記述するだけで済んでいます。

第 4 章　簡単なサービスを作ってみよう

参照するファイル file: src/ch4/haikusns/templates/login_form.html

```
{% extends "layout.html" %}

{% block contents %}
  <div id="loginform">
  <form action="/login/try" method="POST"
   class="pure-form pure-form-aligned">
  <legend>ログインしてください。</legend>
  <fieldset>
    <div class="pure-control-group">
      <label for="user">ユーザー名 </label>
      <input type="text" name="user" id="user"
             placeholder=" ユーザー名 ">
    </div>
    <div class="pure-control-group">
      <label for="pw">パスワード </label>
      <input type="password" name="pw" id="pw"
             placeholder=" パスワード ">
    </div>
    <div class="pure-controls">
      <button type="submit"
       class="pure-button pure-button-primary">
      ログイン </button>
    </div>
  </fieldset>
  </form>
  </div>
{% endblock %}
```

　このログインフォームでユーザー名とパスワードを記入して「ログイン」ボタンを押してフォーム
を送信すると、POST メソッドで、/login/try にアクセスを行います。

各種メッセージの表示用テンプレート

　以下は、エラーメッセージなど各種メッセージを表示するためのテンプレートです。共通テンプ
レートを継承して、差分だけを記述しているので、非常にシンプルです。

参照するファイル file: src/ch4/haikusns/templates/msg.html

```
{% extends "layout.html" %}

{% block contents %}
  <div id="msg">{{ msg }}</div>
{% endblock %}
```

　例えば、ログインに失敗した時やログアウトした際には、上記のメッセージ表示用テンプレートを
利用して、以下のようにメッセージ画面が表示されます。

225

▲ ログアウトした時の画面

共通テンプレートが持つ、タイトルやフッターの要素がしっかり表示されていることを確認しましょう。

俳句の投稿フォームのテンプレート

以下は、俳句の投稿フォームを表示するためのテンプレートです。

参照するファイル　file: src/ch4/haikusns/templates/write_form.html

```
{% extends "layout_login.html" %}
{% block contents %}
   <h3> 俳句の書き込み </h3>
   <div class="haiku-list">
   <form action="/write/try" method="POST"
     class="pure-form">
     <textarea name="text" rows="4"></textarea>
     <br><br>
     <button type="submit" class="pure-button pure-button-primary">
     書き込み </button>
   </form>
   </div>
   <br><br><br>
{% endblock %}
```

このフォームは、/write/try に対して、入力内容を POST メソッドで送信します。なお、ブラウザーでテンプレートを表示すると以下のように表示されます。

第 4 章 簡単なサービスを作ってみよう

▲ 俳句の投稿フォーム

ユーザーの個別ページのテンプレート

以下はユーザーの個別ページのテンプレートです。

参照するファイル file: src/ch4/haikusns/templates/users.html

```
{% extends "layout_login.html" %}

{# ユーザー個別ページなのでタイトルも変更 --- (※1) #}
{% block title %}
  {{ user_id }}さんの俳句ページ
{% endblock %}

{% block contents %}

{# お気に入り登録有無と登録解除リンク --- (※2) #}
<div class="box_c">
  {% if is_fav %}
    <a class="pure-button"
    href="/fav/remove/{{ user_id }}">
    お気に入りを外す</a>
  {% else %}
    <a class="pure-button"
    href="/fav/add/{{ user_id }}">お気に入りにする</a>
  {% endif %}
</div>
```

227

```
    <h3> 作品 </h3>

    {# 作品一覧を表示 --- (※3) #}
    {% if text_list | length == 0 %}
      作品はまだありません。
    {% endif %}
    <div class="haiku-list">
    {% for t in text_list %}
      <div class="haiku">
        {{ t.text | linebreak }}
        <p class="info">{{ t.time | datestr }}</p>
      </div>
    {% endfor %}
    </div>

    {% endblock %}
```

Web ブラウザーで確認すると次のように表示される画面です。

▲ ユーザーの個別ページ

　詳しくソースコードを見てみましょう。テンプレート内 (※1) の部分では、画面上部のタイトルを書き換えます。

　(※2) の部分では、お気に入り登録の有無と登録解除のリンクを表示します。if 構文を利用して、メッセージとリンクを振り分けます。

　(※3) の部分では作品一覧を表示します。作品がひとつもない場合には「作品はまだありません。」とメッセージを表示します。その際、注意したい点があります。作品一覧データ text_list はリスト型のデータです。そのため、その要素数を調べるのに、Python の len 関数が使えそうに思えます。しか

第4章 簡単なサービスを作ってみよう

し、Flask のテンプレートエンジン jinja2 では、len 関数は使えません。テンプレート内では Python の関数がそのまま利用できるわけではないのです。そのため、ここで指定しているように length フィルターを利用してリストの要素を調べます。それから、for 構文を使って text_list の値を順に表示しています。

タイムライン表示用テンプレート

以下がタイムラインを表示するテンプレートです。

参照するファイル file: src/ch4/haikusns/templates/index.html

```
{% extends "layout_login.html" %}

{% block contents %}

{# お気に入り登録しているユーザーの一覧を表示 --- （※1） #}
<div class="box pure-menu-horizontal pure-menu-scrollable">
  お気に入りの作家：
  {% for u in fav_users %}
    <a class="pure-button" href="/users/{{ u }}">{{ u }}</a>
  {% endfor %}
</div>

{# すべてのユーザーの一覧を表示 --- （※2） #}
<div class="box pure-menu-horizontal pure-menu-scrollable">
  すべての作家：
  {% for u in users %}
    <a class="pure-button" href="/users/{{ u }}">{{ u }}</a>
  {% endfor %}
</div>

{# タイムラインを表示 --- （※3） #}
<h3>{{ id }}のタイムライン</h3>
<div class="haiku-list">
{% if timelines | length == 0 %}
  <div class="box">タイムラインに作品がありません。
    俳句を書くか他のユーザーをお気に入りにしてください。</div>
{% endif %}
{% for i in timelines %}
  <div class="haiku">
    {{ i.text | linebreak }}
    <p class="info">
      {{ i.time | datestr }}
      作：<a href="/users/{{ i.id }}">{{ i.id }} </a></p>
  </div>
{% endfor %}
</div>

{% endblock %}
```

229

上記のテンプレート (※ 1) の部分ではお気に入り登録しているユーザーの一覧を表示します。

そして、(※ 2) の部分ではすべてのユーザーの一覧を表示しています。ここでは機能の簡易化のため、こんなところにユーザーの一覧を表示していますが、本来は、ユーザーの一覧ページを作って、そこにプロフィールと一緒に表示すると良いでしょう。

(※ 3) の部分ではタイムラインを表示します。ここでも、リスト型の timelines の要素が 0 かどうかを調べるのに、length フィルターを利用します。これは個別ユーザーページで使っているのと同じです。そして、for 構文で各要素を表示します。

俳句 SNS - 改良のヒント

ここでは、SNS の仕組みを確認するため、タイムラインの仕組みを作ってみました。このままでは、単に作品の最新情報が見られるだけです。そこで、Facebook や Twitter のいいね機能を追加してみるのはどうでしょう。そうすれば、作品の人気ランキングを作ることもできます。人気作品ランキングがあると、みんな一位を取ろうと頑張るので、SNS が盛り上がることでしょう。

また、俳句を作るユーザーを応援する仕組みとして、他のユーザーが感想を書き込めるようすると良いでしょう。さらに、ユーザーが作品の背景を語ったり蘊蓄を語ったりできる仕組みを作るのも良いでしょう。

この節のまとめ

→ SNS の仕組みはそれなりに複雑だが、1 つずつ小さな単位のプログラムを組み合わせるように作っていけば作成できる

→ お気に入り登録情報や俳句データなどのデータをどのような構造で管理するかがポイント

→ 賢く URL ルーティングを利用しよう。名 (URL) が体 (割り当てる機能) を表すようにしよう

→ Flask では、テンプレートエンジンの機能を拡張するフィルターやコンテキストプロセッサーを簡単に組み込むことができる

第4章 | 簡単なサービスを作ってみよう

| 4-4 |
画像共有サービスを作ろう

今では写真を共有するサービスがたくさんあります。Instagram や Flickr、Google フォトなど、それぞれ個性があります。ここでは簡単な画像共有サービスを作って、その仕組みについて考えてみましょう。

ひとこと
● 画像を共有する方法を学ぼう

キーワード
● サムネイル作成
● 画像のリサイズや切り抜き
● アルバム機能
● RDBMS
● SQLite

画像の共有サービスについて

　ここでは画像の共有サービスを作ってみましょう。共有サービスを作る場合、画像をどのように共有したら良いだろうか考えることでしょう。しかし、このアプリの画像共有は仲間うちへの共有であって、Web サーバーへの一般公開ではありません。つまり、ここで言う「共有」というのは、特定の自分の知り合いだけに限定公開する方法を指しています。

　自分の Web サーバーを介して仲間うちにだけ共有するには、いくつかの方法があります。

(1) BASIC 認証などの機構を利用してファイルを保護して共有

(2) スクリプトを介して、パスワードが合っていた場合のみファイルをダウンロードできるようにする

(3) サーバーに配置する際、難解なファイル名をつけることで、ファイルの存在を知っている人のみダウンロードできるようにする

　上述の (1) の **BASIC 認証**とは、HTTP で定義されている認証方式の 1 つです。ユーザー名とパスワードを Base64 でエンコードして HTTP ヘッダーに設定して送信します。セキュリティ的にはそれほど強くないのですが、多くの Web サーバーアプリが対応しているため、広く使われています。Web サイトの公開前に開発メンバーに試して貰うのに使うこともあります。ユーザー名やパスワードを Web サーバーで設定します。

(2) の方法は、本章の 4-2 で作成したファイル転送サービスで実現した方法で、ファイル自体はダウンロードできない領域に保存されており、スクリプト内でパスワードなど一定の条件を満たした時に、ファイルの内容を読み取って、クライアント (Web ブラウザー) 側に送信する方法です。どのような条件で共有するのか、自分でプログラムできるので手間はかかるものの利便性が高い方法です。

　最後の (3) の方法は、厳密には認証制限などを行いません。しかし、ファイル名を難解にすることで、他の人が類推するのが困難という点で、ファイルの存在を知っている人だけにファイルを共有できます。ですから、一度 URL がばれてしまうとまったく意味を成しません。とは言え、スクリプトを間に挟むこともないので、サーバー負荷も少ないのが特徴です。以前、ある SNS サービスで画像を限定公開する場合にこの手法が採られていたことがあり、厳密な意味では「限定公開」ではないと言われたことがあります。

ここで作る画像共有サービスについて

　今回作成する画像共有サービスは、Web サービスを開発する上でも役立つ上記 (2) の方法で作ってみましょう。ここでは、前節で作成した俳句 SNS のユーザー管理の仕組みをそのまま利用しつつ、ログインしているメンバーだけに画像を公開するという限定公開の機能を作ります。

▲ ログイン機能でメンバーだけが写真を見られる

　また、画像をアルバム単位で管理できるようにしてみましょう。画像をアップロードするときに、自動的に未分類のアルバムに属するようにし、アルバム名を自由につけてグループ化できるようにしてみます。

第 4 章　簡単なサービスを作ってみよう

▲ 画像のアップロード画面 - 写真をアップロード

メンバーがアップロードした写真は新しいものから順番にトップページに表示されます。

▲ トップページではメンバーの写真が新しい順に表示される

▲ 正方形の画像を表示

ユーザーごとのページでは、表示サイズを小さくして一覧で画像を眺めることができます。

233

▲ ユーザーの作品ページ - 表示サイズを小さくして一覧表示

　アルバム単位で写真を管理できるようにします。アルバムページでは、アルバム内の写真一覧を表示します。

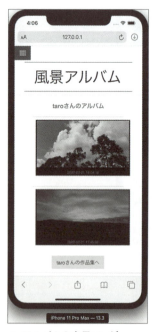

▲ アルバムの表示ページ

ここでも前節と同じように、画面左上のハンバーガーメニュー[≡]をタップすると、サイドメニューが表示される仕組みにしてみましょう。

▲ 左上の[≡]をタップすると…

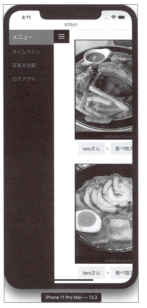

▲ サイドメニューが表示される仕組み

プロジェクトのファイル構成

それでは、このプロジェクトのファイル構成を確認しておきましょう。データベースを保存するdataディレクトリとアップロードした画像を保存するfilesを作成しておきましょう。また、Flaskの基本通り、静的ファイルを保存するstaticディレクトリ、テンプレートを保存するtemplatesディレクトリも作成します。

```
.
├── data
│   └── photos.sqlite3
├── files
│   ├── 1-thumb.jpg
│   ├── 1.jpg
│   ├── 2-thumb.jpg
│   ├── 2.jpg
│   ├── 3-thumb.jpg
│   └── 3.jpg
├── static
│   ├── pure-min.css
│   ├── side-menu.css
│   ├── style.css
│   └── ui.js
├── templates
```

```
│   ├── album.html
│   ├── album_new_form.html
│   ├── index.html
│   ├── layout.html
│   ├── layout_login.html
│   ├── login_form.html
│   ├── msg.html
│   ├── upload_form.html
│   └── user.html
├── app.py
├── photo_db.py
├── photo_file.py
├── photo_sqlite.py
├── setup_database.py
└── sns_user.py
```

今回、ユーザーがアップロードした画像ファイルは files ディレクトリに保存します。その際、アップロードした順に整数の file_id が割り振られます。つまり、1.jpg、2.jpg、3.jpg…のように保存します。今回アップした画像を元にして正方形のサムネイル画像を作成しますが、同じ files ディレクトリに、1-thum.jpg、2-thumb.jpg、3-thumb.jpg…のように保存します。

メインプログラムが「app.py」で、「photo_xxx.py」のようなファイルは、メインプログラムから利用される Python モジュールです。「setup_database.py」は、データベースを初期化するプログラムです。また、「sns_user.py」は前節で作ったユーザー管理のためのモジュールです。前節とまったく同じなので、本節では内容を紹介しません。

Web アプリの実行方法

最初に、データベースの初期化が必要です。最初の一回だけ、以下のコマンドを実行しましょう。

```
python setup_database.py
```

それから、Web アプリを起動するには、コマンドラインで以下のコマンドを実行します。

```
pip install Pillow
python app.py
```

すると、Web サーバーが起動し、サーバーの URL がコマンドラインに表示されます。表示された URL を Web ブラウザーで開くとアプリを使うことができます。

ユーザー名とパスワードは、sns_user.py に直接記述しているので、アプリを使えるメンバーを追加したい場合には、このファイルを修正します。参考までに以下のユーザーが設定されています。

第 4 章　簡単なサービスを作ってみよう

▼　ユーザーとパスワードの設定

ユーザー名	taro
パスワード	aaa

画像共有サービスのデータ構造について考える

　ここで作る Web サービスは、SNS ほど複雑なものではなく、仲間うちだけに画像を公開できるというレベルのものでした。以下の 3 つのデータを利用します。

● ユーザーのログイン情報

● アップロードした画像の情報

● アルバム情報

　このうち、ユーザーのログイン情報は、前節の俳句 SNS で作ったのと同じものを使用します。残りの二つのデータに関しては、今回、RDBMS の機能を持つ、SQLite データベースに保存することにします。

SQLite について

　SQLite は軽量コンパクトな RDBMS のデータベースシステムです。データを 1 つのファイルに保存するタイプであるため、手軽に利用できるのがメリットです。また、パブリックドメインのライセンスを採用していることもあり、さまざまなソフトウェアに使われています。Python の標準ライブラリにも SQLite 自体が含まれています。本格的な RDBMS と同じく、SQL によってデータベースを操作できるので、SQL の練習用にも適しています。

　SQLite を含んだ RDBMS のデータベースを利用するには、最初にスキーマー（ schema）と呼ばれるデータベースの構造を定義しておく必要があります。

アップロードした画像の情報 - files テーブル

　アップロードした画像の情報は次のようなテーブルで管理することにします。前節の TinyDB とは異なり、今回利用する SQLite では、データ型の指定も必須です。一般的に、MySQL や PostgreSQL などの RDBMS のパフォーマンスが優れているのは、しっかりとデータ型の指定を行っているからです。

237

▼ files テーブルの指定

名前	データ型	説明
file_id	INTEGER PRIMARY KEY	ファイルを識別する ID
user_id	TEXT	誰が投稿した画像か
filename	TEXT	ファイルのオリジナルファイル名
album_id	INTEGER	属しているアルバム
created_at	TIMESTAMP	アップロード日時

データ型に「PRIMARY KEY」とありますが、これは主キーとも呼ばれるものです。これは、テーブルのフィールド中で 1 つだけ指定するもので、レコードを識別するのに利用できるフィールドです。PRIMARY KEY 属性をつけたフィールドの各レコードは重複のないユニークな値でなければなりません。

アルバム情報 - albums テーブル

続いて、写真を格納するアルバムを表す albums テーブルを見てみましょう。このテーブルは、アルバムを識別する album_id とアルバム名を表す name、アルバムの作成者である user_id と作成日時で構成されます。

▼ albums テーブル

名前	データ型	説明
album_id	INTEGER PRIMARY KEY	アルバムを識別する ID
name	TEXT	アルバム名
user_id	TEXT	誰のアルバムか
created_at	TIMESTAMP	アルバムの作成日時

なお、files テーブルにも album_id がありましたが、そこに、この albums テーブルと同じ album_id を指定することになります。簡単なサンプルデータで確認してみましょう。

files テーブル

file_id	user_id	filename	album_id	created_at
1	jiro	aaa.jpg	1	2020-09-10
2	taro	bbb.jpg	2	2020-09-11
3	jiro	ccc.jpg	1	2020-11-13
4	goro	ddd.jpg	3	2021-01-05

albums テーブル

album_id	name	filename	album_id
1	海の思い出	jiro	2020-09-10
2	近所の写真	taro	2020-09-11
3	空のアルバム	goro	2020-11-13
4	仲間たち	siro	2021-01-05

▲ files テーブルの album_id は、albums テーブルのアルバムを指し示す

第 4 章　簡単なサービスを作ってみよう

このように、SQLite を含めた RDBMS のテーブルは、列 (フィールド) と行 (レコード) の二次元で表現します。そして、それぞれのテーブルは、識別用の ID を使って連携させることができます。

最初に files テーブルに注目してみましょう。まず、files テーブルには各画像ファイルの情報が格納されます。各レコードには album_id のフィールドがあります。その album_id はその画像ファイルがどのアルバムに属しているかを表しています。

album_id の実体は、albums テーブルを見ると分かります。例えば、album_id が 2 であれば、albums テーブルの二行目「近所の写真」のアルバムを指していることが分かります。

どうして、album_id に直接「近所の写真」と入れないのかというと、今後アルバム名を変更したい時に、albums テーブルを書き換えるだけですむからです。また、異なるユーザーで同名のアルバムを作ることがあっても識別用の ID で管理しておけば、誰のアルバムなのか混乱せずにすみます。

テーブルを作成する SQL を実行する

以上、2 つのテーブルを作成する Python のプログラムを見てみましょう。データベースを操作する実際の関数は後ほど解説しますので、ここでは、データベースを操作する SQL に注目して見てみましょう。なお、photo_sqlite モジュールで定義した exec 関数は、データベースで SQL を実行する関数です。

参照するファイル file: src/ch4/photoshare/setup_database.py

```python
from photo_sqlite import exec

exec('''
/* ファイル情報 */
CREATE TABLE files (
  file_id     INTEGER PRIMARY KEY AUTOINCREMENT,
  user_id     TEXT,
  filename    TEXT,
  album_id    INTEGER DEFAULT 0, /* なし */
  created_at  TIMESTAMP DEFAULT (DATETIME('now', 'localtime'))
)
''')

exec('''
/* アルバム情報 */
CREATE TABLE albums (
  album_id    INTEGER PRIMARY KEY AUTOINCREMENT,
  name        TEXT,
  user_id     TEXT,
  created_at  TIMESTAMP DEFAULT (DATETIME('now', 'localtime'))
)
''')

print('ok')
```

データベースにテーブルを作成するには、SQL の CREATE TABLE を利用します。これは、以下のような書式で利用します。

```
［書式］テーブルを作成するSQL
CREATE TABLE テーブル名 (
    フィールド名1    データ型 ,
    フィールド名2    データ型 ,
    フィールド名3    データ型 ,
)
```

　データ型には、INTEGER(整数)、TEXT(文字列型)、NUMBER(実数)、TIMESTAMP(日時)などが指定できます。また、データ型の部分に、PRIMARY KEY(主キー)やDEFAULT(デフォルト値)などのオプションを指定できます。なお、AUTOINCREMENTというのは、新しいレコードを挿入したときに、自動的にIDを発行してくれるという便利なオプションです。

　そして、このプログラムを実行すると、dataディレクトリ以下に「photos.sqlite3」というデータベースが作成されます。そして、データベースの中にfilesテーブルとalbumsテーブルの2つが作成されます。

写真共有サービスのプログラム

　それでは、写真共有サービスのプログラムを作っていきましょう。最初に、アプリの機能とURLのルーティングを考えてみましょう。ここでは、以下のようなURLルーティングを考えてみました。
　まずは、ログインに関する機能を見てみましょう。これらは、前回のSNSを作った時と同じです。

▼ ログインに関するルーティング

URL	ログインの要不要	説明
/login	不要	ログインフォームを表示
/login/try	不要	ログイン処理を行う
/logout	不要	ログアウト処理を行う

写真の一覧を表示する画面です。

▼ 写真の一覧を表示する画面のルーティング

URL	ログインの要不要	説明
/	必要	メンバーの写真一覧を表示
/album/<album_id>	必要	指定したアルバムの写真を表示
/user/<user_id>	必要	指定ユーザーの写真一覧を表示

以下は、画像のアップロードに関する機能です。

第4章　簡単なサービスを作ってみよう

▼ アップロードに関するルーティング

URL	ログインの要不要	説明
/upload	必要	画像のアップロードフォームを表示
/upload/try	必要	画像のアップロード処理を行う

以下は新規アルバムを作るための機能です。

▼ アルバムの作成に関するルーティング

URL	ログインの要不要	説明
/album/new	必要	新規アルバムの作成フォームを表示
/album/new/try	必要	新規アルバムの作成処理

そして、file_id を指定して画像ファイルを出力する機能です。

▼ 画像ファイルの出力に関するルーティング

URL	ログインの要不要	説明
/photo/<file_id>	必要	画像ファイルを出力

　前節よりもシンプルなものと思っていましたが、写真をいろいろな方法で見せる方法を紹介したかったので、結局、SNS を作った時よりもたくさんの機能が必要になりました。

メインプログラム

　それでは、上記の機能を実現するメインアプリのプログラムを見ていきましょう。URL の対応表を見ながらプログラムを確認すると、何をしているのかよく理解できるでしょう。

参照するファイル　file: src/ch4/photoshare/app.py

```
from flask import Flask, redirect, request
from flask import render_template, send_file
import photo_db, sns_user as user # 自作モジュールを取り込む

app = Flask(__name__)
app.secret_key = 'dpwvgAxaY2iWHMb2'

# ログイン処理を実現する --- (※1)
@app.route('/login')
def login():
    return render_template('login_form.html')

@app.route('/login/try', methods=['POST'])
def login_try():
    ok = user.try_login(request.form)
    if not ok: return msg(' ログイン失敗 ')
    return redirect('/')
```

241

```python
@app.route('/logout')
def logout():
    user.try_logout()
    return msg(' ログアウトしました ')


# メイン画面 - メンバーの最新写真を全部表示する --- （※2）
@app.route('/')
@user.login_required
def index():
    return render_template('index.html',
                id=user.get_id(),
                photos=photo_db.get_files())


# アルバムに入っている画像一覧を表示 --- （※3）
@app.route('/album/<album_id>')
@user.login_required
def album_show(album_id):
    album = photo_db.get_album(album_id)
    return render_template('album.html',
            album=album,
            photos=photo_db.get_album_files(album_id))


# ユーザーがアップした画像の一覧を表示 --- （※4）
@app.route('/user/<user_id>')
@user.login_required
def user_page(user_id):
    return render_template('user.html', id=user_id,
            photos=photo_db.get_user_files(user_id))


# 画像ファイルのアップロードに関する機能を実現する --- （※5）
@app.route('/upload')
@user.login_required
def upload():
    return render_template('upload_form.html',
            albums=photo_db.get_albums(user.get_id()))


@app.route('/upload/try', methods=['POST'])
@user.login_required
def upload_try():
    # アップロードされたファイルを確認 --- （※6）
    upfile = request.files.get('upfile', None)
    if upfile is None: return msg(' アップロード失敗 ')
    if upfile.filename == '': return msg(' アップロード失敗 ')
    # どのアルバムに所属させるかをフォームから値を得る --- （※7）
    album_id = int(request.form.get('album', '0'))
    # ファイルの保存とデータベースへの登録を行う --- （※8）
    photo_id = photo_db.save_file(user.get_id(), upfile, album_id)
    if photo_id == 0: return msg(' データベースのエラー ')
    return redirect('/user/' + str(user.get_id()))


# アルバムの作成機能 --- （※9）
@app.route('/album/new')
@user.login_required
def album_new():
```

第 4 章　簡単なサービスを作ってみよう

```python
    return render_template('album_new_form.html')

@app.route('/album/new/try')
@user.login_required
def album_new_try():
    id = photo_db.album_new(user.get_id(), request.args)
    if id == 0: return msg(' 新規アルバム作成に失敗 ')
    return redirect('/upload')

# 画像ファイルを送信する機能 --- ( ※ 10)
@app.route('/photo/<file_id>')
@user.l
ogin_required
def photo(file_id):
    ptype = request.args.get('t', '')
    photo = photo_db.get_file(file_id, ptype)
    if photo is None: return msg(' ファイルがありません ')
    return send_file(photo['path'])

def msg(s):
    return render_template('msg.html', msg=s)

# CSS など静的ファイルの後ろにバージョンを自動追記
@app.context_processor
def add_staticfile():
    return dict(staticfile=staticfile_cp)
def staticfile_cp(fname):
    import os
    path = os.path.join(app.root_path, 'static', fname)
    mtime =  str(int(os.stat(path).st_mtime))
    return '/static/' + fname + '?v=' + str(mtime)

if __name__ == '__main__':
    app.run(debug=True, host='0.0.0.0')
```

　上記のプログラムを詳しく見ていきましょう。(※ 1) の部分では、ログインに関する処理を記述しています。この部分はログインが不要で、テンプレートにあるログインフォームをそのまま表示します。login_try 関数でログイン処理を行います。

　そして、(※ 2) から (※ 4) の部分では、画像一覧の表示を行います。これ以降の部分は、デコレーターで「@user.login_required」と指定していることから分かるように、ログインしていることが必須です。(※ 2) ではメンバー全員の画像を最新順に表示し、(※ 3) では特定アルバムの画像一覧を表示し、(※ 4) では特定ユーザーのアップした画像を表示します。それぞれ、データベースから該当する画像ファイルの情報を引っ張ってきて、テンプレートに流し込んで表示します。

　(※ 5) から (※ 8) の部分では、画像ファイルのアップロードに関する処理を記述します。(※ 5) ではアップロードフォームを表示します。その際、アルバムを選択できるようにするので、ユーザーのアルバム一覧を得てテンプレートエンジンに流し込んで表示します。(※ 6) の部分では、アップロードされたファイルを確認します。ファイル名が空であればファイルが選択されていないのでエラー画面を表示するようにします。(※ 7) の部分では、どのアルバムを選択したかの値をフォームから取得しま

243

す。(※8) の部分ではファイルの保存とデータベースへの登録処理を行います。登録が完了したら、ユーザーの個別ページにリダイレクトで飛ばします。

(※9) の部分では、新規アルバムの作成に関する機能を記述します。新規作成フォームを表示し、フォームを投稿すると、/album/new/try に対して GET メソッドで送信されます。そして、データベースにアルバムを作成するという流れです。

(※10) の部分では画像ファイルを send_file 関数でクライアント (Web ブラウザー) に送信する処理を記述します。この部分も、デコレーター「@user.login_required」を記述していますので、ログインしてはじめて画像が見られる仕組みとなっています。

データベース SQLite のためのモジュール

それでは、次に、データベースを操作するモジュールを見てみましょう。以下の、photo_sqlite.py は、Python の SQLite ライブラリを手軽に使えるように処理をまとめたものです。

参照するファイル file: src/ch4/photoshare/photo_sqlite.py

```python
import re, sqlite3, photo_file

# データベースを開く --- (※1)
def open_db():
    conn = sqlite3.connect(photo_file.DATA_FILE)
    conn.row_factory = dict_factory
    return conn

# SELECT 句の結果を辞書型で得られるようにする --- (※2)
def dict_factory(cursor, row):
    d = {}
    for idx, col in enumerate(cursor.description):
        d[col[0]] = row[idx]
    return d

# SQL を実行する --- (※3)
def exec(sql, *args):
    db = open_db()
    c = db.cursor()
    c.execute(sql, args)
    db.commit()
    return c.lastrowid

# SQL を実行して結果を得る --- (※4)
def select(sql, *args):
    db = open_db()
    c = db.cursor()
    c.execute(sql, args)
    return c.fetchall()
```

第4章 簡単なサービスを作ってみよう

上記プログラムを詳しく見てみましょう。(※ 1) ではデータベースのファイルを開きます。そして、row_factory に (※ 2) の dict_factory を指定します。これを指定することで、データベースからデータを抽出したときに、データが辞書型となります。もし、これを指定しないと結果はリスト型となります。

(※ 3) の部分では、SQL を手軽に実行する exec 関数を定義します。CREATE TABLE や INSERT などの SLQ 文を実行することを念頭においています。また、SQL を実行するだけでなく、INSERT 文を実行したときに、自動的に発行した識別 ID を関数の戻り値として返すようにしました。

(※ 4) の部分では、SQL 文を実行しその結果を取得する select 関数を定義します。SQL の SELECT 文（データの抽出）を実行するための関数です。SELECT 文を実行し、その結果すべてを取得して返します。実行結果はリスト型のデータですが、取得した各レコードは辞書型です。これは、(※ 1) で dict_factory が実行されるようにしているためです。

データベース操作のモジュール

次に、実際に SQL を実行してデータベースを操作するモジュールを見てみましょう。今回、データを抽出するための、いろいろな関数を定義したため、少し長くなっていますが、それぞれの SQL は基本的なものばかりです。

参照するファイル file: src/ch4/photoshare/photo_db.py

```python
import re, photo_file, photo_sqlite
from photo_sqlite import exec, select

# 新規アルバムを作成 --- ( ※ 1)
def album_new(user_id, args):
    name = args.get('name', '')
    if name == '': return 0
    album_id = exec(
        'INSERT INTO albums (name, user_id) VALUES (?,?)',
        name, user_id)
    return album_id

# 特定ユーザーのアルバム一覧を得る --- ( ※ 2)
def get_albums(user_id):
    return select(
            'SELECT * FROM albums WHERE user_id=?',
            user_id)

# 特定のアルバム情報を得る --- ( ※ 3)
def get_album(album_id):
    a = select('SELECT * FROM albums WHERE album_id=?', album_id)
    if len(a) == 0: return None
    return a[0]

# アルバム名を得る --- ( ※ 4)
def get_album_name(album_id):
    a = get_album(album_id)
```

245

```python
    if a == None: return '未分類'
    return a['name']

# アップロードされたファイルを保存 --- (※5)
def save_file(user_id, upfile, album_id):
    # JPEG ファイルだけを許可
    if not re.search(r'\.(jpg|jpeg)$', upfile.filename):
        print('JPEG ではない:', upfile.filename)
        return 0
    # アルバム未指定の場合、未分類アルバムを自動的に作る --- (※6)
    if album_id == 0:
        a = select('SELECT * FROM albums ' +
            'WHERE user_id=? AND name=?',
            user_id, '未分類')
        if len(a) == 0:
            album_id = exec('INSERT INTO albums '+
                '(user_id, name) VALUES (?,?)',
                user_id, '未分類')
        else:
            album_id = a[0]['album_id']
    # ファイル情報を保存 --- (※7)
    file_id = exec('''
        INSERT INTO files (user_id, filename, album_id)
        VALUES (?, ?, ?)''',
        user_id, upfile.filename, album_id)
    # ファイルを保存 --- (※8)
    upfile.save(photo_file.get_path(file_id))
    return file_id

# ファイルに関する情報を得る --- (※9)
def get_file(file_id, ptype):
    # データベースから基本情報を得る
    a = select('SELECT * FROM files WHERE file_id=?', file_id)
    if len(a) == 0: return None
    p = a[0]
    p['path'] = photo_file.get_path(file_id)
    # サムネイル画像の指定であれば作成する --- (※10)
    if ptype == 'thumb':
        p['path'] = photo_file.make_thumbnail(file_id, 300)
    return p

# ファイルの一覧を得る --- (※11)
def get_files():
    a = select('SELECT * FROM files ' +
                'ORDER BY file_id DESC LIMIT 50')
    for i in a:
        i['name'] = get_album_name(i['album_id'])
    return a

# アルバムに入っているファイルの一覧を得る --- (※12)
def get_album_files(album_id):
    return select('''
        SELECT * FROM files WHERE album_id=?
        ORDER BY file_id DESC''', album_id)
```

第4章 簡単なサービスを作ってみよう

```
# ユーザーのファイルの一覧を得る --- (※13)
def get_user_files(user_id):
    a = select('''
        SELECT * FROM files WHERE user_id=?
        ORDER BY file_id DESC LIMIT 50''', user_id)
    for i in a:
        i['name'] = get_album_name(i['album_id'])
    return a
```

プログラムを詳しく見ていきましょう。(※1) の部分では、新規アルバムを作成します。albums テーブルに新規アルバムを挿入し、その際に自動的に生成された ID を取得して返します。データをテーブルに挿入するには、以下の書式で SQL 文を書きます。

[書式] データをテーブルに挿入
INSERT INTO テーブル名
    (フィールド1, フォールド2, フィールド3)
    VALUES (データ1, データ2, データ3)

(※2) の部分では特定ユーザーのアルバム一覧を取得します。SQL の SELECT 文を使ってデータベースからデータを取り出します。SELECT 文は以下の書式で記述します。

[書式] テーブルからデータを抽出する
SELECT * FROM テーブル名 WHERE 条件

(※3) の部分では、SELECT 文を実行してアルバム情報を得ます。select 関数の戻り値はリスト型のため、リストの要素数が 0 の時、一致するアルバムがないということになります。(※4) では album_id を指定してアルバム名を取得します。

(※5) から (※8) の部分では、アップロードされた画像ファイルを files ディレクトリに保存しつつ、データベースに画像情報を保存します。最初に、アップロードファイル名の拡張子を調べて、JPEG ファイルであれば保存を許可します。ここでは、信頼できるメンバーがアプリを使うということを前提としているので、ちょっと手抜きをして、ファイル名だけを調べ、ファイルの中身が実際に JPEG ファイルかどうかの確認をしていません。一般公開するアプリではファイル名だけでなく、実際に JPEG ファイルかを確認すると良いでしょう。3 章のアップローダーの項でファイルの中身を調べる方法を紹介しているので参考にしてみてください。

(※6) の部分ではアルバムが未指定の場合に、未分類という名前のアルバムを作成し、そこに画像を保存するようにします。最初に、そのユーザーで「未分類」という名前のアルバムがあるかどうかを調べて、アルバムがなければ INSERT 文を実行して新規アルバムを作成し、album_id を変更します。

続く、(※7) の部分では、files テーブルにファイル情報を保存し、(※8) の部分で、ファイルを実際に files ディレクトリに保存します。

(※9) の部分では、file_id を指定して画像ファイルに関連する情報をデータベースから取得します。この関数は、画像ファイルをブラウザーへ送出するために利用しています。ファイルが実際に保存されているパスを調べて、辞書型の情報にキー「path」を追加します。(※10) の部分ですが、引数 ptype

に「thumb」という値を指定した場合は、サムネイル画像を出力するように要求します。ここでは、サムネイル画像を作成して、そのサムネイルを保存したパスを設定します。

　(※ 11) から (※ 13) の部分では、さまざまな条件で画像ファイルのデータを取得します。まず、(※ 11) の部分では、すべてのユーザーの画像の最新 50 件を取得して返します。(※ 12) の部分ではアルバムに属している画像を取得します。(※ 13) の部分では、ユーザーがアップしたファイルの一覧を取得します。

ファイルのパスとサムネイルの作成モジュール

　以下のモジュールは、ファイルのパスをまとめて定義したり、サムネイルを作成したりするモジュールです。

> **参照するファイル** file: src/ch4/photoshare/photo_file.py

```python
import os
from PIL import Image

# パスの指定 --- (※ 1)
BASE_DIR = os.path.dirname(__file__)
DATA_FILE = BASE_DIR + '/data/photos.sqlite3'
FILES_DIR = BASE_DIR + '/files'

# 画像ファイルの保存パスを返す --- (※ 2)
def get_path(file_id, ptype = ''):
    return FILES_DIR + '/' + str(file_id) + ptype + '.jpg'

# サムネイルを作成する --- (※ 3)
def make_thumbnail(file_id, size):
    src = get_path(file_id)
    des = get_path(file_id, '-thumb')
    # すでにサムネイルが作成されているなら作らない --- (※ 4)
    if os.path.exists(des): return des
    # 正方形に切り取る --- (※ 5)
    img = Image.open(src)
    msize = img.width if img.width < img.height else img.height
    img_crop = image_crop_center(img, msize)
    # 指定サイズにリサイズ --- (※ 6)
    img_resize = img_crop.resize((size, size))
    img_resize.save(des, quality=95)
    return des

# 画像の中心を正方形に切り取る --- (※ 7)
def image_crop_center(img, size):
    cx = int(img.width / 2)
    cy = int(img.height / 2)
    img_crop = img.crop((
        cx - size / 2, cy - size / 2,
        cx + size / 2, cy + size / 2))
    return img_crop
```

第4章　簡単なサービスを作ってみよう

　上記のプログラムを詳しく見てみましょう。(※ 1) の部分では、ディレクトリやファイルのパスを指定します。今回、いろいろなモジュールで、ファイルやディレクトリを参照します。このように、1つのファイルにパスがまとめてあれば、そのファイルを見るだけでどのようなパスが設定されているのか確認できます。(※ 2) の部分では、アップロードされた画像ファイルのパスを返します。

　(※ 3) の部分では画像からサムネイル画像を作成します。(※ 4) の部分ではすでにサムネイルがあれば二重に作成しないようにします。こうしたちょっとした気配りでサーバーの負荷を下げることができます。さて、正方形のサムネイル画像の作り方ですが、まず、(※ 5) の部分では画像の中央を正方形に切り取ります。そして、(※ 6) の部分で、正方形の画像をリサイズして任意のサイズにリサイズして保存するという手順です。(※ 7) の部分では画像の中心を正方形に切り取るようにサイズを計算し、Image の crop メソッドで範囲を切り取ります。

各種テンプレートファイル

　それでは、次にテンプレートファイルを見ていきましょう。

共通テンプレート

　今回も前回と同じく、テンプレートの継承機能を利用しています。以下の layout.html はすべてのテンプレートで利用される要素を定義しています。

参照するファイル　file: src/ch4/photoshare/templates/layout.html

```html
<!DOCTYPE html>
<html><head><meta charset="UTF-8">
  <meta name="viewport"
    content="width=device-width, initial-scale=1.0">
  <link rel="stylesheet" href="/static/pure-min.css">
  <link rel="stylesheet" href="/static/side-menu.css">
  <link rel="stylesheet" type="text/css"
        href="{{ staticfile('style.css') }}">
  <title> 写真共有 </title>
</head><body>
<div id="layout" class="page">
{% block header %}
  <!-- ここにヘッダー -->
{% endblock %}

<div id="main">
<div class="header">
  <h1>{% block title %} 写真共有 {% endblock %}</h1>
</div><!-- end of .header -->

{% block contents %}
<!-- ここにメインコンテンツ -->
```

249

```
{% endblock %}

{% block footer %}
<div class="footer">
  <a href="/" class="pure-button"> トップページへ </a>
</div><!-- end of .footer -->
{% endblock %}
</div><!-- end of #main -->
</div><!-- end of #layout -->

{% block footer_script %}{% endblock %}
</body></html>
```

見て分かるとおり、それほど複雑なものではなく、基本的には、ヘッダー (header)、タイトル (title)、メインコンテンツ (contents)、フッター (footer) の四部分から成り立つようにしています。そして、必要に応じて、これらのパーツを書き換えてテンプレートを構成します。

メッセージ表示用のテンプレート

それで、最も共通テンプレートの形に近いのが、メッセージを表示するだけのテンプレートです。{{ msg }} の部分にメッセージが流し込まれます。

参照するファイル file: src/ch4/photoshare/templates/msg.html

```
{% extends "layout.html" %}

{% block contents %}
  <div id="msg">{{ msg }}</div>
{% endblock %}
```

ブラウザーで表示すると、以下のように表示されます。

▲ メッセージ表示用のテンプレート

第4章　簡単なサービスを作ってみよう

ログイン後の共通テンプレート

そして、以下はログイン後の共通テンプレートです。ログイン後は各種メニューが自動的に表示されるようにします。

参照するファイル　file: src/ch4/photoshare/templates/layout_login.html

```
{% extends "layout.html" %}
{% block header %}
<!-- ハンバーガーメニューのアイコン -->
<a href="#menu" id="menuLink" class="menu-link">
    <span></span>
</a>
<!-- サイドメニュー -->
<div id="menu">
  <div class="pure-menu">
    <a class="pure-menu-heading" href="#">メニュー</a>
    <ul class="pure-menu-list">
      <li class="pure-menu-item">
        <a href="/" class="pure-menu-link">
          タイムライン </a></li>
      <li class="pure-menu-item">
        <a href="/upload" class="pure-menu-link">
          写真を投稿 </a></li>
      <li class="pure-menu-item">
        <a href="/logout" class="pure-menu-link">
          ログアウト </a></li>
    </ul>
  </div>
</div>
{% endblock %}

{% block footer_script %}
<script src="/static/ui.js"></script>
{% endblock %}
```

ログインフォームのテンプレート

以下がログインフォームのテンプレートです。フォームは POST メッセージでサーバーの URL「/login/try」に送信されます。

251

> 参照するファイル　file: src/ch4/photoshare/templates/login_form.html

```
{% extends "layout.html" %}

{% block contents %}
<h3> ログインしてください </h3>
<div class="form_block">
<form action="/login/try" method="POST"
  class="pure-form pure-form-stacked">
  <label id="user"> ユーザー名 </label>
  <input type="text" name="user" id="user"
    placeholder=" ユーザー名 ">
  <label for="pw"> パスワード </label>
  <input type="password" name="pw" id="pw"
    placeholder=" パスワード ">
  <button type="submit" class="pure-button pure-button-primary">
  ログイン </button>
</form>
</div>
{% endblock %}
```

ブラウザーでログイン画面を表示すると、以下のようになります。

▲ ブラウザーでログイン画面を表示したところ

アルバムの新規作成フォームのテンプレート

以下はアルバムを新規作成するフォームのテンプレートです。GET メソッドで「/album/new/try」に対してデータを送信します。

参照するファイル file: src/ch4/photoshare/templates/album_new_form.html

```
{% extends "layout_login.html" %}

{% block title %}
写真共有 &gt;<br> 新規アルバムの作成
{% endblock %}

{% block contents %}
<div class="form_block">
  <form action="/album/new/try" method="GET"
    class="pure-form pure-form-stacked">
    <label for="name">新規アルバムの名前 </label>
    <input type="text" name="name" id="name"
           placeholder=" アルバムの名前 ">
    <button class="pure-button pure-button-primary"
            type="submit">作成 </button>
  </form>
</div>
{% endblock %}
```

ブラウザーだと以下のように表示されます。

▲ 新規アルバムの作成フォーム

画像のアップロードフォームのテンプレート

以下は画像のアップロードフォームのテンプレートです。ファイルのアップロードを行う際には、フォームに enctype 属性を指定する必要があります。

参照するファイル file: src/ch4/photoshare/templates/upload_form.html

```
{% extends "layout_login.html" %}

{% block title %}
写真共有 &gt;<br> アップロード
{% endblock %}

{% block contents %}
<div class="box">
  <form action="/upload/try" method="POST"
    enctype="multipart/form-data"
    class="pure-form pure-form-aligned">
    <legend> 写真ファイルを選んでください。</legend>
    <div class="pure-control-group">
      <label for="upfile">JPEG ファイルを選択 :</label>
      <input type="file" name="upfile" id="upfile">
    </div>
    <div class="pure-control-group">
      <label for="album"> アルバムの選択 :</label>
      <select name="album" id="album">
        <option value="0"> なし </option>
        {% for i in albums %}
          <option value="{{ i.album_id }}">
            {{ i.name }}</option>
        {% endfor %}
      </select>
    </div>
    <div class="pure-controls">
      <button type="submit" class="pure-button pure-button-primary">
      アップロード </button>
    </div>
  </form>
</div>

<div class="box">
  <p> 以下よりアルバムを作成できます。</p>
  <a class="pure-button"
      href="/album/new"> →新規アルバムを作成 </a>
</div>
<br>
{% endblock %}
```

このアップロードフォームでは、ユーザーのアルバム一覧を指定出来るようにするため、選択ボックス (select 要素) を動的に生成しています。

▲ ファイルのアップロードフォーム

メイン画面のテンプレート

次に、メイン画面のテンプレートを確認してみましょう。この画面では、すべてのユーザーがアップロードした最新画像が表示されます。

参照するファイル file: src/ch4/photoshare/templates/index.html

```
{% extends "layout_login.html" %}

{% block contents %}
<h3> 写真一覧 </h3>
{% if photos | length == 0 %}
  <div class="box"> まだ写真はありません。 </div>
{% endif %}
<div class="photo_list">
{% for i in photos %}
  <div class="photo">
    <div class="photo_border">
      <img src='/photo/{{ i.file_id }}?t=thumb'
           width="300">
      <span class="datetime">{{ i.created_at }}</span>
    </div>
    <div class="photo_info">
      <a class="pure-button"
      href="/user/{{ i.user_id }}">{{ i.user_id }} さん </a> &gt;
      <a class="pure-button"
      href="/album/{{ i.album_id }}">{{ i.name }}</a><br>
```

```
      </div>
    </div>
{% endfor %}
</div>
{% endblock %}
```

　写真と日付、またユーザー個別ページやアルバムページへのリンクボタンなど、いろいろな要素があるので、forブロックの中が少し複雑に見えるかもしれません。基本的には，画像（サムネイル）と情報を表示しています。

▲　全ユーザーの写真を一覧表示するテンプレート

ユーザーの個別ページのテンプレート

　次に、ユーザーの個別ページのテンプレートを確認してみましょう。ユーザーがアップした画像が表示されます。

参照するファイル　file: src/ch4/photoshare/templates/user.html

```
{% extends "layout_login.html" %}

{% block title %}
{{ id }}さん <br> の作品集
{% endblock %}

{% block contents %}
<div style="padding:12px;">
{% for i in photos %}
  <div class="photo" style="float:left;width:160px;">
    <img src='/photo/{{ i.file_id }}?t=thumb' width="150"><br>
    <a href="/album/{{ i.album_id }}">{{ i.name }} より </a> -
    <span class="datetime">{{ i.created_at }}</span>
  </div>
{% endfor %}
</div>
<div style="clear:both;"></div>
{% endblock %}
```

1つ前のテンプレート「index.html」とほとんど同じですが、表示画像を小さくした上に、スタイルに「float:left」を設定し、複数の画像が並んで画面に表示されるようにしています。

▲ ユーザー個別ページのテンプレートに画像を流し込んで表示したところ

アルバムごとの画像一覧を表示するテンプレート

次に、ユーザーの個別ページのテンプレートを確認してみましょう。特定のアルバムに入れた画像の一覧を表示します。

参照するファイル file: src/ch4/photoshare/templates/album.html

```
{% extends "layout_login.html" %}

{% block title %}{{ album.name }}{% endblock %}

{% block contents %}
<h3>{{ album.user_id }} さんのアルバム </h3>
<div class="photo_list">
{% for i in photos %}
  <div class="photo">
    <div class="photo_border">
      <a href="/photo/{{ i.file_id }}">
        <img src="/photo/{{ i.file_id }}"
             width="300">
      </a><br>
      <span class="datetime">{{ i.created_at }}</span>
  </div><br>
  </div>
{% endfor %}
</div>

<div class="info_box">
  <a class="pure-button"
    href="/user/{{ album.user_id }}">
    {{ album.user_id }} さんの作品集へ </a>
</div>
{% endblock %}
```

以下のように表示されます。ここではサムネイル画像ではなく、元画像を順に並べて表示します。

▲ アルバムごとのテンプレートに画像を流し込んで表示したところ

CSS ファイルと sns_user.py について

　今回も CSS フレームワークの Pure.css を利用しています。そして、独自の CSS ファイルの「static/style.css」も利用しています。色をつけたり余白を調整したりするものです。比較的長い割にあまりプログラム的には意味がないので、ここに掲載しません。

　また、前述の通り、sns_user.py は前節で作ったものとまったく同じものなので掲載しません。これらのファイルもサンプルプログラムに含まれていますので、そちらで確認してください。

画像共有サービス - 改良のヒント

　なお、今回はログインしている人全員が画像を見られる仕組みにしました。しかし、ログインしている特定のユーザーだけに公開するなど、公開範囲を選べる機能を作ると、ユーザーに喜ばれることでしょう。また、ここでは写真のアルバムを変更する画面を作っていません。写真の表示ページを作って、そこでアルバムを変更する機能があると良いでしょう。

　さらに言うと、写真がたくさんあったとき、最初の数十件しか表示しないようになっています。5 章でページング処理を作る方法を紹介しているので、それを参考にして、それ以降の写真も表示するように改良すると良いでしょう。

ここでは、プログラムの仕組みを分かりやすく紹介するのにページを割いたので、デザイン部分が見劣りしてしまうのですが、画像共有サービスの成功のカギは、画像をどうかっこよく見せるかにかかっています。ぜひ、このアプリを叩き台にして、スタイリッシュな画像共有サービスを作ってみてください。

この節のまとめ

→ 画像共有サービスを作ってみた

→ アルバム機能を実現するためにアルバム管理用のテーブルを用意した

→ 画像をどのように見せるかが、画像共有サービス成功のカギ

第5章

気になる技術あんなことこんなこと

本章では実際にある機能を実装するときに、どのような
プログラムを作ったら良いか、実際のコードを含めて紹
介します。ある機能を実装するのに、どのくらいの手間
がかかるのかという目安になります、また、どんな仕組
みで機能を実装するのかも確認できます。

第5章 | 気になる技術あんなことこんなこと

5-1

位置情報の利用(GeoIP/ GeoLocation)

位置情報を利用したサービスが増えています。ゲーム・配車・配達など、エンターテイメントから実用まで、さまざまな分野で使われています。ここでは位置情報をどのように利用できるかを紹介します。

ひとこと	キーワード
● 緯度経度の取得は簡単だがどのように使うかがカギ	● 位置情報 ● GeoIP ● GeoLocation API (JavaScript)

位置情報は Web と現実世界をつなぐ

　位置情報の利用は、仮想的な Web の世界と現実世界をつなぐことができるので、非常に便利であり面白いものと言えます。ここで紹介するように、すでに位置情報を利用する多くのライブラリが整備されており、これらを活用すれば、位置情報を利用したサービスを手軽に開発できることでしょう。ただし、地図サービスや API は有料なので、どこまでそれらを活用するのか判断しておく必要があります。

位置情報取得方法について

　位置情報を取得するには、大きく分けて二つの方法があります。まず、ユーザーが利用している IP アドレスからだいたいの居場所を特定する方法、もう 1 つは、スマートフォン端末などの GPS を利用して位置情報を特定する方法です。

[方法 1] GeoIP - IP アドレスから位置情報を特定する

　IP アドレスから位置情報を特定する技術を「GeoIP」と呼びます。国や地域によって割り当てられる IP アドレスが異なるため、この割当を利用してユーザーが居るだいたいの地域を特定します。利用された IP アドレスが固定の企業や学校などであれば確実な利用場所が特定できますが、スマートフォンなどの移動端末である場合も多く、確実な住所を特定するのは難しいと言えます。

　さて、GeoIP の実際の使用方法ですが、MaxMind 社が IP アドレスと地域の対応データーベースを提供しているため、このデータベースを利用することで、位置情報を知ることができます。MaxMind 社では、無償の GeoLite2 と有償の GeoIP2 を提供しています。

　GeoIP を利用した多くのライブラリやツールが提供されていますが、その多くは、無償の GeoLite2 を利用したものとなっています。例えば、Python 用のライブラリでは MaxMind 社自身が GeoIP2 のライブラリを GitHub に公開しています。このライブラリでは、Web API として使う方法と、ローカルに配置したデータベースから情報を読み込む方法の両方をカバーしています。

● maxmind/GeoIP2-python
[URL] https://github.com/maxmind/GeoIP2-python

　Python でこのライブラリを利用するには、pip コマンドを利用します。コマンドラインで以下のコマンドを実行してライブラリをインストールします。

```
# GeoIP2 のライブラリをインストール
pip install geoip2==3.0.0
```

　そして、以下より無料の GeoIP のデータベース「GeoLite2」のダウンロードを行います。データベースのダウンロードのためにユーザー登録が必要になります。

● GeoLite2 のダウンロード
[URL] https://dev.maxmind.com/geoip/geoip2/geolite2/

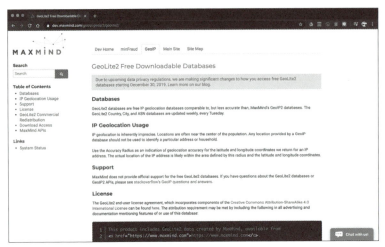

▲ データベース「GeoLite2」のダウンロードサイト

　ユーザー登録の後で「GeoLite2-City(GeoIP2 Binary)」を選んでデータベースをダウンロードします。アーカイブを解凍すると「GeoLite2-City.mmdb」というファイルがあります。これが、GeoLite2 のデータベースです。ここでは、Python のプログラムと同じディレクトリにこのファイルを配置したとします。

参照するファイル　file: src/ch5/geoip-test.py

```python
# ライブラリの取り込み
import geoip2.database

# 確認したい IP アドレスの指定
check_ip = '157.7.44.174'

# データベースを読み込む
reader = geoip2.database.Reader('GeoLite2-City.mmdb')
# DB を検索
rec = reader.city(check_ip)
# 検索結果を表示
print('IP:', check_ip)
print('Country:', rec.country.name)
print('City:', rec.city.name)
print('Latitude:', rec.location.latitude)
print('Longitude:', rec.location.longitude)
```

　それでは、プログラムを実行してみましょう。以下のコマンドを実行すると、指定の IP アドレスに関する地域情報を表示します。

```
python geoip-test.py
```

第 5 章 気になる技術あんなことこんなこと

正しくデータベースが配置されていれば、次のように、国と都市名とだいたいの緯度経度が表示されます。

```
g/2/d/s/ch3 >>> python3 geoip-test.py
: 157.7.44.174
untry: Japan
ty: Tokyo
titude: 35.6882
ngitude: 139.7532
g/2/d/s/ch3 >>>
```

▲ GeoIP を利用して位置情報を取得したところ

上記のように、IP アドレスと地域の対応データベースが無償で提供されていますし、ライブラリも用意されています。そのため、Python から IP アドレスを用いて位置情報を利用する場合、敷居が低いと言えます。

[方法 2] GeoLocation API - GPS から位置情報を特定する

多くのモダンな Web ブラウザーは HTML5 に対応しています。位置情報を利用したアプリを作るには、この HTML5 に関連した、Geolocation API を用いることで実現できます。ユーザー側で位置情報の送信を許可する必要がありますが、JavaScript を利用して、正確な端末の場所を取得できます。しかし、端末に GPS がない場合には上記の IP アドレスを利用して位置情報を取得するようになっています。

また、GeoLocation API で取得できるのは、緯度経度情報なので、住所が必要な場合には、何かしらの方法で住所を調べる必要があります。さらに、地図情報と連携したい場合には、Google マップなど別の地図サービスと連携する必要があります。Google マップの利用料は有料なので、サービス内でどの程度、利用するのか考えて利用する必要があります。

ここでは、緯度経度情報を表示するだけのプログラムを作成してみます。

参照するファイル file: src/ch5/geolocation.html

```
<!DOCTYPE html>
<html><body>
<div id="info" style="font-size:60px"></div>
<script type="text/javascript">
  // HTML の要素 #info を取得
  const info = document.querySelector('#info')
  // 利用できるかチェック
  if ('geolocation' in navigator) {
      info.innerHTML = " 確認中 "
  } else {
      info.innerHTML = "GeoLocation が使えません "
```

265

```
    }
    // 現在位置の監視を開始
    var wid = navigator.geolocation.watchPosition(watchFunc);
    // 現在位置を取得した場合の処理
    function watchFunc(pos) {
      info.innerHTML = "位置情報: " +
          pos.coords.latitude + ',' +
          pos.coords.longitude
    }
</script>
</body></html>
```

WebブラウザーにHTMLファイルをドラッグ＆ドロップし、位置情報の利用を許可すると、緯度経度情報が表示されます。

▲ JavaScriptのGeoLocation APIを利用しているところ

逆ジオコーディング

緯度・経度から住所を取得する技術を**逆ジオコーディング** (Reverse Geocoding) と呼びます。だいたいの住所情報を取得したいだけであれば、Pythonのライブラリ「Reverse Geocode」を利用することで実現できます。

ここでは、簡単に緯度経度の情報から都市を取得する方法を紹介します。最初に、Pythonのライブラリをインストールします。

```
pip install reverse-geocode==1.4
```

Pythonのプログラムは逆ジオコーディングを行うプログラムです。

第5章 気になる技術あんなことこんなこと

参照するファイル file: src/ch5/revgeo.py

```python
import reverse_geocode

# 調べたい緯度経度を配列で指定
coords = [(35.659025, 139.74505)]
# 逆ジオコーディング
areas = reverse_geocode.search(coords)
# 結果を表示
print('Coord:', coords[0])
print('Country:', areas[0]['country'])
print('City:', areas[0]['city'])
```

このプログラムを実行するには、コマンドラインより以下のコマンドを実行します。

```
python revgeo.py
```

実行すると、以下のように、国と都市を表示します。

▲ 逆ジオコーディングを試したところ

地図の利用 - オンライン地図サービス

オンライン地図サービスを利用すれば、自作のアプリに地図を表示することができます。オンライン地図サービスには、Googleマップ、OpenStreetMapなど、さまざまなものがあります。位置情報と地図は連携して使うことが多いので、どの地図サービスを利用するのか比較検討する必要があります。

多彩な機能を持つ - Googleマップ

地図サービスと聞いて、一番最初に候補にあがるのは、Googleマップでしょう。Googleマップは多彩な機能を持っており、完成度、信頼度も高い地図サービスです。APIを利用すれば、地図の表示、経路の表示、また、逆ジオコーディングとあらゆる面において詳細な情報を取得することが可能です。

267

ただし、Googleマップは2018年に利用料金を改定して以降、利用料金が高いことで知られています。導入する前に自作のアプリにどれほどのアクセスがあるのか、料金表を調べてよく考慮する必要があります。

▲ オンライン地図サービス最大大手のGoogleマップ

自作のサービスでGoogle Maps APIを利用するには、最初にGoogleアカウントでGoogle Maps Platformにログインし、APIキーを取得する必要があります。次節で詳しい操作方法を紹介します。

● Google Maps Platform
[URL] https://cloud.google.com/maps-platform/

▲ Google Maps PlatformのWebサイト

フリーな地図サービス - OpenStreetMap

OpenStreetMap は全世界をカバーするフリーで編集可能な地図です。その地図は、Open Data Commons Open Database License (ODbL) の下にライセンスされており、データを自由にコピー、配布、送信、利用することが可能です。ただし、利用時に OpenStreetMap を利用していることを明示する必要があります。

▲ オンライン地図サービスの OpenStreetMap

OpenStreetMap では、地図を表示するだけでなく、さまざまな API を公開しています。例えば、上記で紹介している逆ジオコーディングも可能です。OpenStreetMap で逆ジオコーディングするには、Python のライブラリの Geocoder を利用できます。簡単に手順を紹介しましょう。

最初に、Geocoder をインストールします。

```
pip install geocoder==1.38.1
```

以下のプログラムは、緯度経度を指定して、住所を調べるものです。

参照するファイル　file: src/ch5/osm-revgeo.py

```python
import geocoder

# 緯度経度を指定
pos = (35.659025, 139.745025)
# OpenStreetMapを使って逆ジオコーディング
g = geocoder.osm(pos, method='reverse')

print('Country:', g.country)
print('State:', g.state)
print('City:', g.city)
```

```
print('Street:', g.street)
```

プログラムを実行するには、コマンドラインから以下を実行します。

```
python osm-revgeo.py
```

実行してみると、以下のような結果が表示されます。

▲ OpenStreetMap の API を利用して逆ジオコーディングをしたところ

なお、geocoder.osm 関数の実行結果のすべての結果を見るには、以下のように記述します。場所の詳細な情報が得られることが分かります。

参照するファイル file: src/ch5/osm-revgeo2.py

```
import geocoder
import pprint

pos = (35.659025, 139.745025)
g = geocoder.osm(pos, method='reverse')
pprint.pprint(g.json)
```

上記を実行すると、以下のように表示されます。

第5章　気になる技術あんなことこんなこと

```
~ ... >>> python osm-revgeo2.py
{'accuracy': 0.001,
 'address': '東京タワー, 東京タワー通り, 麻布, 南青山6, 港区, 東京都, 105-0011, 日本 (Ja
pan)',
 'allotments': '南青山6',
 'bbox': {'northeast': [35.6591227, 139.7461594],
          'southwest': [35.6588427, 139.744746]},
 'city': '港区',
 'confidence': 10,
 'country': '日本 (Japan)',
 'country_code': 'jp',
 'farm': '南青山6',
 'hamlet': '南青山6',
 'icon': 'https://nominatim.openstreetmap.org/images/mapicons/poi_point_of_interest.p.20
.png',
 'importance': 0.001,
 'isolated_dwelling': '南青山6',
 'lat': 35.65858645,
 'lng': 139.74544005796224,
 'neighborhood': '麻布',
 'ok': True,
 'osm_id': 4247312,
 'osm_type': 'relation',
 'place_id': 235937470,
 'place_rank': 30,
 'postal': '105-0011',
 'quality': 'attraction',
 'raw': {'address': {'attraction': '東京タワー',
                     'city': '港区',
                     'country': '日本 (Japan)',
                     'country_code': 'jp',
                     'hamlet': '南青山6',
                     'neighbourhood': '麻布',
                     'postcode': '105-0011',
                     'road': '東京タワー通り',
                     'state': '東京都'},
         'boundingbox': ['35.6588427',
                         '35.6591227',
                         '139.744746',
                         '139.7461594'],
         'category': 'tourism',
```

▲ 逆ジオコーディングで得られた詳細情報を表示したところ

上記以外のオンライン地図サービス

　Google マップや OpenStreetMap 以外にも、Mapbox、TomTom、Azure Maps、Apple Maps、HERE Maps、MapTiler などのオンライン地図サービスがあります。これらをうまく活用することで、料金を抑えつつ、位置情報や地図を利用したサービスが展開できる可能性があります。いろいろなサービスを比較検討してみましょう。

政府統計情報を利用する方法

　また、日本国内の情報であれば、統計局ホームページより地形と属性データをダウンロードできます。開発の難易度はぐっと上がるものの、自力で地図の描画を試したい場合などは、こうしたリソースを利用することもできます。

● e-Stat / 地図で見る統計 (統計 GIS)
[URL] https://www.e-stat.go.jp/gis

271

 **column**

位置情報は偽装が簡単なので注意

　位置情報サービスは手軽で便利なものですが、位置情報が確実に正確というわけではありません。先に説明したIPアドレスを利用する方法はプロキシやVPNを利用することで偽造ができますし、GPSを利用した位置情報の場合もユーザーのWebブラウザーから送出されるものなので、JavaScriptを改変して位置情報データを改変することも難しくありません。また、GPSの位置情報を偽装するツールも出回っています。そのため、位置情報が得られるとは言え、ユーザーが確実にその場所に居るわけではない点を頭の片隅に置いておくと良いでしょう。

緯度経度の取得は簡単だがどのように使うかがカギ

　ここまでまとめたように、ユーザーの位置情報を取得するだけであれば、それほど難しいことはありません。大まかな住所情報を得るだけであれば、フリーのライブラリを利用することで実現できます。逆に、詳細な情報が必要であったり、地図データを表示する場合には、Googleマップなどのオンライン地図サービスを利用することになります。位置情報をどのように利用するのか、また、どの程度の精度が必要なのか、よく考慮する必要があります。

この節のまとめ

→ ユーザーの位置情報を取得するには、IPアドレスを利用する方法と、端末のGPSを利用する方法がある

→ IPアドレスを利用する方法にはGeoIPを使う

→ GPSを利用する方法では、JavaScriptのGeoLocation APIを使う

→ オンライン地図サービスを利用すると地図の表示、経路の表示が可能

第5章 | 気になる技術あんなことこんなこと

5-2

現在位置の地図表示
(OpenStreetMap/Googleマップ)

位置情報を取得したら、地図上に現在位置を表示したくなります。ここでは、
OpenStreetMap や Google マップを利用して、地図上に現在位置を表示するプログラ
ムを紹介します。

ひとこと

● オンライン地図サービスなら手軽に地図を表示
できる

キーワード

● OpenStreetMap
● Googleマップ
● Geo Location API

地図を表示する手順

　前項で紹介した通り、位置情報を元に地図を表示するには、オンライン地図サービスを利用するの
が手軽です。また、オンライン地図サービスでは、目的地までの経路を表示するなど、いろいろな機
能を持っています。ここでは、無償で利用できる OpenStreetMap と、有償で精度の高い Google マッ
プの 2 つのオンライン地図サービスを利用する方法を紹介します。

　基本的にオンライン地図サービスを利用する場合、JavaScript のライブラリを利用して地図の表示を
行います。そのため、ここで紹介するのも基本的には、JavaScript のプログラムとなります。

OpenStreetMap で地図を表示する方法

　それでは、地図の表示方法を紹介します。まずは、無償で利用できる OpenStreetMap で地図を表示
する方法を紹介します。ここでは、Leaflet という JavaScript のライブラリを利用してみましょう。

　最初に、任意の場所を中心とした地図を表示する一番簡単なプログラムを紹介します。以下のプロ
グラムでは、OpenStreetMap で東京タワーを中心とした地図を表示し、東京タワーにマーカーを配置
してみます。

273

参照するファイル file: src/ch5/osm-map.html

```html
<!DOCTYPE html>
<html><head><meta charset="UTF-8">
<!-- Leaflet のライブラリの取込 --- （※1） -->
<link
  href="https://unpkg.com/leaflet@1.6.0/dist/leaflet.css"
  rel="stylesheet" />
<script
  src="https://unpkg.com/leaflet@1.6.0/dist/leaflet.js"
  type="text/javascript"></script>
</head>
<body>
  <div id="map_div" style="width: 800px; height: 600px"></div>
  <script type="text/javascript">
    // 設定 --- （※2）
    const defPos = [35.6585840, 139.7454316] // 緯度経度を指定
    const copyright = "&copy; <a href='" +
      "https://www.openstreetmap.org/copyright" +
      "'>OpenStreetMap</a> contributors"
    // 基本マップの設定 --- （※3）
    const map = L.map('map_div').setView(defPos, 20)
    // タイルレイヤーの指定 --- （※4）
    L.tileLayer(
      'https://{s}.tile.openstreetmap.org/{z}/{x}/{y}.png',
      { attribution: copyright }
    ).addTo(map)
    // マーカーの指定 --- （※5）
    L.marker(defPos).addTo(map)
      .bindPopup('<u> 人気の観光名所の東京タワー </u>')
      .openPopUp()
  </script>
</body>
</html>
```

上記プログラムを Web ブラウザーで開いてみましょう。

第 5 章　気になる技術あんなことこんなこと

▲ Leaflet で OpenStreetMap を表示したところ

　どうでしょうか。上記のように東京タワー周辺が表示され、東京タワーにマーカーが配置されていれば成功です。

　それでは、プログラムを確認してみましょう。

　(※1) の部分では、地図表示ライブラリの Leaflet の取り込みを行っています。link 要素で CSS を取り込み、script 要素でライブラリ本体を取り込みます。

　(※2) の部分では、地図の初期表示位置となる緯度経度を変数 defPos に指定します。この位置は東京タワーを示す緯度経度です。そして、重要な点ですが OpenStreetMap では必ず著作権表示が求められるので、コピーライトも指定しています。

　(※3) の部分では、基本的なマップの設定を行います。id 属性を割り振った div 要素 ('map_div') を指定して、setView メソッドを呼び出すことで、基本的なマップの表示を指示します。

　(※4) の部分では、タイルレイヤーの指定を行います。ここで言うレイヤーとは、地図の上に重ねるセル画のようなものです。地図の右下に表示される、コピーライトを指定します。

　(※5) の部分では、東京タワーに重ねるマーカーを指定しています。マーカーをクリックした時に表示されるメッセージを指定します。

　ここで改めて、レイヤーについて紹介します。Leaflet では地図を表示するだけではなく、セル画のように、いろいろなレイヤーを重ねていく機能を持っています。

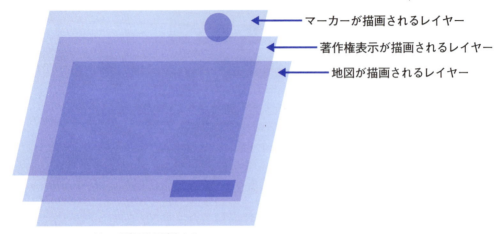

▲ Leaflet ではレイヤーが重要な要素となる

それで、上記の (※4) の部分では「L.tileLayer(...)」でタイルレイヤーを作成し「addTo(map)」でマップにレイヤーを追加します。同様に (※5) でも、「L.marker(...)」でマーカーを作成し「addTo(map)」でマップに追加しています。

OpenStreetMap で現在位置を地図上に表示

次に、OpenStreetMap で現在位置を地図上に表示するプログラムを作ってみましょう。ブラウザーで現在位置を許可するかどうか尋ねられますので、許可すると、現在位置を OpenStreetMap で表示します。ここでは、現在位置にマーカーを表示します。

参照するファイル　file: src/ch5/osm-current.html

```
<!DOCTYPE html>
<html><head><meta charset="UTF-8">
<!-- Leaflet の読込 -->
<link
  href="https://unpkg.com/leaflet@1.6.0/dist/leaflet.css"
  rel="stylesheet" />
<script
  src="https://unpkg.com/leaflet@1.6.0/dist/leaflet.js"
  type="text/javascript"></script>
</head>
<body>
  <div id="map_div" style="width: 800px; height: 600px"></div>
  <script type="text/javascript">
    // 初期位置を指定
    const defPos = [35.6585840, 139.7454316];
    // 著作権表示の指定
    const copyright = "&copy; <a href='" +
      "https://www.openstreetmap.org/copyright" +
```

```
      "'>OpenStreetMap</a> contributors"
    // 基本マップの設定
    const map = L.map('map_div').setView(defPos, 17)
    // タイルレイヤーの指定
    L.tileLayer(
      'https://{s}.tile.openstreetmap.org/{z}/{x}/{y}.png',
      { attribution: copyright }
    ).addTo(map)
    // マーカーの作成 --- (※1)
    const marker = L.marker(defPos).addTo(map)
    // 現在地を取得する --- (※2)
    navigator.geolocation.watchPosition(
      function (pos) {
        // 緯度経度の情報を得る --- (※3)
        const lat = pos.coords.latitude
        const lng = pos.coords.longitude
        const zoom = map.getZoom()
        // マップの表示位置を変更 --- (※4)
        map.setView([lat, lng], zoom, {animation: true})
        // マーカーの位置も変更 --- (※5)
        marker.setLatLng([lat, lng])
        marker.bindPopup('現在位置はココ！')
      })
  </script>
</body>
</html>
```

上記の HTML ファイルを Web ブラウザーにドラッグ＆ドロップすると、プログラムを実行します。

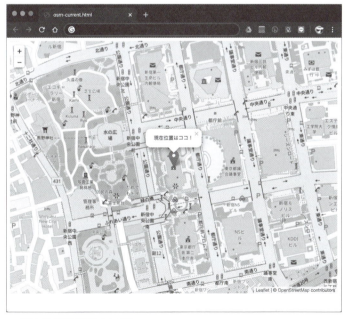

▲ 現在位置を表示したところ

プログラムを確認しましょう。OpenStreetMap の地図を表示するところまでは、前回のプログラムと同じです。ここでは、現在位置を取得する JavaScript の GeoLocation API を使って現在位置を取得し、OpenStreetMap の表示位置を変更します。

(※ 1) の部分では、地図上に表示するマーカーを作成します。ここでは、適当な初期位置にマーカーを配置します。

(※ 2) の部分では、GeoLocation API の watchPosition メソッドを使って、現在位置を取得します。もし、取得すると (※ 3) のコールバック関数を実行します。

(※ 3) の部分では、現在位置の緯度・経度を得ます。

(※ 4) の部分では、map.setView メソッドを利用して、マップの表示位置を変更します。

(※ 5) の部分では、マーカーの位置を変更し、マーカーをクリックした時のメッセージを指定します。

Google マップを使う方法

Google マップを使うには、まず API キーを取得する必要があります。ですから、Google マップを使うために最初にすることは、Google Cloud Platform にアクセスすることです。以下の手順通りに作業していくと API キーを作成できます。

Google Cloud Platform で API キーを取得しよう

アクセスするには、Google アカウントが必要です。

● Google Cloud Platform > コンソール
[URL] https://console.cloud.google.com/

ログインすると、以下のようにコンソールが開きます。

第 5 章　気になる技術あんなことこんなこと

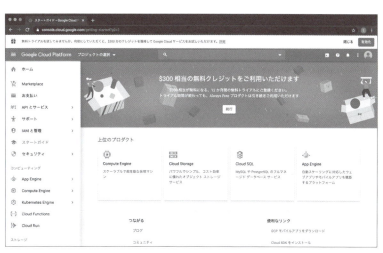

▲ Google Cloud Platform を開いたところ

　画面上部にある青色の帯にある「プロジェクトの選択」をクリックし、次いで右上にある「新しいプロジェクト」をクリックします。そして、プロジェクト名に「MapTestProject」などの名前をつけて、プロジェクトを作成します。

▲ 新しいプロジェクトを作成

279

そして、改めて画面上部のメニューの「プロジェクトの選択」から、先ほど作成した「MapTestProject」を選びます。画面左上の[三]をクリックし、[APIとサービス > ライブラリ]をクリックします。

▲ ライブラリを選択

　すると、APIライブラリのページが表示されます。検索ボックスに「Maps JavaScript API」と入力し、「Maps JavaScript API」を表示したら、[有効にする]のボタンをクリックします。

▲ Maps JavaScript APIを有効にする

画面左上の [三] をクリックし、[API とサービス > 認証情報] をクリックします。そして、認証情報のページが表示されたら、[認証情報を作成] のボタンを押し、次いで「API キー」を選択します。

▲ 認証情報を作成する

　すると、API キーが作成されます。この API キーを Google マップで使いますので、値を覚えておきましょう。

▲ 作成された API キーをコピーする

最後に画面左上の［三］をクリックし、［お支払い］をクリックします。［請求先アカウントをリンク］のボタンをクリックします。ポップアップ表示されるダイアログで［請求先アカウントの作成］のボタンをクリックします。請求情報を入力します。とは言え、最初の 30 日は無料トライアル期間なので、安心して利用できます。

Google マップのプログラムを作成しよう

API キーが取得できたら、マップを表示するプログラムを作ってみましょう。以下のプログラムで「｛ここに API キー｝」と書かれている部分を、ご自身で取得したキーに置き換えてください。

参照するファイル file: src/ch5/gmap.html

```html
<!DOCTYPE html>
<html><head><meta charset="UTF-8">
<!-- API キーを指定してライブラリの読込 -->
<script type="text/javascript"
  src="http://maps.google.com/maps/api/js?key={ ここに API キー }&language=ja"
  ></script>
</head><body>
<div id="map" style="width:800px;height:600px"></div>
<script type="text/javascript">
  // 緯度経度の指定 --- (※1)
  const defPos = new google.maps.LatLng(
  35.6585840, 139.7454316)
  // マップの指定 --- (※2)
  const options = {
  zoom: 18,
  center: defPos,
  mapTypeId: 'roadmap'
  }
  // マップの表示 --- (※3)
  const map = new google.maps.Map(
    document.querySelector('#map'), options)
  // マーカーを表示 --- (※4)
  const marker = new google.maps.Marker({
  position: defPos,
  map: map,
  label: {
    text: 'ここで待っているよ',
    color:'blue'
  }
  })
</script>
</body></html>
```

そして、上記の HTML ファイルを Web ブラウザーにドラッグ＆ドロップして開いてみましょう。すると、以下のように、東京タワー周辺の地図が表示されます。

282

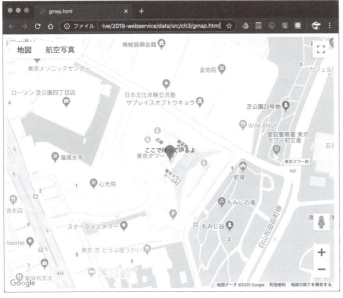

▲ Google マップを使って東京タワー周辺を表示したところ

プログラムを確認してみましょう。

（※1）の部分では、緯度経度の指定を行います。

（※2）の部分では、Google マップを表示する際の表示設定を行います。zoom に表示倍率、center に緯度経度の情報、mapTypeId にマップの種類を指定します。'roadmap' にするとデフォルトの地図を表示します。他にも、'satellite'、'hybrid'、'terrain' などの指定が可能です。

（※3）の部分では、マップを表示します。

（※4）の部分では、マーカーを表示します。

Google マップでエラーが表示される場合

請求情報が設定されていない場合や、Maps JavaScript API が無効になっている場合など、エラーが表示されて地図が表示されないことがあります。その場合、開発者コンソールを表示し、エラーをクリックするとエラーの具体的な理由のページが表示されます。

▲ 請求情報が入力されていない場合のエラー

この節のまとめ

→ オンライン地図サービスを使うと、手軽に地図を表示できる

→ 地図を表示するだけでなく、マーカーを重ね合わせることもできる

→ JavaScript の GeoLocation API と組み合わせることにより、現在位置を表示できる

→ OpenStreetMap の利用は無料だが、Google マップは有料なので計画的な利用が必要

第5章 | 気になる技術あんなことこんなこと

5-3

写真から位置情報の取り出し(EXIF)

スマートフォンで撮影した画像には、大抵位置情報が埋め込まれています。埋め込まれた位置情報を活用すると、写真の活用に幅が生まれます。ここでは写真から位置情報の取り出し方を紹介します。

ひとこと

● 位置情報を活用するなら写真に付加価値が与えられる

キーワード

● Exif
● 位置情報

Exif について

JPEG 画像には、画像データ以外にさまざまなメタ情報が埋め込まれています。JPEG 画像に埋め込まれているメタ情報は、Exif という形式で埋め込まれています。写真から位置情報を取り出すには、この Exif 情報から位置情報を取り出します。

そもそも Exif とは、1995 年に日本電子工業振興協会 (現在は電子情報技術産業協会) によって規格化されました。デジカメメーカー各社が Exif を共通規格として採用したことにより、世界中のメーカーが採用するようになりました。位置情報に加えて、撮影日時や、デジカメの機種、絞り値、画素数、ISO 感度、色空間、サムネイルなどの情報が記録されます。

パソコンで Exif 情報を確認する方法

JPEG 画像をパソコンにコピーし、プロパティなどを確認すると Exif に何が保存されているのか確認できます。macOS では、OS 標準のプレビューアプリで [ツール > インスペクタを表示] をクリックすると、Exif の情報を確認できます。また、その際、GPS のタブが表示されて地図が表示されるなら位置情報が保存されていることが分かります。

285

▲ macOSでExifの値を確認しているところ

PythonでExifを扱う方法

それでは、PythonのプログラムでExif情報を取り出してみましょう。Exifを扱うには、Python Image Library(PIL)を利用します。まずは、画像に埋め込まれているExif情報の一覧を表示するプログラムを作ってみましょう。

参照するファイル　file: src/ch5/exif_list.py

```python
from PIL import Image
import PIL.ExifTags as ExifTags

# 画像ファイルを読み込む --- (※1)
img = Image.open('test.jpg')
# Exif情報を得る --- (※2)
exif = img._getexif()
# Exif情報を列挙する --- (※3)
for id, value in exif.items():
    tag = ExifTags.TAGS[id]
    print(tag + ":", value)
```

プログラムを実行するには、Exifを含んだ画像をプログラムと同じディレクトリにコピーし、コマンドラインで以下のコマンドを実行します。

```
python exif_list.py
```

プログラムを実行すると、以下のようにExif情報が列挙されます。

▲ Exif 情報の一覧を表示したところ

　プログラムを確認してみましょう。(※ 1) の部分では、PIL ライブラリを利用して、画像の読み込みを行います。(※ 2) の部分では、読み込んだ画像から、Exif 情報を取り出します。そして、(※ 3) の部分で、for 構文を利用して、Exif の一覧を順次表示します。

Exif から位置情報を取り出す方法

　さて、先ほどの実行結果をよく見てみましょう。すると、GPSInfo というタグがあることに気づくことでしょう。そうです。この情報を利用することで、位置情報を取り出すことができます。ただし、取り出したデータを見ると、少し複雑な形式になっていることが分かります。

　上記のプログラムを改良して、位置情報を取り出すプログラムを作ってみましょう。

参照するファイル　file: src/ch5/exif_gps.py

```
from PIL import Image
import PIL.ExifTags as ExifTags

# Exif 一覧を取得する関数 --- ( ※ 1)
def get_exif(fname):
    # 画像を読み込む
    img = Image.open(fname)
    # Exif 情報を扱いやすく辞書型に変換
    exif = {}
    for id, value in img._getexif().items():
        if id in ExifTags.TAGS:
            tag = ExifTags.TAGS[id]
            exif[tag] = value
```

```python
        return exif

# GPS 情報を取り出す関数 --- (※2)
def get_gps(fname):
    exif = get_exif(fname)
    if not ('GPSInfo' in exif):
        return None, None
    # GPS タグを取り出す
    gps_tags = exif['GPSInfo']
    gps = {}
    for t in gps_tags:
        tag = ExifTags.GPSTAGS.get(t, t)
        if tag:
            gps[tag] = gps_tags[t]
    lat = conv_deg(gps['GPSLatitude'])
    lat_ref = gps["GPSLatitudeRef"]
    if lat_ref != 'N': lat = 0 - lat
    lng = conv_deg(gps['GPSLongitude'])
    lng_ref = gps['GPSLongitudeRef']
    if lng_ref != 'E': lng = 0 - lng
    return lat, lng

# 緯度経度を計算する関数 --- (※3)
def conv_deg(v):
    # 分数を度に変換
    d = float(v[0][0]) / float(v[0][1])
    m = float(v[1][0]) / float(v[1][1])
    s = float(v[2][0]) / float(v[2][1])
    return d + (m / 60.0) + (s / 3600.0)

# 画像から位置情報を取り出す --- (※4)
if __name__ == '__main__':
    lat, lng = get_gps('test.jpg')
    print(lat, lng)
```

　プログラムを実行するには、GPS 情報を含んだ JPEG 画像をプログラムと同じディレクトリにコピーし、コマンドラインで以下のコマンドを実行します。

```
python exif_gps.py
```

実行すると、次のように緯度経度の情報が表示されます。

```
35.44503527777778 139.57922738888888
```

　この緯度経度をオンライン地図サービスで表示させると撮影場所を表示できます。確かに、正しい撮影場所を指していることが分かります。PC 版で表示した地図と場所が一致しているので正しく抽出できたことも分かります。

第 5 章　気になる技術あんなことこんなこと

▲ ラーメンの写真から取得した GPS 情報を地図上に表示したところ

　プログラムを確認してみましょう。プログラムの (※ 1) の部分では、Exif 一覧を取得します。その際、Exif 情報にアクセスしやすくするために、辞書型の変数 exif にタグ名と値を代入します。

　(※ 2) の部分では、Exif の「GPSInfo」タグを取り出し、緯度 (GPSLatitude) 経度 (GPSLongitude) の情報を取得します。ここでもデータを扱いやすくするために、辞書型の変数 gps に代入します。その際、(※ 3) の関数 conv_deg を使って分数を度に変換します。

　そして、最後の (※ 4) の部分で、画像のファイル名を指定して、get_gps 関数を呼び出し、緯度経度を取得して出力します。

撮影場所の地名を表示しよう

　また、逆ジオコーディングすれば、撮影場所の地名を調べることができます。写真から逆ジオコーディングしてみましょう。先ほど作成した「exif_gps.py」は Python のモジュールとしても使えるように作ってあります。

　同じディレクトリに「exif_gps.py」を配置した上で以下のプログラムを実行してみましょう。ここでは、本章の位置情報の利用 (P.262 参照) で使用した OpenStreetMap の API を利用してみましょう。Python ライブラリの Geocoder をインストールする必要があります。「pip install geocoder==1.38.1」でインストールしてください。

参照するファイル　file: src/ch5/exif_revgeo.py

```
import exif_gps
import geocoder

# 写真から位置情報を取得
lat, lng = exif_gps.get_gps('test.jpg')
if lat is None:
    print('位置情報はありません。')
```

```python
    quit()

# 逆ジオコーディング（OpenStreetMap API を利用）
g = geocoder.osm((lat, lng), method='reverse')
print(' 写真の住所 :')
print(g.address)
```

　プログラムを表示するには、JPEG 画像「test.jpg」と「exif_gps.py」を同じディレクトリに配置し、以下のコマンドを実行します。

```
python exif_revgeo.py
```

　コマンドを実行すると、以下のように表示されます。

▲ 写真から GPS 情報を得て住所を表示したところ

この節のまとめ

→ 写真の緯度経度情報は、Exif の中に埋め込まれている

→ Exif を取得するには、PIL ライブラリを利用できる

→ 写真から GPS 情報を抽出し、逆ジオコーディングすることで写真の撮影場所を表示できる

第5章 | 気になる技術あんなことこんなこと

| 5-4 |

郵便番号から住所を自動入力する フォーム

ユーザーに住所を入力してもらうさまざまな場面があります。その際に、郵便番号を入力するだけで住所の大半が表示されるフォームがあります。便利な自動入力フォームを作成してみましょう。

ひとこと
●郵便番号から住所の自動入力ができると便利!

キーワード
●郵便番号データ
●CSV
●Ajax

郵便番号データはダウンロードできる

さて、郵便番号から住所を表示するのに必要なものはなんでしょうか。そうです、郵便番号から住所が引けるデータベースが必要です。そして、郵便番号と住所の対応データは、郵便局の Web サイトから自由にダウンロードできるようになっています。

それで、本節では、郵便番号データベースを Web API として作成し、自分の作った Web サービスから API を介して利用する方法を紹介します。

郵便番号データベースをダウンロードしよう

最初に、郵便番号データベースをダウンロードしましょう。下記、郵便局の Web サイトから自由にダウンロードできるようになっています。

●郵便番号データダウンロード
[URL] https://www.post.japanpost.jp/zipcode/download.html

291

▲ 郵便番号データは郵便局の Web サイトからダウンロード可能

　この郵便番号データは、CSV 形式でダウンロードできます。ダウンロード可能なデータには、いくつか種類があるのですが、ヨミガナの表記が異なっているだけです。上記の Web サイトにアクセスしたら、「読み仮名データの促音・拗音を小書きで表記するもの」のリンクをクリックしましょう。

　すると、都道府県別のものと、全国一括のものがあります。ここでは「全国一括」を選んでダウンロードしましょう。ZIP 形式で圧縮されているので解凍しましょう。

▲ 全国一括を選んでダウンロードしよう

　また、このページを見ると、毎月のようにデータが更新されていることが分かります。それほどたくさん更新される訳ではないのですが、郵便番号データは定期的に更新されるということを覚えておきましょう。

第5章 気になる技術あんなことこんなこと

　加えて、郵便番号データには、事業所データもあります。これは、大口事業所に個別に割り振られている郵便番号を示したものです。1つ前の「郵便番号データダウンロード」のページに戻って、「事業所の個別郵便番号（CSV形式）」の項にある「事業所の個別郵便番号」のリンクをクリックし、次いで「最新データのダウンロード」からZIPファイルをダウンロードし解凍します。すると、「JIGYOSYO.CSV」が得られます。

　ここまででダウンロードした郵便番号データ：

```
KEN_ALL.CSV  ---  全国一括の郵便番号データ
JIGYOSYO.CSV ---  大口事業所の郵便番データ
```

　ちなみに、郵便番号データの各列は次の書式で表されます。

```
1：全国地方公共団体コード
2：旧郵便番号（5桁）
3：郵便番号（7桁）
4：都道府県名（半角カタカナ）
5：市区町村名（半角カタカナ）
6：町域名（半角カタカナ）
7：都道府県名（漢字）
8：市区町村名（漢字）
9：町域名（漢字）
10：1町域が2以上の郵便番号で表されるか
11：小字毎に番地が起番されている町域か
12：丁目を有する町域か
13：1つの郵便番号で2以上の町域を表すか
14：更新されたか
15：変更の理由
```

　事業所用の郵便番号データは、次の書式となっています。上記のフォーマットとは異なるので注意が必要です。

```
1：大口事業所の所在地のJISコード
2：大口事業所名（カナ）
3：大口事業所名（漢字）
4：都道府県名（漢字）
5：市区町村名（漢字）
6：町域名（漢字）
7：小字名、丁目、番地等（漢字）
8：大口事業所個別番号
9：旧郵便番号（5バイト）
10：取扱局（漢字）
11：個別番号の種別の表示
12：複数番号の有無
13：修正したか
```

293

その他の注意点ですが、同じ郵便番号を持つ住所が複数登録されています。そのため、郵便番号をキーとして住所を取り出したい場合には注意が必要になります。今回は、複数の郵便番号を全部DBに格納してしまいます。

CSVファイルをデータベースに格納しよう

　もちろん、毎回、CSVを検索して住所を表示することもできます。全国一括の郵便番号データの「KEN_ALL.CSV」は12MBもあるファイルですが、最近のマシンスペックであれば、それほど時間も掛からず、目的の住所データを調べることができます。しかし、郵便番号データを引くだけで、マシンに負荷をかけるのも勿体ないものです。と言うのも、CSV形式は単純であるとは言え、データの解析に時間がかかることや、解析後に上から下まで全部検索しなくてはなりません。しかし、データベースを利用するなら、最初から検索に適した形式でデータを格納できますし、効率的に郵便番号から住所を取り出すことができます。

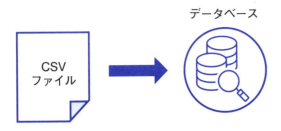

▲ データベースを使うと高速にデータを検索できるようになる

　そこで、最初にCSVファイルを読んで、データベースに格納するプログラムを作ってみましょう。ここでは、手軽に使える組み込みデータベースのSQLiteを利用してみます。
　以下のプログラムは、CSVファイルを読み込んで、SQLiteのデータベースにデータを格納するものです。

参照するファイル　file: src/ch5/zip-csv2sqlite.py

```
import sqlite3, csv

# 保存先の指定
FILE_SQLITE = 'zip.sqlite'

# DBに接続してテーブルを作成 --- (※1)
conn = sqlite3.connect(FILE_SQLITE)
```

第5章　気になる技術あんなことこんなこと

```python
conn.execute('''
  CREATE TABLE IF NOT EXISTS zip (
    zip_id INTEGER PRIMARY KEY,
    code TEXT,
    ken TEXT,
    shi TEXT,
    cho TEXT
  )
''')

# 過去に入っているデータがあれば削除 --- （※2）
conn.execute('DELETE FROM zip')

# CSV を読んで DB に入れる関数 --- （※3）
def read_csv(fname):
    c = conn.cursor()
    f = open(fname, encoding='cp932')
    reader = csv.reader(f)
    for row in reader:
        code = row[2]
        ken = row[6]
        shi = row[7]
        cho = row[8]
        if cho == ' 以下に掲載がない場合 ':
            cho = ''
        print(code, ken, shi, cho)
        c.execute(
            'INSERT INTO zip (code,ken,shi,cho) ' +
            'VALUES (?,?,?,?)',
            [code,ken,shi,cho])
    f.close()
    conn.commit()

# 事業所用のデータを DB に入れる関数 --- （※4）
def read_jigyosyo_csv(fname):
    c = conn.cursor()
    f = open(fname, encoding='cp932')
    reader = csv.reader(f)
    for row in reader:
        code = row[7]
        ken = row[3]
        shi = row[4]
        cho = row[5] + row[6] + ' ' + row[2]
        print(code, ken, shi, cho)
        conn.execute(
            'INSERT INTO zip (code,ken,shi,cho) ' +
            'VALUES (?,?,?,?)',
            [code,ken,shi,cho])
    f.close()
    conn.commit()

# CSV ファイルを読む --- （※5）
read_csv('KEN_ALL.CSV')
read_jigyosyo_csv('JIGYOSYO.CSV')
```

295

```
conn.close()
print('ok')
```

　プログラムを実行するには、同じディレクトリに CSV ファイルを用意して、コマンドラインに以下のコマンドを入力して実行します。

`python zip-csv2sqlite.py`

　プログラムを実行すると、コマンドラインに登録中の住所が表示されます。

▲ CSV ファイルをデータベースに格納したところ

　プログラムを確認してみましょう。(※ 1) の部分では、SQLite3 のデータベースに接続して、テーブルを作成します。接続とは言っても、SQLite のデータベースはファイル形式なので、ファイルを開きます。そして、CREATE TABLE を発行して、郵便番号用のテーブルを作成します。

　プログラムの (※ 2) の部分では、過去に格納したデータがあればそれをすべて削除します。本節ですでに紹介した通り、郵便番号データは毎月少しずつ更新されているので、将来データベースの内容を差し替えることを考えて削除しています。

　(※ 3) の部分では、CSV ファイルを一行ずつ読んで、必要となるカラムのみ取り出して、SQLite に格納していきます。データベースに格納するには、execute メソッドを使うのですが、SQL の INSERT を発行してデータを格納します。そして、(※ 4) の部分も同じですが、事業用の郵便番号データを読み出して、データベースに格納します。カラムの番号が若干異なる以外は同じです。

最後の (※ 5) の部分では、ファイル名を指定して (※ 3) と (※ 4) の部分で定義した関数を呼び出しています。

郵便番号データベースをテストしてみよう

無事に郵便番号データベースが完成したので、簡単な Python プログラムを作ってテストしてみましょう。

参照するファイル file: src/ch5/zip-test.py

```python
# テスト用の郵便番号
code = '1510065'

# データベースに接続
import sqlite3
conn = sqlite3.connect('zip.sqlite')

# 郵便番号を検索
c = conn.cursor()
res = c.execute('SELECT * FROM zip WHERE code=?', [code])
for row in res:
    print(row)
```

コマンドラインで以下のコマンドを実行するとテストできます。

```
python zip-test.py
```

正しくデータベースにアクセスできた場合、以下のような結果が表示されます。

▲ データベースから郵便番号に対応する住所を抽出した

　プログラムは、データベースを開いて、SQL で「SELECT」を発行してデータの抽出を行って、結果を表示するという流れになっています。SQL が分からないとちょっと読みにくいと思うかもしれませんが、この SQL では、zip テーブルから任意のコードを抽出して結果を返すというものです。

SQL を使ってデータベースを操作しよう

　1 章や 4 章で紹介したように、SQLite をはじめ、多くの RDBMS(関係データベース管理システム) では、SQL という簡単なコマンドを実行することで、データベースを操作します。SQL を使うとデータベースを手軽に操作できるので重宝します。やはり、Web サービスの開発においては、SQL の知識も必須となるので覚える必要があります。

郵便番号 Web API を実装しよう

　次に、リクエストに応じて住所を返す Web API に仕立ててみます。Web API になっていれば、JavaScript から非同期通信の Ajax によって、データの受け渡しができるようになります。ここでは、3 章、4 章に引き続き、軽量な Web アプリケーションフレームワークの Flask を使って API を完成させてみます。Flask のインストールについては、3 章の 3-2 をご覧ください。

　さて、以下が Flask で独自 Web API を実装した Python のプログラムです。

参照するファイル　file: src/ch5/zip-api.py

```python
from flask import Flask, request
import sqlite3, os, json

# 郵便番号のデータベースのパスを特定 --- ( ※ 1)
base_path = os.path.dirname(os.path.abspath(__file__))
db_path = base_path + '/zip.sqlite'
form_path = base_path + '/zip-form.html'

# Flask を取り込む --- ( ※ 2)
app = Flask(__name__)

# ルートにアクセスがあったとき --- ( ※ 3)
@app.route('/')
def index():
    with open(form_path) as f:
        return f.read()

# API にアクセスがあったとき --- ( ※ 4)
@app.route('/api')
def api():
    # パラメーターを取得 --- ( ※ 5)
    q = request.args.get("q", "")
    # データベースから値を取得 --- ( ※ 6)
    conn = sqlite3.connect(db_path)
    c = conn.cursor()
    c.execute(
        'SELECT ken,shi,cho FROM zip WHERE code=?',
        [q])
    items = c.fetchall()
    conn.close()
```

第5章　気になる技術あんなことこんなこと

```python
        # 結果を JSON で出力 --- （※7）
        res = []
        for i, r in enumerate(items):
            ken,shi,cho = (r[0], r[1], r[2])
            res.append(ken + shi + cho)
            print(q, ":", ken + shi + cho)
        return json.dumps(res)

# Flask を開始する --- （※8）
if __name__ == '__main__':
    app.run(host='0.0.0.0')
```

プログラムの（※1）では、郵便番号データベースや Web フォームのパスを指定します。

（※2）の部分では、Flask を取り込みます。

（※3）の部分では、ルートにアクセスがあったときに、index 関数を実行するように指定しています。ここでは、Web のフォームを読み込んで返すようにしています。

（※4）の部分では、/api にアクセスがあったときの処理を記述しています。ここでは、URL パラメーターの q の値を元に郵便番号から住所を引いて返すようにしています。

（※5）の部分では、リクエストのパラメーター q の値を取得します。

（※6）の部分で、データベースから値を取得して、（※7）の部分で JSON 形式に変換してサーバーに出力します。

（※8）では Flask を開始します。

非同期通信の Ajax を使って住所入力フォームを作ろう

以下の HTML ファイルでは、住所入力フォームを記述します。郵便番号を入力して「自動入力」のボタンを押すと JavaScript でサーバー側にアクセスし、住所を取得してフォームに自動入力します。

参照するファイル　file: src/ch5/zip-form.html

```html
<!DOCTYPE html>
<html><body><h1> 住所入力 </h1>
  <!-- 住所入力フォーム --- （※1） -->
  <div><form>
    郵便番号： <br>
    <input type="text" name="zip" id="zip">
    <input type="button" value=" 自動入力 " id="zipBtn"><br>
    住所： <br>
    <input type="text" name="addr" id="addr" size="60"><br>
    <input type="submit" value=" 送信 ">
  </form></div>
  <!-- jQuery の取り込み --- （※2） -->
  <script src="https://ajax.aspnetcdn.com/ajax/jQuery/jquery-3.4.1.min.js"></script>
  <script>
    // 郵便番号 API で住所を得る --- （※3）
    const API = "/api?q="
```

299

```
      const zipBtn = document.querySelector('#zipBtn')
      const zip = document.querySelector('#zip')
      const addr = document.querySelector('#addr')
      // ボタンを押した時の動作 --- (※4)
      zipBtn.onclick = function () {
        const q = zip.value.replace('-', '')
        addr.value = '' // 住所入力ボックスを空にしておく
        jQuery.get(API + q, {}, gotAddress, 'json')
      }
      // API からの応答を得た時の動作 --- (※5)
      function gotAddress(data) {
        if (data.length == 0) return
        if (addr.value == '') { // 空であれば住所を設定
          addr.value = data[0]
        }
      }
  </script>
</body></html>
```

それでは、実際に動かして試してみましょう。コマンドラインで以下のコマンドを実行します。

```
python zip-api.py
```

すると、Web サーバーが起動し、指定の URL にブラウザーでアクセスするように指示が表示されます。Web ブラウザーで「127.0.0.1:5000」にアクセスしましょう。すると、次のような住所入力フォームが現れます。適当に郵便番号を入力して「自動入力」のボタンを押すと、住所が表示されます。

▲ 郵便番号から住所を表示する

上記の HTML ファイルの内容を確認してみましょう。

第5章　気になる技術あんなことこんなこと

　HTML の (※ 1) の部分では、住所入力フォームを記述しています。<form> と <input> を利用した一般的な入力フォームです。ここでポイントとなるのは、JavaScript で操作できるよう、郵便番号入力フォームや、住所入力フォームなどに id 属性を割り振って操作できるようにしています。

　HTML の (※ 2) の部分では、JavaScript のライブラリ「jQuery」を取り込んでいます。jQuery を利用することにより、非同期通信の Ajax や DOM 操作が手軽になります。今回は、Ajax のために jQuery を利用しています。

　JavaScript のプログラム (※ 3) 以降の部分で、郵便番号から住所を取得して自動入力するギミックを記述します。冒頭で郵便番号 API のアドレスやパラメーターを指定します。(※ 4) の部分では、自動入力のボタンを押したときの動作を指定します。ここでは、jQuery を利用して、非同期通信を行い、サーバーから応答が返ってきたら gotAddress 関数を実行するように指定します。そして、(※ 5) の部分で住所入力のエディターに住所を設定します。

　以上のように、少し手間をかけるだけで、郵便番号から住所の自動入力機能を実装することができます。余裕が出てきたら、ユーザーの入力の手間を省くために実装すると良いでしょう。

この節のまとめ

→ 郵便番号データベースを使えば、住所入力の手間を大幅に軽減できる

→ 郵便番号データベースは公開されている

→ CSV ファイルを検索するよりも、一度データベースに格納した方が検索にかかる手間が減る

→ 非同期通信 Ajax を利用すれば、画面遷移を行うことなく自然に入力を支援できる

第5章 | 気になる技術あんなことこんなこと

5-5

QRコードを活用するシステム

名刺に QR コードを入れたり、携帯電話で QR コードを表示しての決済など、近年 QR コードの活用が広がっています。ここでは、QR コードを Web サービスに活用する方法を紹介します。

ひとこと
● QRコードは現実とWebサービスをつなぐ架け橋になる

キーワード
● QRコード

QR コードを生成しよう

QR コードは、ISO(ISO/IEC18004)、JIS(JIS-X-0510) で規格化されています。そのため、QR コードを生成するライブラリは充実しており、Python でも手軽に生成することができます。

QR コードを生成するライブラリ

QR コードを生成する qrcode パッケージは pip コマンドを利用してインストールができます。コマンドラインから以下のコマンドを実行して、パッケージを導入しましょう。

```
pip install qrcode==6.1
```

一番簡単な QR コード作成プログラム

それでは、QR コードを作成してみましょう。

参照するファイル　file: src/ch5/qrcode_hello.py

```
import qrcode

img = qrcode.make('https://kujirahand.com')
img.save('qrcode.png')
print('ok')
```

プログラムをコマンドラインから実行してみましょう。

```
python qrcode_hello.py
```

プログラムを実行すると、「qrcode.png」というファイルが作成されます。これを開いてスマートフォンのカメラなどにかざしてみましょう。すると、筆者のWebサイト「https://kujirahand.com」へのリンクが表示されます。次の画像はプログラムを実行してQRコードを確認してみたところです。

▲ QRコードを生成して表示したところ

このように、QRコードを作成するのは非常に簡単です。

生成するQRコードをカスタマイズする方法

QRコードにはバージョンがあり、また、誤り訂正レベルを指定することもできます。以下は、QRコードのバージョンやエラー訂正レベルを指定して画像を生成します。

参照するファイル　file: src/ch5/qrcode_more.py

```python
import qrcode

# QRコードの生成で細かい設定を行う場合 --- (※1)
qr = qrcode.QRCode(
    box_size=4,
    border=8,
    version=12,
    error_correction=qrcode.constants.ERROR_CORRECT_Q)
# 描画するデータを指定する --- (※2)
qr.add_data('https://kujirahand.com/')
# QRコードの元データを作る --- (※3)
qr.make()
# データをImageオブジェクトとして取得 --- (※4)
img = qr.make_image()
# Imageをファイルに保存 --- (※5)
img.save('qrcode2.png')
print('ok')
```

プログラムを実行するには、以下のコマンドを実行します。

```
python qrcode_more.py
```

上記のプログラムで生成されたQRコードは次のようなものとなります。

▲ 作成されたQRコード

　プログラムを確認してみましょう。プログラムの(※1)の部分では、いろいろなオプションを指定してQRコードのオブジェクトを生成します。キーワード引数のbox_sizeはQRコードのセルのピクセルサイズで、borderはQRコードの周囲の余白のピクセル数です。versionはQRコードのバージョンを指定し、error_correctionでは誤り訂正レベルを指定します。
　(※2)の部分では、描画するデータを指定します。
　(※3)ではQRコードのデータを生成し、(※4)の部分でデータを元に画像データを作成します。そして、最後(※5)の部分で画像に保存します。
　なお、(※1)のオプションについて紹介します。QRコードにはバージョンがあります。バージョンが上がるごとに、セル数が細かくなりそれだけ多くの情報を納めることができるようになります。以下のWebサイトに詳しいバージョンの解説があります。

第5章　気になる技術あんなことこんなこと

● QR コードドットコム > QR コードの情報量とバージョン
[URL] https://www.qrcode.com/about/version.html

▲ QR コードのバージョン情報 - QR コードドットコムより

　今回、バージョン 12 を指定しましたが、この場合セル数は 65x65 となり、誤り訂正レベル Q を指定した場合には、1648 ビットのデータ (英数字で 296 文字) を表現することができます。
　なお、誤り訂正レベルは、定数で L/M/Q/H のレベルを指定できます。M がデフォルトです。誤り訂正レベルを高くすると、エラーが低くなる代わりに表現できるデータの量が減ります。

誤り訂正レベルの定数の指定	誤り訂正率
qrcode.constants.ERROR_CORRECT_L	約 7%
qrcode.constants.ERROR_CORRECT_M	約 15%
qrcode.constants.ERROR_CORRECT_Q	約 25%
qrcode.constants.ERROR_CORRECT_H	約 30%

QR コードを使ったアイデア

　QR コードは現実と Web の世界をつなぐツールです。最近のスマートフォンのカメラでは、特に QR コードリーダーをインストールしていなくても、自動的に QR コードを認識して、URL をサジェスチョンしてくれます。これを利用すれば、いろいろな用途に QR コードを利用できます。

305

名刺に入れる QR コードでアクセスをカウントしよう

　最近では、名刺に QR コードが入っている例も見かけます。とは言え、単に QR コードで自身の Web サイトの URL を入れるだけでは勿体ないです。名刺からのアクセスをカウントできるようにするのはどうでしょうか。

　3 章で紹介した Flask と、4 章で紹介した TinyDB で簡単なアプリを作ってみましょう。QR コードでアクセスすると、名刺からのアクセスをカウントし、任意の URL へリダイレクトします。

参照するファイル file: src/ch5/webapp_qrcode.py

```python
from flask import Flask, request, redirect
from tinydb import TinyDB
import qrcode

# アクセスをカウントした後にジャンプする URL --- （※1）
JUMP_URL = 'https://kujirahand.com/'
FILE_COUNTER = './counter.json'

# Flask を生成 --- （※2）
app = Flask(__name__)
# TinyDB を開く --- （※3）
db = TinyDB(FILE_COUNTER)

@app.route('/')
def index():
    # 訪問用 QR コードを生成 --- （※4）
    url = request.host_url + 'jump'
    img = qrcode.make(url)
    img.save('./static/qrcode_jump.png')
    # 画面に QR コードを表示 --- （※5）
    counter = get_counter()
    return '''
    <h1> 以下の QR コードを名刺に印刷 </h1>
    <img src="static/qrcode_jump.png" width=300><br>
    {0}<br>
    現在の訪問者は、{1} 人です。
    '''.format(url, counter)

@app.route('/jump')
def jump():
    # アクセスをカウントアップ --- （※6）
    v = get_counter()
    table = db.table('count_visitor')
    table.update({'v': v + 1})
    # 任意の URL にリダイレクト --- （※7）
    return redirect(JUMP_URL)

def get_counter():
    # アクセスを数える --- （※8）
    table = db.table('count_visitor')
    a = table.all()
```

306

```
        if len(a) == 0:
            # もし最初なら値 0 を挿入する --- （※ 9）
            table.insert({'v': 0})
            return 0
        return a[0]['v']

if __name__ == '__main__':
    app.run(host='0.0.0.0', port=5001)
```

最初に、以下のプログラムを Python の実行できる Web サーバーに配置しましょう。QR コードを static フォルダーに作成するので static フォルダーも作っておきます。以下のコマンドを実行して Web サーバーを開始します。

```
mkdir static
python webapp_qrcode.py
```

実行すると、Web サーバーが起動します。そこで、以下の URL にブラウザーでアクセスします。

```
http:// アプリを配置した URL:5001/
```

すると、以下のような画面が出ます。表示されている QR コードをスマートフォンのカメラで URL を読み取って URL にアクセスしてみましょう。

▲ QR コードを名刺に印刷してアクセスカウンタとして活用しよう

するとアプリで指定した URL にリダイレクトします。再び、先ほどの QR コードを表示した URL にアクセスすると、画面下部の訪問者数が増えているのを確認できるでしょう。

なお、このプログラムは、ポート 5001 で動かすので、Web サーバー側でポート 5001 にアクセスできるように設定を変更する必要もあります。

上記のプログラムを確認してみましょう。(※ 1) の部分では、アクセスをカウントアップした後に、リダイレクトで飛ぶ先の URL を指定します。また、データベースのファイル名も指定します。

(※ 2) の部分では、Flask のオブジェクトを生成します。(※ 3) の部分では、TinyDB のデータベースを開きます。

(※ 4) の部分では訪問用の QR コードを生成しファイルに保存します。そして、(※ 5) の部分では保存した QR コードを画面に表示します。また、その際、現在のカウンタの値も取得して表示します。

(※ 6) の部分では、データベースの値をカウントアップして、(※ 7) の部分で任意の URL へリダイレクトします。

(※ 8) から (※ 9) の部分では、データベースからアクセス数を取得します。その際、データベースに値が設定されていなければ、(※ 9) の部分で、最初の値 0 をデータベースに挿入します。

QR コードのアクセスカウンタの改良

なお、アクセスをカウントする際に、メール送信を行うようにしておけば、名刺からアクセスがあったことをメール通知で受け取ることもできるでしょう。

また、本章でも紹介している GeoIP のテクニックを使えば、アクセスのあった IP アドレスからだいたいのアクセスユーザーの居場所を知ることができます。アクセス回数だけでなく、アクセス場所を記録するなら、営業に活用できるデータとなることでしょう。

QR コード活用のアイデア

QR コードの利用方法は、いろいろあります。ここでは、QR コードを利用したアイデアをいくつか紹介します。

QR コードと UUID でクーポンを管理する

4 章の 4-2 でファイルの転送アプリを作った時に、UUID について紹介しました。URL と UUID を組み合わせることで、予測が難しいユニークな URL を作成することができます。そこで、UUID を利用してクーポンの発行システムを作ることができるでしょう。

以下のようなシナリオを考えることができます。

(1) お店がアプリにアクセスして、クーポンの「名前」と「発券枚数」を指定して、発行ボタンを押す。

(2) アプリでは、UUID を用いてユニークな URL をクーポンの枚数分生成し、生成した URL の QR コードの一覧を表示する。その際、生成した URL とクーポン名をデータベースに保存しておく。

(3) お店では、表示された QR コードをメールや LINE でお客さんに送信する。

(4) お客さんが来店し、QR コードを見せる。

第5章　気になる技術あんなことこんなこと

(5) お店では、QR コードをスマホなどでスキャンして、URL にアクセスする。

(6) アプリでは、アクセスされた URL を元にデータベースを参照して、クーポンの名前とクーポンが未使用であることを確認する。

(7) ここで「クーポンを使用する」ボタンが表示されるので、これを押すと、クーポンのステータスが使用済みに変更される。

QR コードとセッションで料理の注文を行う

　複数の QR コードを意味のある順番で読むことにより、さまざまなオペレーションが可能になります。例えば、料理の注文も可能です。連続で QR コードを読む場合、3 章で紹介した「セッション」に読み込んだ値を保存しておくことで、意味のある組み合わせを指定できます。

　ここでは、以下のようなシナリオを考えることができるでしょう。

(1) お店では、お客さんの座るテーブルごとに、UUID を用いた URL を生成し、QR コードを生成してテーブルに貼り付けておく。

(2) また、お店では、メニューも同様に UUID を用いて URL を生成し、QR コードを生成し、メニュー画像の下に QR コードを描画しておく。 その際、テーブル番号やメニューごとに生成した URL をデータベースに保存しておく。

(3) お客さんが来店してメニューを聞く段階になったら、店員がテーブルに貼られた QR コードをスキャンして URL にアクセスする。そして、続けて、お客さんが選んだメニューの下にある QR コードを読んで URL にアクセスする。

(4) この時点で、テーブル番号とオーダーがセッションに入っている。アプリの注文画面を開き、厨房にオーダーを送ると同時にセッションの値をクリア。

イベント不正参加防止に QR コードを活用

　上記のクーポンと同じですが、QR コードをメールや LINE で配布しておくことで、正しいイベントの参加者であることを確認することができます。次のシナリオで利用することができます。

(1) イベント参加者はチケットの購入の際に携帯電話の電話番号を登録する。

(2) 購入が完了すると、参加者ごとに異なる QR コードが発行されメールなどで送信される。

(3) イベント当日、会場の入り口で受付の人が、参加者の QR コードをスキャンして URL にアクセス。

(4) 正しい QR コードであれば、受付の人のスマートフォンに、参加イベントとイベント日時が画面に表示される。その際、アプリ側では、その QR コードを使用済みに設定する。

309

この仕組みであれば、不正入場を防ぐことが出来る上に、イベントの出欠席の確認も可能です。

QRコードによるポイント決済

また、すでに一般的に普及していますが、QRコードを利用した決済を行うことができます。この仕組みを単なる決済だけに使うのではなく、ポイントカードのように使うこともできるでしょう。

この節のまとめ

→ PythonならQRコードの生成は簡単

→ QRコードは現実世界とWebの世界をつなげることができる

→ QRコードにUUIDを用いた類推が難しいユニークなURLを埋め込めば、クーポンやイベント参加証のように使うことができる

第5章 | 気になる技術あんなことこんなこと

5-6

ページングを実装しよう

ページングとはたくさん表示項目がある場合に、ページに区切って情報を分けて表示する手法のことです。情報がたくさんあると読み込みが遅くなったり、見づらくなったりします。そこでページングが重要になります。

ひとこと
● ページを分けて見やすく軽快なサービスを作ろう

キーワード
● ページング

ページングとは

ページングとは、大量の情報があったときに、情報を分割して表示する手法です。ページングを行うことで、ユーザーが確認するデータを制限できます。また、一度に見せるデータを減らすことで、ネットワークの転送量を減らし、ユーザーにもマシンにも優しいサイトにすることができます。

基本的な実装

それでは、リストのデータを三件ずつ表示するという簡単なプログラムを作ってみましょう。

参照するファイル file: src/ch5/page.py

```python
from flask import Flask, request
import math
# 1ページに表示するデータ数
limit = 3
# サンプルデータ --- (※1)
data = [
    {"name": "リンゴ", "price": 370},
    {"name": "イチゴ", "price": 660},
    {"name": "バナナ", "price": 180},
    {"name": "マンゴ", "price": 450},
    {"name": "トマト", "price": 250},
    {"name": "セロリ", "price": 180},
```

311

```python
    {"name": "パセリ", "price": 220},
    {"name": "ミカン", "price": 530},
    {"name": "エノキ", "price": 340}]

app = Flask(__name__)

# ブラウザーのメイン画面 --- (※2)
@app.route('/')
def index():
    # ページ番号を得る --- (※3)
    page_s = request.args.get('page', '0')
    page = int(page_s)
    # 表示データの先頭を計算 --- (※4)
    index = page * limit
    # 表示データを取り出す --- (※5)
    s = '<div>'
    for i in data[index : index+limit]:
        s += '<div class="item">'
        s += '品名：' + i['name'] + '<br>'
        s += '値段：' + str(i['price']) + '円'
        s += '</div>'
    s += '</div>'
    # ページャーを作る --- (※6)
    s += make_pager(page, len(data), limit)
    return '''
<html><meta charset="utf-8">
<meta name="viewport"
    content="width=device-width, initial-scale=1">
<link rel="stylesheet" href="static/pure-min.css">
<style> .item { border: 1px solid silver;
                background-color: #f0f0ff;
                padding: 9px; margin: 15px; } </style>
<body><h1 style="text-align:center;">商品 </h1>
''' + s + '</body></html>'

def make_button(href, label):
    klass = 'pure-button'
    if href == '#': klass += ' pure-button-disabled'
    return '''
<a href="{0}" class="{1}">{2}</a>
'''.format(href, klass, label)

def make_pager(page, total, per_page):
    # ページ数を計算 --- (※7)
    page_count = math.ceil(total / per_page)
    s = '<div style="text-align:center;">'
    # 前へボタン --- (※8)
    prev_link = '?page=' + str(page - 1)
    if page <= 0: prev_link = '#'
    s += make_button(prev_link, '←前へ ')
    # ページ番号 --- (※9)
    s += '{0}/{1}'.format(page+1, page_count)
```

```
    # 次へボタン --- (※10)
    next_link = '?page=' + str(page + 1)
    if page >= page_count - 1: next_link = '#'
    s += make_button(next_link, ' 次へ→ ')
    s += '</div>'
    return s

if __name__ == '__main__':
    app.run(debug=True, host='0.0.0.0')
```

プログラムを実行するには、以下のコマンドを実行します。

```
python page.py
```

プログラムを実行すると、Webサーバーが起動します。コマンドラインに表示されるURLにWebブラウザーでアクセスします。すると、以下のように表示されます。

▲ 画面下部にページャーが表示される

▲ 次へボタンや前へボタンをクリックするとページが変わる

▲ 最終ページが表示されたところ

　プログラムを確認してみましょう。(※ 1) の部分ではサンプルデータをリストで定義します。この部分は実際には、データベースなどから取得するデータとなります。

　(※ 2) の部分では、Web ブラウザーで表示した時に実行されます。ここでは、URL パラメーターからページ番号を得て該当するデータを表示し、ページャーで別のページへのリンクを表示します。(※ 3) の部分では、ページ番号を得ます。(※ 4) の部分では表示するデータの先頭を計算します。(※ 5) の部分では表示データを取り出して表示します。(※ 6) の部分ではページャーを作成します。

　(※ 7) 以降の make_pager 関数ではページャーの HTML を生成して返します。(※ 7) の部分ではページ総数を計算します。そして、(※ 8) の部分では「前へ」のボタンを表示します。(※ 9) ではページ番号と総ページ数を表示します。(※ 10) の部分では「次へ」のボタンを表示します。その際、ページ番号を考慮して、ページが 0 未満になるときとページが総数を超える際には、リンクを無効にします。

ページングの計算

　全データ数が分かっていれば、何ページ必要になるかを調べるのは容易です。切り上げを行う math.ceil を使うことでページ数を求めることができます。

```
ページ数 = math.ceil( データ数 / 表示数 )
```

そして、最初のページを 0 と数えるとき、現在のページ番号が 0 未満ならば「前へ」のボタンを無効にし、ページ番号がページ数と同じかそれ以上ならば「次へ」のボタンを無効にします。このように、データの総数が分かっていれば、ページャーを作るのは難しいものではありません。

データベースと組み合わせる場合

続いて、データベースと組み合わせる方法を考えます。その場合、SQL の OFFSET や LIMIT を指定してデータを取得します。例えば、以下はテーブル logs から最新の 50 件を表示する例です。

```
SELECT * FROM logs ORDER BY log_id DESC
  LIMIT 50 OFFSET 0
```

もし、2 ページ目、3 ページ目を表示したい時には、OFFSET の値を変更して、以下のような SQL を実行します。

```
/* 2ページ目のデータを抽出するSQL */
SELECT * FROM logs ORDER BY log_id DESC
  LIMIT 50 OFFSET 50

/* 3ページ目のデータを抽出するSQL */
SELECT * FROM logs ORDER BY log_id DESC
  LIMIT 50 OFFSET 100
```

ページングでデータベースの負荷軽減ができる

ページング処理を工夫すると、データベースの負荷を軽減することができます。もちろん、アクセス負荷が気にならない状況であれば、上記のように、LIMIT と OFFSET を利用してページングを作ることができます。

しかし、複雑な条件を指定してデータベースを検索する際、毎回、全データを検索し最大件数を取得してからページング処理を行うのでは、負荷が高くなり効率が悪い場合があります。

もし、次のページがあるかどうか分かれば良いだけであれば、LIMIT に表示件数 +1 件を指定することで、検索にかかる負荷を軽減できます。

例えば、1 ページに 50 件ずつ項目を表示する場合には、データベースから最大 51 件を抽出します。その際、51 件のデータを無事に取得できたなら、現在の 50 件に続きのページがあるということです。そして、51 件に満たないデータしか抽出できなければ、続きのページがないと判定するのです。

最大 ID を指定する方式なら高速

データベースを利用する場合、主キーを指定してデータを抽出するのは非常に高速です。そのため、主キーの最大値を指定する方式でページングを行うと高速に検索できます。

と言うのも、OFFSET を使う場合、OFFSET の値が小さなうちは高速に抽出できますが、OFFSET の値が大きくなると、どうしても検索の負荷が高くなりがちです。しかし、主キーの最大値を指定して、データを抽出するようにすれば、OFFSET を使う必要がなく、複雑な条件で検索する場合でも比較的高速にデータを抽出できます。

例えば、最新のログから 50 件を表示した時に、表示したログの中で一番小さな主キーの値を覚えて起きます。そして、「次へ」ボタンを押した時には、その小さな主キーの値より小さな 50 件を表示するようにします。例えば、logs テーブルの主キー log_id で検索する場合、以下のような SQL を記述します。

```
SELECT * FROM logs
  WHERE log_id < 230
  ORDER BY log_id DESC LIMIT 50
```

この方式は、Twitter の API などでも利用されており、max_id を指定することで、それより小さな ID のつぶやきを取り出すことができるようになっています。

この節のまとめ

→ ページングを行うと、ユーザーにもサーバーにも優しい

→ データ数が分かればページ数を計算できるので、各ページへのナビゲーションを出すのは簡単

→ ページングを工夫すれば、データベースの負荷軽減ができる

第5章 | 気になる技術あんなことこんなこと

| 5-7 |

パスワードをハッシュ化して保存しよう

昨今、顧客データの流出が大きな社会問題となっています。パスワードをハッシュ化して保存することで流出に備えることができます。

ひとこと	キーワード
● パスワードはハッシュ化して保存すべし	● ハッシュ・アルゴリズム
	● MD5 / SHA
	● SALT
	● PBKDF2

パスワードをハッシュ化して保存するメリット

　パスワード流出問題がある度に話題になるのが、**どのような形でパスワードを保存していたか**です。パスワードをハッシュ化しておけば、万が一、流出したとしても元のパスワードを推測するのが至難の業となります。

　なぜなら、ハッシュ化というのは、一方向の暗号化のようなものです。一度パスワードをハッシュ化したなら、元に戻すことは非常に困難です。元に戻せないなら、どのようにして、パスワードが合致しているか確認できるのでしょうか。

パスワードをハッシュ化しても良いカラクリ

　一般的に、あるサービスの利用者は、サービスを利用する前にアカウントを作りパスワードを登録します。その登録の際に、ユーザーが決めたパスワードを、ハッシュ関数を通して、ハッシュ値に変換します。そして、データベースには、パスワードではなく、ハッシュ値を保存します。

　ユーザーがログインしたい場合にも、ユーザーが送信したパスワードをハッシュ関数に通してハッシュ値を得ます。データベースに保存されているハッシュ値と照合して、合致していればユーザー認証を通します。共に、同じハッシュ関数を通すことで、同じハッシュ値を得ることができるという性質を利用してユーザー認証を行うのです。

317

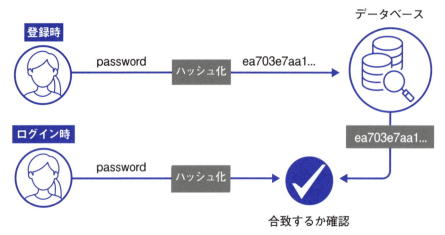

▲ ハッシュ値によるパスワードの照合

ハッシュ関数は暗号化ではなく要約する

　先ほど**暗号化のようなもの**と言ったのは理由があって、本当の意味での暗号化ではないからです。ハッシュ関数というのはデータの要約を行う関数なのです。ハッシュ関数から得られたハッシュ値は、データの要約であるため、まったく同じ値が得られることもあります。異なるデータから、同一のハッシュ値が得られる場合、その値は「衝突している」と表現されます。

　ですから、パスワードを保持するために使われるハッシュ関数では、できるだけハッシュ値が衝突しないようなアルゴリズムを採用する必要があります。なお、以前、パスワードやファイルの改ざんチェックに使われていたMD5というアルゴリズムでは、理論的な弱点が存在することが明らかになっており、MD5ではなくSHA(Secure Hash Algorithm)を利用することが推奨されています。

ユーザー登録とユーザー認証を実装してみよう

　それでは、Pythonでユーザー登録とユーザー認証を実装してみましょう。以下のプログラムはユーザー登録とユーザー認証を行うだけの簡単なプログラムです。

参照するファイル　file: src/ch5/auth.py

```
from flask import Flask, request
import os, json, hashlib, base64

app = Flask(__name__)
APP_DIR = os.path.dirname(__file__)
DATA_FILE = APP_DIR + '/users.json'

# ハッシュ化のためのSALT --- (※1)
```

第 5 章　気になる技術あんなことこんなこと

```python
HASH_SALT = 'uN6yjW:qqU#6X_dGaqK!LGOFi_eK_OA3'

# パスワードをハッシュ化する --- （※2）
def password_hash(password):
    key = password + HASH_SALT
    key_b = key.encode('utf-8') # バイナリ化
    return hashlib.sha256(key_b).hexdigest()

# パスワードが正しいかを検証する --- （※2a）
def password_verify(password, hash):
    hash_v = password_hash(password)
    return (hash_v == hash)

# ファイルからログイン情報を読む --- （※3）
def load_users():
    if os.path.exists(DATA_FILE):
        with open(DATA_FILE, 'rt') as fp:
            return json.load(fp)
    return {}

# ファイルへログイン情報を保存 --- （※4）
def save_users(users):
    with open(DATA_FILE, 'wt', encoding='utf-8') as fp:
        json.dump(users, fp)

# 新規ユーザーを追加 --- （※5）
def add_user(id, password):
    users = load_users()
    if id in users:
        return False
    users[id] = password_hash(password)
    save_users(users)
    return True

# ログインできるか確認 --- （※6）
def check_login(id, password):
    users = load_users()
    if id not in users:
        return False
    return password_verify(password, users[id])

# ブラウザーのメイン画面 --- （※7）
@app.route('/')
def index():
    return '''
    <html><meta charset="utf-8"><body>
    <h3> ユーザー登録 </h3> {0} <hr>
    <h3> ユーザーログイン </h3> {1}
    </body></html>
    '''.format(
        get_form('/register', ' 登録 '),
        get_form('/login', ' ログイン '))

def get_form(action, caption):
```

319

```
        return '''
        <form action="{0}" method="post">
        ID:<br>
        <input type="text" name="id"><br>
        パスワード :<br>
        <input type="password" name="pw"><br>
        <input type="submit" value="{1}">
        </form>
        '''.format(action, caption)

# ユーザー登録 --- (※8)
@app.route('/register', methods=['POST'])
def register():
    id = request.form.get('id')
    pw = request.form.get('pw')
    if id == '':
        return '<h1>失敗 :ID が空です。</h1>'
    # ユーザーを追加
    if add_user(id, pw):
        return '<h1>登録に成功</h1><a href="/">戻る</a>'
    else:
        return '<h1>登録に失敗</h1>'

# ユーザー認証 --- (※9)
@app.route('/login', methods=['POST'])
def login():
    id = request.form.get('id')
    pw = request.form.get('pw')
    if id == '':
        return '<h1>失敗 :ID が空です。</h1>'
    # パスワードを照合
    if check_login(id, pw):
        return '<h1>ログインに成功</h1>'
    else:
        return '<h1>失敗</h1>'

if __name__ == '__main__':
    app.run(debug=True, host='0.0.0.0')
```

プログラムを実行するには、コマンドラインで以下のコマンドを実行します。

```
python auth.py
```

その上で、コマンドラインに表示された URL に Web ブラウザーでアクセスします。

▲ ユーザー登録とユーザー認証を擬似的に行う Web アプリ

ユーザー登録後、正しい ID とパスワードを入力すると、成功画面が出ます。

▲ ログインに成功したところ

　プログラムを確認してみましょう。プログラムの (※ 1) の部分ではハッシュ化を行うための SALT を指定しています。(※ 2) の部分ではハッシュ化を行う関数を定義します。ここでは、Python の標準ライブラリ hashlib にある sha256 関数を利用してハッシュ化を行います。そして、(※ 2a) の部分ではパスワードが正しいかを検証します。

　(※ 3) と (※ 4) の部分ではユーザーの認証情報をファイルに対して入出力を行います。ここでは、JSON 形式で情報を保存します。

　(※ 5) の部分では新規ユーザーを追加します。その際、パスワードをそのまま保存するのではなく、パスワードをハッシュ化して保存するようにしている点に注目してください。

(※6) の部分の check_login 関数はログインできるか確認する認証関数です。パスワードはハッシュ化されて保存されているので、ユーザーが入力したパスワードもハッシュ化して、二つの値が同じかどうかを照合します。

(※7) 以降の部分では、Web ブラウザーでサーバーにアクセスした時の挙動を指定します。(※7) ではユーザー登録とログインのフォームを表示します。(※8) の部分ではユーザー登録の処理を、(※9) の部分ではユーザー認証 (ログイン) が可能かどうかを判定して、結果を画面に表示します。

ハッシュ化のポイント

さて、上記のプログラムでは、パスワードを保存する際に、ハッシュ化してから保存します。その際に、単にパスワードをハッシュ関数の sha256 に通すのではなく、HASH_SALT という値を加算してから保存していることに気づいたでしょうか。上記プログラムの (※2) の部分に注目してみてください。この SALT と呼ばれる値は、アプリケーションごとに変更する必要があり、このプログラムでも、(※1) で類推しづらく十分な長さの文字列を指定しています。

それでは、実際にファイルに保存した認証情報を確認してみましょう。以下は 3 名のユーザー情報を保存したものです。

```
{
    "taro": "14a4dc90b4940e3bedb9f05f9aa6cff1669e3d3e97c755ad4ba126d548facf6d",
    "jiro": "90a928c472f1ec2a9b2a007372af5301ca760431789173e735fda29c4287d554",
    "sabu": "f3e92e23e05829091173848ecf1475dc32146033d1b8debfd6949afe090d5eca"
}
```

それぞれの、パスワードは、aaa、bbb、ccc と非常に簡単なものを設定したのですが、このデータファイルが流出したとしても、元のパスワードを知ることは非常に困難だということが分かるでしょう。これがハッシュ化の威力です。

ハッシュをもっと堅牢にするヒント

なお、上記のプログラムでは、仕組みが分かりやすいように、SALT をアプリケーションごとに設定するものにしました。しかし、ハッシュ関数を通す際に、アプリケーションごとの一意の SALT よりも、ユーザーごとに個別の SALT を利用するのが安全と言われています。

そのため、ユーザー登録を行う際に、個別の SALT を生成してハッシュと一緒にデータベースに保存すると良いでしょう。そのようにして作成した SALT 付きのハッシュを用いてパスワードが正しいかを照合するようにします。そうすれば、より安全にパスワードを管理できます。

また、PBKDF2 を使うとより安全なハッシュ値を得ることができます。PBKDF2 というのは、Password-Based Key Drivation Function 2 (パスワードベース鍵導出関数 2) の略です。これは標準仕様の RFC 2898 として提案されている方法でもあります。Python 標準のライブラリ hashlib にも pbkdf2_hmac が用意されています。

第5章 気になる技術あんなことこんなこと

　それで、上記のプログラムにある関数 password_hash と password_verify を、以下のように置き換えるとより堅牢なプログラムになります。

```python
# パスワードからハッシュを生成する
def password_hash(password):
    salt = os.urandom(16)
    digest = hashlib.pbkdf2_hmac('sha256',
            password.encode('utf-8'), salt, 10000)
    return base64.b64encode(salt + digest).decode('ascii')

# パスワードが正しいかを検証する
def password_verify(password, hash):
    b = base64.b64decode(hash)
    salt, digest_v = b[:16], b[16:]
    digest_n = hashlib.pbkdf2_hmac('sha256',
            password.encode('utf-8'), salt, 10000)
    return digest_n == digest_v
```

　このプログラムでは、password_hash 関数でパスワードからハッシュを作成する段階で、ランダムな SALT を作成し、ハッシュの先頭 16 バイトに付け加えて返します。そして、password_verify 関数でパスワードが正しいか検証する際に、先頭の 16 バイトを SALT として利用してハッシュを検証するという仕組みになっています。

この節のまとめ

→ パスワードをデータベースにそのまま保存するのは危険

→ パスワードはハッシュ化してからデータベースに保存する必要がある

→ パスワードをハッシュ化する際、ユーザーごとに SALT 付きで保存するのが安全

第5章 | 気になる技術あんなことこんなこと

5-8

オリジナルWikiを作ってみよう

Wikiというのは独特で面白いシステムです。Wikiを使うとブラウザー上ですぐにページを編集できます。また、グループで情報を集約するのに向いています。ここでは、Wiki作成を通してチームで使うツールの作成方法を学びましょう。

ひとこと
● Wikiを通して複数人で利用するアプリの留意点を学ぼう

キーワード
● Wiki
● Markdown
● 編集の競合

Wiki とは

Wiki(ウィキ)とは誰でも自由に編集できるWeb上のシステムです。最も有名なWikiが多言語インターネット百科事典「Wikipedia」でしょう。そして、誰でも自由に内容が編集できるという特徴を活かして、会社やグループ内で情報を共有するのに使われています。ちょっとしたメモから、体系的な情報の整理まで、いろいろな用途に利用できるので便利です。

WIki 記法について

また、WikiにはWiki記法と呼ばれる特別な記述方法があります。テキストに簡単な記号を加えることで、テキストを構造化してHTMLに変換できます。このWIki記法があるために、Wikiを使っているというユーザーもいるくらいです。このWiki記法を自分で考案するのも楽しいのですが、すでに変換ライブラリが存在するMarkdown記法を採用してみます。

324

ここで作る Wiki

　ここでは、編集ボタンをクリックしたらページの内容が編集できる簡単な Wiki を作ってみます。その際、Markdown 記法で書いたテキストが HTML にレンダリングされるようにします。また、データベースなどは利用せず、1 ページが 1 テキストファイルに対応するようにしてみます。

▲ Wiki を作ろう - 誰でも編集ボタンを押せば編集できる

▲ Wiki の編集画面 - Markdown 対応

▲ 新規ページの作成も簡単

プロジェクトのファイル構成

　それでは、このプロジェクトのファイル構成を確認しておきましょう。一般的な Flask のプロジェクト構造です。加えて、データファイルを data ディレクトリに配置します。メインプログラムが app.py で、Wiki に関する機能をモジュールとして wikifunc.py に記述しました。

Web アプリの実行方法

　本プロジェクトでは、マークダウン形式で書いたテキストを変換するため、markdown パッケージ (バージョン 3.2.1) を利用します。以下のコマンドを実行して、パッケージをインストールしましょう。

```
pip install markdown==3.2.1
```

　Web アプリを起動するには、コマンドラインで以下のコマンドを実行します。実行すると、URL が表示されるので Web ブラウザーでそのアドレスにアクセスします。

```
python app.py
```

　画面下にある「編集」ボタンを押すとそのページを編集できます。「新規」ボタンを押すと、新しいページを作ります。また、ページ名を指定して特定のページを編集できます。

Wiki と URL の対応

　Wiki のプログラムでは、URL がページ名となっているのが一般的です。任意のページにアクセスするのも簡単です。このアプリでは、URL のルーティングを以下のように設定することにします。

第5章 気になる技術あんなことこんなこと

▼ Wiki アプリのルーティング

URL	意味
/	トップページ（/FrontPage）の内容を表示する
/new	新規ページの作成画面
/edit/<page_name>	<page_name> の編集画面を出す
/edit_save/<page_name>	<page_name> の内容を実際に変更する
/<page_name>	Wiki のページ <page_name> の内容を表示する

実際の Wiki プログラム

　以下が実際の Wiki のプログラムです。Flask フレームワークを使うことで、テンプレートとプログラムの明確な役割分担が実現できています。Wiki の仕組みを確認できるように、余分な処理を入れないようにして見通しよくしました。ソースコードを 1 つずつ確認していきましょう。

メインプログラム

　最初にメインプログラムから見ていきましょう。メインプログラムでは、主に URL のルーティングと実際の処理を結びつけています。Wiki の表示、編集画面の表示など、各 URL ごとの機能を意識しながら読んでいくと良いでしょう。

参照するファイル　file: src/ch5/wiki/app.py

```python
from flask import Flask, redirect
from flask import render_template, request
import wikifunc

# Flask インスタンス生成
app = Flask(__name__)

# Wiki のメイン画面 --- （※1）
@app.route('/')
def index():
    return show('FrontPage')

# 新規作成画面 --- （※2）
@app.route('/new')
def new_page():
    page_name = request.args.get("page_name")
    if page_name is None:
      return render_template('new.html')
    else:
      return redirect('/edit/' + page_name)

# Wiki の編集画面 --- （※3）
@app.route('/edit/<page_name>')
```

```python
def edit(page_name):
    return render_template('edit.html',
      page_name=page_name,
      body=wikifunc.read_file(page_name))

# 編集内容を保存する --- (※4)
@app.route('/edit_save/<page_name>', methods=["POST"])
def edit_save(page_name):
    body = request.form.get("body")
    wikifunc.write_file(page_name, body)
    return redirect('/' + page_name)

# Wikiの表示 --- (※5)
@app.route('/<page_name>')
def show(page_name):
    print(page_name)
    return render_template('show.html',
      page_name=page_name,
      body=wikifunc.read_file(page_name, html=True))

if __name__ == '__main__':
    app.run(debug=True, host='0.0.0.0')
```

　それでは、プログラムを確認してみましょう。(※1)の部分では、ルートへのアクセスがあったときの処理を記述します。ルートへのアクセスは「FrontPage」というページにアクセスしたのと同じ意味にしたいので、show関数で任意のページを表示します。

　(※2)の部分ではWikiの新規作成画面を表示します。パラメーターにpage_nameがすでに存在していれば、該当ページの編集画面にリダイレクトし、そうでなければ、新規作成画面を表示します。

　(※3)では、任意のページの編集画面です。ここでは、dataディレクトリ以下のテキストファイルを読み出して、フォームのテキストエリアに差し込むようにしています。

　(※4)は、(※3)の編集フォームからPOSTした内容を実際にテキストファイルに保存するという処理となっています。

　(※5)の部分では、dataディレクトリ以下のテキストファイルを読み出して、Markdown記法をHTMLに変換して画面に表示するという処理をしています。

Wikiに関する処理をまとめたモジュールファイル

　次に、メインプログラムのapp.pyから参照されるモジュール「wikifunc.py」の内容を確認してみましょう。ここでは、Wikiのページ名とdataディレクトリ以下のファイル名を結びつけ、ファイルの読み書きを行います。

第5章 気になる技術あんなことこんなこと

参照するファイル file: src/ch5/wiki/wikifunc.py

```python
import os, markdown

# データ保存先ディレクトリ --- （※1）
DIR_DATA = os.path.dirname(__file__) + '/data'

# マークダウン変換用オブジェクト --- （※2）
md = markdown.Markdown(extensions=['tables'])

# Wiki ページ名から実際のファイルパスへ変換 --- （※3）
def get_filename(page_name):
    return DIR_DATA + "/" + page_name + ".md"

# ファイルを読み HTML に変換して返す --- （※4）
def read_file(page_name, html=False):
    path = get_filename(page_name)
    if os.path.exists(path):
        with open (path, "rt", encoding="utf-8") as f:
            s = f.read()
            if html: s = md.convert(s) # --- （※5）
            return s
    return ""

# ファイルへ書き込む --- （※6）
def write_file(page_name, body):
    path = get_filename(page_name)
    with open (path, "wt", encoding="utf-8") as f:
        f.write(body)
```

　プログラムを確認します。（※1）の部分では、Wiki データの保存先を指定しています。__file__ というのが、スクリプトのパスを表しているので、スクリプトのあるディレクトリ以下の data ディレクトリが指定されています。このような特定のファイルからの相対パスを指定することで、異なる環境でもプログラムを動かしやすくなります。

　（※2）の部分では、Makdown 記法のためのオブジェクトを生成します。markdown パッケージでは、柔軟な拡張機能に対応しています。ここでは、tables 記法に対応するための拡張機能を有効にしています。この extensions 引数を変更することで本格的な Markdown 対応ができます。

　（※3）の部分では、Wiki ページ名から実際のファイルパスへの変換を行います。

　そして、（※4）の read_file でファイルを読み込み、（※6）の write_file でファイルへ書き込みます。なお、Markdown 記法のテキストを HTML に変換するには、（※5）にあるように、convert メソッドを呼び出します。Wiki の編集画面では HTML に変換せず、生のテキストファイルを返す必要があるので、read_file 関数の第二引数で HTML に変換するかどうかを切り替えられるようにしています。

テンプレートファイル - メイン画面

そして、以下が各画面のテンプレートとなっています。最初は Wiki の各ページを表示するためのテンプレート「show.html」から見ていきましょう。

参照するファイル file: src/ch5/wiki/templates/show.html

```html
<!DOCTYPE html>
<html><head><meta charset="UTF-8">
  <meta name="viewport"
    content="width=device-width, initial-scale=1.0">
  <link rel="stylesheet" href="/static/pure-min.css">
  <style>
  .content { padding: 0.5em; }
  h1#page_name {
    background-color: silver;
    margin:8px; padding: 8px; }
  h1 { border-bottom: 1px solid silver; }
  code { background-color: yellow; padding: 4px; }
  </style>
</head><body>
<div class="content">
  <!-- ページタイトルの表示 --- (※1) -->
  <h1 id="page_name">{{ page_name }}</h1>
  <!-- ページ本文の表示 --- (※2) -->
  <div style="padding:0.5em;">{{ body | safe }}</div>
  <hr>
  <div>
    <!-- 編集ボタンの表示 --- (※3) -->
    <a class="pure-button"
     href="/edit/{{page_name}}">編集 </a>
    <a class="pure-button"
     href="/new">新規 </a>
  </div>
</div></body></html>
```

ソースコードの (※1) の部分では、ページ名を <h1> タグで囲って表示します。(※2) の部分では本文を表示します。本文はすでに HTML に変換されているので、{{ body | safe }} と記述することで、HTML を二重エンコードしないようにします。そして、(※3) の部分で編集ボタンを記述しています。

▲ Wikiのテンプレートを表示したところ

テンプレートファイル - 編集画面

次に編集画面を確認してみましょう。この画面では編集フォームがあるだけのシンプルなものです。

参照するファイル file: src/ch5/wiki/templates/edit.html

```
<!DOCTYPE html>
<html><head><meta charset="UTF-8">
  <meta name="viewport"
    content="width=device-width, initial-scale=1.0">
  <link rel="stylesheet" href="/static/pure-min.css">
</head><body><div style="padding:0.5em;">
  <h1>編集 : {{ page_name }}</h1>
  <!-- 編集フォーム --- (※1) -->
  <form action="/edit_save/{{page_name}}" method="POST"
        class="pure-form pure-form-stacked">
    <fieldset>
      <textarea name="body" rows="10"
        style="width:99%;">{{ body }}</textarea>
      <input type="submit"
             class="pure-button pure-button-primary"
             value="保存">
    </fieldset>
  </form>
</div></body></html>
```

ソースコードで確認すべき部分は、(※1)の編集フォームです。フォームの保存ボタンを押すと、/edit_save/{{page_name}}へ内容をPOSTメソッドで送信します。なお、以下の画面ではまったくCSSが反映されていませんが、アプリから実行したときには反映されます。

▲ 編集画面のテンプレートを表示したところ

そして、新規作成画面のテンプレートが以下のHTMLです。

参照するファイル file: src/ch5/wiki/templates/new.html

```
<!DOCTYPE html>
<html><head><meta charset="UTF-8">
  <meta name="viewport"
    content="width=device-width, initial-scale=1.0">
  <link rel="stylesheet" href="/static/pure-min.css">
</head><body>
<div style="padding:0.5em;">
  <h1> 新規作成 </h1>
  <form action="/new" method="GET" class="pure-form">
    <fieldset>
      <input type="text" name="page_name">
      <input type="submit"
             class="pure-button pure-button-primary"
             value=" 編集 ">
    </fieldset>
  </form>
</div></body></html>
```

第5章　気になる技術あんなことこんなこと

ソースコードを確認してみましょう。この HTML のフォームでは、GET メソッドで URL の /new に対して、ページ名 (page_name) のパラメーターを送信するものとなっています。メインプログラムの app.py を見ると分かりますが、編集ボタンを押すと、/edit/<page_name> へリダイレクトします。

改良しよう - 編集の競合機能を組み込もう

なお、ここまでのプログラムでは Wiki の仕組みを分かりやすく伝えるため、いくつかの基本的な機能を省いています。簡単なプログラムなので、Wiki のページ名とファイルの対応など、よく分かったのではないでしょうか。

ただし、Wiki を実際に使いはじめたいと思ったときに困ることが一点あります。それは編集の競合を確認する機能です。複数人が同時に書き込みを行ったために、せっかく書いた内容が消えてしまうというのは、よくあることです。そこで、複数人が同時に文書を編集したとき、修正差分を画面に出すようにプログラムを改良してみましょう。

排他処理を組み込むのはそれほど難しい問題ではありません。そもそも、排他処理が目指すところは、ファイルの同時編集によるファイルの破壊を防ぐことです。これは、fcntl モジュールの flock 関数を利用することでファイルのロック処理を行うことができます。

編集の衝突処理を作り込む場合には、少し挙動を考える必要があります。いくつかの方法が考えられます。

（1）誰かがファイルを編集している間はファイルを編集できないようにする
（2）編集差分を提示する
（3）自動的に編集の競合を検出してマージする

1つずつ考えていきましょう。(1) のように、誰かが編集している間、そのファイルを編集できないようにするのはどうでしょうか。Windows で共有フォルダーに配置した Word ファイルを編集する場合に似ているでしょうか。Office 2016 以前では誰かが Word ファイルを編集している間、別の人が編集できないようになっていました。この場合、プログラムは簡単になりますが、現実的ではないことに気づくでしょう。誰かが編集をはじめてそのまま寝てしまったり放置してしまったらどうなるでしょうか。ずっとロックされた状態では困ってしまいます。

次に、(2) と (3) の場合を考えてみましょう。編集差分を検出して自動的にマージしてくれるのが一番良いに決まっています。Wiki の大御所 Wikipedia はどうしているでしょうか。**編集の競合**というページを見ると、やはり同時編集のことが説明されています。

なお、手軽に編集差分を検出しマージするのに役立つ **diff3** というツールがあります。これは、3 つのファイルを行単位で比較して、相違点を探すツールです。3 つのファイルというのは、変更前、変更後のテキストに加え、その間に他の人が意図せず変更したテキストを利用して、差分を求め、変更後のテキストに反映します。

もし、マージできない衝突があれば、特殊記号でそれを明示します。なお、diff3 は diffutils ツール群に含まれています。以下のコマンドでインストールできます。

333

```
# Windows(Chocolatory)でインストール
choco install diffutils
# macOS(Homebrew)でインストール
brew install diffutils
# Ubuntuでインストール
sudo apt isntall diffutils
```

編集開始から編集完了までの間に誰もページを更新していなければ、差分を調べる必要はありません。そこで、編集を保存する時点でページが更新されたかどうかを確認する処理が必要です。最も簡単に更新があったかどうかを確認する方法は、最終更新日の時刻で確認できます。また、テキストの内容に加えてハッシュ値を記録しておいて、変更前と変更後でハッシュ値に違いがあるかを調べることでも編集の競合があったかどうかを調べることができます。

多くのWikiではユーザーによるすべての編集を保存しています。つまり、編集後に保存ボタンを押すたびにテキスト全体（あるいは差分）を記録しています。ここでは、dataディレクトリ以下に、backupというディレクトリを作成し、そこに編集したデータをハッシュ付のファイル名で保存していくようにしてみます。

改良後のメインプログラム

以上の点を踏まえてWikiプログラムを改良してみましょう。多くのファイルは、先ほどのプロジェクトと同じなので、修正した部分だけ紹介します。

まずは、メインプログラムです。大きく変わっているのは、Wikiの編集画面の処理です。

参照するファイル file: src/ch5/wiki2/app.py

```python
from flask import Flask, redirect
from flask import render_template, request
import wikifunc

# Flaskインスタンス生成
app = Flask(__name__)

# Wikiのメイン画面
@app.route('/')
def index():
    return show('FrontPage')

# 新規作成画面
@app.route('/new')
def new_page():
    page_name = request.args.get("page_name")
    if page_name is None:
      return render_template('new.html')
    else:
```

第5章　気になる技術あんなことこんなこと

```python
        return redirect('/edit/' + page_name)

# Wiki の編集画面 --- (※1)
@app.route('/edit/<page_name>')
def edit(page_name):
    body, hash = wikifunc.read_file(page_name)
    return render_template('edit.html',
        page_name=page_name,
        body=body,
        hash=hash,
        warn='')

# 編集内容を保存する --- (※2)
@app.route('/edit_save/<page_name>', methods=["POST"])
def edit_save(page_name):
    body2 = request.form.get("body")
    hash2 = request.form.get("hash")
    # 編集開始時点より別の編集があったか確認
    body1, hash1 = wikifunc.read_file(page_name)
    if hash1 != hash2: # 編集の競合があった
        # 差分を調査
        print("diff=", hash1, hash2)
        res = wikifunc.get_diff(page_name, body2, hash2)
        return render_template('edit.html',
            page_name=page_name,
            body=res,
            hash=hash1,
            warn=' 編集に競合がありました。')
    # 競合がなければ保存 --- (※3)
    wikifunc.write_file(page_name, body2)
    return redirect('/' + page_name)

# Wiki の表示
@app.route('/<page_name>')
def show(page_name):
    body, _ = wikifunc.read_file(page_name, html=True)
    return render_template('show.html',
        page_name=page_name,
        body=body)

if __name__ == '__main__':
    app.run(debug=True, host='0.0.0.0')
```

　プログラムを確認してみましょう。(※1) で Wiki のデータを読み出しているときに、データの要約値であるハッシュも一緒に得られるようにしました。そして、編集開始時点のハッシュ値をフォームに埋め込むようにしました。

　(※2) の部分では、フォームの保存ボタンが押された時の処理を記述しています。編集開始時点のハッシュ値 (hash2) と最新のテキストの値のハッシュ値 (hash1) を比較して、値が異なってれば、編集開始から保存までの間に誰かがテキストを編集したことになります。diff3 コマンドを実行して、テキストの変更差分を調べて、改めて編集画面を表示します。もし、競合がなければ (※3) のように、テキストを保存します。

335

改良後のWiki処理のモジュール

続いて、Wikiに関する処理をまとめたモジュール「wikifunc.py」の内容を確認してみましょう。こちらはファイルの入出力に関する部分を大きく変更し、テキスト差分を調べる関数を追加しました。

参照するファイル file: src/ch5/wiki2/wikifunc.py

```
import os, hashlib, re, subprocess, markdown

# 定数の指定 --- (※1)
DIR_DATA = os.path.dirname(__file__) + '/data'
DIR_BACKUP = DIR_DATA + '/backup'
DIFF3 = 'diff3'

# マークダウン変換用オブジェクト
md = markdown.Markdown(extensions=['tables'])

# Wikiページ名から実際のファイルパスへ変換
def get_filename(page_name):
    return DIR_DATA + "/" + page_name + ".md"

# バックアップファイルの保存先のパスを取得 --- (※2)
def get_backup(page_name, hash):
    if not os.path.exists(DIR_BACKUP):
        os.makedirs(DIR_BACKUP)
    return DIR_BACKUP + '/' + page_name + "." + hash

# ファイルを読みHTMLに変換して返す --- (※3)
def read_file(page_name, html=False):
    text = read_f(get_filename(page_name))
    hash = get_hash(text)
    print("read:", hash)
    if html: text = md.convert(text)
    return text, hash

# ファイルへ書き込む --- (※4)
def write_file(page_name, body):
    body = re.sub(r'\r\n|\r|\n', "\n", body)
    # メインファイル
    write_f(get_filename(page_name), body)
    # バックアップファイルを書き込む
    hash = get_hash(body)
    write_f(get_backup(page_name, hash), body)

# 差分を求める --- (※5)
def get_diff(page_name, text, hash):
    newfile = DIR_DATA + '/__投稿__'
    write_f(newfile, text)
    orgfile = DIR_DATA + '/__編集前__'
    backupfile = get_backup(page_name, hash)
    write_f(orgfile, read_f(backupfile))
    curfile = DIR_DATA + '/__更新__'
```

第5章　気になる技術あんなことこんなこと

```python
    write_f(curfile, read_f(get_filename(page_name)))
    cp = subprocess.run([
        DIFF3, '-a', '-m',
        newfile, orgfile, curfile],
        encoding='utf-8', stdout=subprocess.PIPE)
    print(cp)
    res = cp.stdout
    res = res.replace(DIR_DATA + '/', '')
    return res

# ファイルを読むだけ
def read_f(path):
    text = ""
    if os.path.exists(path):
        with open (path, "rt", encoding="utf-8") as f:
            text = f.read()
    return text

# ファイルを書くだけ
def write_f(path, text):
    with open (path, "wt", encoding="utf-8") as f:
        f.write(text)

# ハッシュ値を求める
def get_hash(s):
    return hashlib.sha256(s.encode("utf-8")).hexdigest()
```

　詳しく見てみましょう。(※ 1) の部分では、データの保存ディレクトリや、diff3 コマンドを指定します。もし、Windows で実行する場合には、diff3 コマンドをパスの通ったフォルダーにコピーするか、変数 DIFF3 の値をフルパスに変更する必要があります。

　なお、ファイルを保存する度に、バックアップファイルを作成しますが、(※ 2) の部分では、保存するファイル名を決定しています。ここでは /data/backup/(page_name).(hash) の形式のファイル名となるようにしています。

　(※ 3) の部分では、Wiki ページ名からファイルを読み出して返す処理を記述しています。このとき、ハッシュ値を求めて一緒に返すようにしています。

　(※ 4) の部分では、Wiki ページ名を指定してファイルへテキストを保存します。このとき、ハッシュ値を求めて、バックアップファイルも同時に保存しています。ここではテキストの内容をそのまま保存しますが、保存サイズを抑えるために圧縮して保存するように改良することもできるでしょう。

　そして、(※ 5) の部分では差分を求めます。diff3 コマンドを実行して、投稿テキスト、編集前のオリジナルテキスト、他の誰かによって更新されたテキストの 3 つのファイルを比較します。

337

実行してみよう

　実行の仕方は先ほどと同じです。コマンドラインから「python app.py」と実行するとサーバーを実行できます。
　その上で、Webブラウザーで指定されたURLにアクセスします。そして、故意に二つのウィンドウで、編集画面を出してください。それぞれ、適当に修正して保存ボタンを押します。すると、次の画面のように、編集に競合があったことが通知されます。

▲ 編集の競合があった場合

　diff3コマンドの結果が表示されるので、それを参考に競合を修正して、改めて「保存」ボタンを押すと内容が保存できます。
　Webアプリは複数人が同時に1つのデータを操作する可能性があります。そのため、編集が衝突した際に、どのように競合を解決すれば良いのか、よく考えて作る必要があります。競合した時、できるだけユーザーの手間が軽減されるような処理が実現できれば、多くの人に愛されるアプリとなるでしょう。
　また、本節で紹介したように、競合の処理をdiff3など既存のツールやライブラリを使って解決するのも賢い方法です。今では多くの便利なツールやライブラリが無料で公開されているので、**すべてを自分で作らなければならない**と思い悩む必要はありません。ライブラリのライセンスに留意する必要はありますが、さまざまなライブラリがオープンソースで公開されていますので、それらを活用しましょう。

この節のまとめ

→ オリジナルの Wiki を作ってみた

→ ページ名と実際のファイルをマッピングするだけで簡単な Wiki が作れる

→ Web アプリでは複数人が同時にアプリを操作する可能性がある

→ 複数人で使うためには、diff3 などを利用して編集の衝突を処理する必要がある

第6章

プロトタイプから完成までの道のり

本書の最後に、実際に Web サービスを公開する際に必要となる、ちょっとしたテクニックや注意点を紹介します。特に、セキュリティ的に気をつけるポイントや、本番環境へのデプロイの手順などは参考になるでしょう。

第6章 | プロトタイプから完成までの道のり

6-1
テスト環境と本番環境の違い

開発したアプリを実際に本番環境にデプロイする際、テスト用の環境と本番環境の違いを意識しなくてはなりません。ここでは、本番環境にデプロイする際に気をつけるべきポイントをまとめてみます。

ひとこと
● テスト環境ではうまく動いていたのに「なぜ?」とならないために

キーワード
● デプロイ

デプロイとは？

　開発中のアプリが完成した後で、本番環境でアプリを動かせるようにすることを、デプロイ(deploy) と言います。デプロイとは、「配置する」「配備する」「展開する」といった意味の英語です。言い換えるなら、開発したソフトウェアを利用できるように実際の運用環境に展開することです。

　せっかく開発した Web アプリも、本番の運用環境にデプロイしなければ絵に描いた餅のままなのです。ただし、デプロイに際して、さまざまなトラブルに遭うのもまたよくあることです。なぜ、トラブルが起きるのか、気をつけるべきポイントを紹介します。

Windows と Linux の違いに注意する

　さて、読者の皆さんが開発に使った OS は Windows でしょうか。Python はマルチプラットフォームに対応しており、Windows でも macOS でも、Linux でも同じように動かすことができます。Windowsで開発してもまったく問題ありませんが、多くの本番環境には、Linux が利用されることが多いことでしょう。そのため、気をつけるべき点は僅かではあるのですが、OS の違いに注意が必要な場合があります。

第6章 プロトタイプから完成までの道のり

パス記号が異なる

Windows ではパス記号が「¥」ですが、Linux や macOS では「/」となっています。もし、ファイルパスなどの指定で「¥」を利用していると、うまく動かない場合があるかもしれません。逆に、Windows でもパスの区切り記号に「/」を利用できるようになっています。

シェルの違い

Windows 上で Python を実行する時には、コマンドプロンプトや PowerShell を使うことでしょう。Linux では、Bash や Zsh などのシェルを利用します。

パスの通し方が違う

OS が違うと環境の設定方法が異なります。例えば、いろいろなスクリプトを実行する際に、パスの通ったディレクトリにスクリプトを配置しておいて、それらを実行したい場面もあります。

Windows ではコントロールパネルで GUI を用いてパスを設定しますが、Linux ではシェルごとの設定ファイルにパスを設定する必要があります。例えば bash シェルであればホームディレクトリの .bashrc などのファイルに設定を記述します。多くのサービスでは定期的なメンテナンスを行うためにバッチ処理が必要になりますが、本番環境のサーバーを選定する時に何ができて何ができないのか、確認しておくと良いでしょう。

文字エンコーディングが異なる

日本語 Windows の標準の文字エンコーディングは、Shift_JIS となっています。そのため、Python で読み書きする標準のファイルの文字エンコーディングも Shift_JIS となります。しかし、Linux や macOS では UTF-8 が標準です。そのため、文字エンコーディングの違いで書き出したファイルの読み書きに失敗する場合があります。

ですから、Python でプログラムを作る際、どの文字エンコーディングでデータを読み書きしているのかを意識して、エンコーディングを指定する癖を付けておくと良いでしょう。

例えば、以下のコードは、エンコーディングの指定がないため、OS ごとに動作が異なります。Windows では Shit_JIS のテキストを書き出しますが、macOS では UTF-8 のテキストを書き出します。

参照するファイル file: src/ch6/write_text.py

```
with open("hoge.txt", "wt") as f:
    f.write("いろはにほへと ")
```

そこで、以下のようにエンコーディングを指定すると、どちらの環境でも UTF-8 でテキストを書き出します。

343

> **参照するファイル** file: src/ch6/write_text_utf8.py

```
with open("hoge.txt", "wt", encoding="utf-8") as f:
    f.write(" いろはにほへと ")
```

テスト環境と本番環境のパスの違いに注意する

また、よくある失敗がパスの違いです。テスト環境では正しく動いていたのに、本番環境ではうまく動かないという状況の多くがこの問題に起因しています。

プログラムの中で、特定のパスをフルパスで記述していないでしょうか。例えば、設定ファイルを「c:¥Users¥kujira¥conf.json」などのパスに配置してあり、アプリの中でこのファイルを読みようになっていたとしましょう。もちろん、これを Linux の本番環境に持って行って動かそうとしても、うまく動かないというのは当然のことでしょう。

そのため、基本的にプログラムの中でパスを指定する際には、相対パスを指定するようにします。

また、環境に応じてフォルダー構成を変えなければならない場合も多くあります。変更が必要になりそうなフォルダーのパスなどを設定ファイルで変更できるようにするなど、システム構成に柔軟性を持たせるのも良いでしょう。

Python でスクリプトのパスを得る方法

Python ではそのスクリプトファイル自身のパスを「__file__」で知ることが出来るようになっています。この __file__ で得られるのはカレントディレクトリからの相対パスです。スクリプトファイルが配置されているディレクトリのパスを得たい場合には、os.path.dirname 関数を利用できます。また、相対パスを絶対パスに変換するには、os.path.abspath 関数を利用できます。

ここで、スクリプトファイル自身に関する各種パスを取得するプログラムを紹介しましょう。

> **参照するファイル** file: src/ch6/tell_path.py

```
import os

# スクリプトのファイルパス
print("script path:", __file__)
# スクリプトを配置しているディレクトリのパス
print("script dir: ", os.path.dirname(__file__))

# スクリプトの絶対パス
apath = os.path.abspath(__file__)
print("script path abs:", apath)
print("script dir abs:", os.path.dirname(apath))
```

筆者の手元の環境でプログラムを実行してみると、以下のようになりました。

第 6 章　プロトタイプから完成までの道のり

```
● ● ●        ⌥⌘2              zsh
 >>> python tell_path.py
script path: tell_path.py
script dir:
script path abs: /Users/kujiramac/tell_path.py
script dir abs: /Users/kujiramac
 >>>
```

▲ パスを取得して表示したところ

　このように、__file__ と os.path.dirname 関数を利用していくと、プロジェクトのファイルパスを相対的に指定することができます。

ディレクトリの権限に注意する

　また、本番環境でプログラムが動かない原因の上位に挙がるのが、ディレクトリ権限の設定の違いです。テスト環境ではそれほどディレクトリ権限で悩むことはないと思いますが、本番環境では、セキュリティも意識しなければならず、できるだけディレクトリ権限を厳しくする必要が生じます。そのため、ディレクトリが読み書きできない状態になっていたり、データが書き込めずにエラーが出るということがあります。

本番環境の制限に注意する

　本番環境の Web サーバーでは、セキュリティを守るために、さまざまな制限が組み込まれていることが多くあります。そうした制限が問題となり、正しくプログラムが動かないという問題が生じます。
　筆者の記憶にあるトラブルですが、ある開発者にアプリのデプロイ作業をお願いしました。SSH★5 経由でファイルの配置や設定作業を行ったのですが、401 や 403 エラー★6 が出て、どうしてもアプリを動かすことができないとのことでした。散々悩んだあげく、サーバーの設定項目を見直したところ、**日本以外からのアクセスを弾く**という設定がオンになっていました。それで、開発者が海外在住だったことに気づき、設定をオフにしたら問題が解決したということがありました。また、特定の IP アドレスからでないとサーバーに接続できないような設定になっていることもあります。
　他には、安価なサーバーでは、MySQL に対して複数のデータベースが作成できず、1 つのデータベースの中で、複数のアプリを動かさなくてはならず、データベースのテーブルが衝突しないように、

★5　SSH とは、ネットワークに接続された機器を遠隔操作し、管理するための Secure Shell プロトコルのことです。
★6　401 エラー (Unauthorized) とは認証に失敗した場合に出るエラーで、403 エラー (Forbidden) とはアクセス権がないことを示すエラー。

345

テーブル名に接頭辞をつける必要が生じました。このようなデータベースに関する制限などは、アプリを開発する前に分かる場合が多いので、どのサーバーで運用するのか、選定を行った後で開発をはじめると良いでしょう。

また、CGI モードで Python を動かす場合には、Python のプログラムの一行目に Python のパスを記述しなくてはなりません。大抵、Python のパスはサーバーごとに異なるので、プログラムの書き換えが必要になることもあります。

他には、テスト環境と本番環境で、許容メモリのサイズが異なり、メモリエラーでアプリが動かないということも考えられます。例えば、大容量のデータファイルを一気に読み込む仕組みにしてしまうとメモリ不足になります。その際には、OOM Killer(Out of Memory: Killed process) などのエラーが出ることでしょう。

問題が起きたらサーバーログを読もう

プログラムが動かない場合は、何が原因でエラーが起きているのかを正しく見極める必要があります。その解決の糸口になってくれるのが、サーバーの動作ログです。サーバーのログを読むと、何が問題で動かないのか、具体的な原因が記録されていることがあります。

ただ「動かない」と騒いでも解決しません。サーバーにエラーログが出力されていないかを調べましょう。もし、ログが出力される設定になっていなければ、ログを出力する設定に変更しましょう。また、Web アプリの側でも例外処理を正しく行いエラーが発生したらログに残すよう配慮した設計を行いましょう。

アプリが止まらないように配慮する

テスト環境ではそれほど気にならない問題が、本番環境では大問題となることがあります。その一番大きなものが、エラーが発生した時にアプリ (またはサーバー) が停止してしまう問題でしょう。ファイルやデータベースへの書き込みエラーや、ネットワークの読み書きエラーなどは、開発環境では問題が起きにくく気づきにくい部分です。ストレージ、ネットワークなどの入出力を扱う部分は、しっかりとエラー処理を行うようにしましょう。

そして、エラーが起きても、アプリケーションが止まらないようなプログラムを書く必要があります。エラーの状況をログなどに残して、問題が特定しやすく、修正が容易になるように工夫しておくと良いでしょう。

346

第6章　プロトタイプから完成までの道のり

テスト環境と本番環境をどのように同期するか

　テスト環境で開発したアプリを、本番環境に配置した後、そこで動くように調整したとしましょう。しかし、調整内容をテスト環境にフィードバックするのを忘れたなら、次回、テスト環境をサイド本番環境に配置する際に、同じ問題が生じることでしょう。詳しくは、後述しますが、Gitなどのバージョン管理ツールを導入することで、こうした同期における問題を解決することができます。

この節のまとめ

→ テスト環境と本番環境の違いに注意が必要

→ 本番環境でエラーが出る場合、OSの違いによるもの、ディレクトリの差異など、さまざまな要因が考えられる

→ 各種のログが問題解決に役立つ

第6章 | プロトタイプから完成までの道のり

6-2
デザインは重要な要素

Webサービスを展開する上でデザインは重要な要素となります。プログラマー主体で
サービスを立ち上げる場合、どうしてもデザインに苦手意識がある方が多いようです。
どのようにして克服できるでしょうか。

ひとこと
●センスよりも使い勝手が大切

キーワード
●デザインセンス
●テンプレート

デザインセンスがないのだけれど

　デザインはWebサービスの成功を左右する大きな要素と言えます。とは言え、プログラミングができて、デザインも得意という人がどれだけいるでしょうか。もちろん、中には何でもできるという人もいますが、大抵の人はそれほど多彩な才能を持ち合わせていません。筆者もそうですが、プログラミングはそれなりにできるけれど、デザインは苦手という人が多いのではないでしょうか。

　ただし、Webデザインについて言えば、デザインセンスはそれほど必要ないかもしれません。Webデザインには基本的なレイアウトのパターンがあります。状況に応じて、正しいレイアウトを選ぶことができるなら、ずば抜けて良いデザインとは言えなくても、使い勝手がよく、人に好まれるWebサービスを作り上げることができます。

348

第6章　プロトタイプから完成までの道のり

デザインよりも使いやすさが大切

　作成する Web サービスの種類によっては、オシャレやセンスがまったく不要ということもあります。特に実用的な Web サービスに過度な装飾は不要です。オシャレであることよりも、使い勝手の方が重要な要素になります。

　例えば、何かしらの会計を自動化する Web サービスを作ったとします。もしも、会計項目を入力した時に、画面が光り画面一杯に桜が舞い散るエフェクトが再生されたら、どうなるでしょうか。いくらそのエフェクトが美しく素晴らしいものだったとしても、ユーザーはそのエフェクトを煩わしく感じるに違いありません。すぐに設定項目を探して、エフェクトをオフにすることでしょう。ですから、Web サービスを作るのに、飛び抜けた芸術センスは不要と言えるでしょう。

　それよりも、Web サービスを利用するユーザーの利便性に注目しましょう。ユーザーは快適にそのアプリを操作できるでしょうか。ユーザーにとって必要な情報が、見やすい位置に配置されているでしょうか。ユーザーはどうしてそのアプリを使いたいと思うのでしょうか。そうした利用者の観点で、デザインを考えていくことが大切です。

デザインは学ぶことができる

　また、デザインは学ぶことができます。人が美しいと感じるデザインには理由があります。そのデザインの原則を知ることで、デザインを改善することができます。具体例として、デザインの四大原則を紹介しましょう。

PARC がデザインの四大原則

　デザインの四大原則を PARC と呼びます。これは、**近接** (Proximity)、**整列** (Alignment)、**反復** (Repetition)、**対比** (Contrast) の頭文字です。

近接 - Proximity

　近接とは、関連性の近い要素をまとめてグループ化することです。項目と項目の距離を近づけことで関連性が高いことを視覚的に表現できます。逆に異なるグループの項目は少し距離を離すことで、異なるグループであることを明示できます。すべての余白を均等にするのではなく、関連項目を近づけます。

　例えば、以下の図では、プログラミング言語の名前が円の中に、その下に簡単な一行の見出しがあります。円と見出しは関連度が高いので近づけて配置する必要があり、隣の項目とは余白を開けて区別をしています。

349

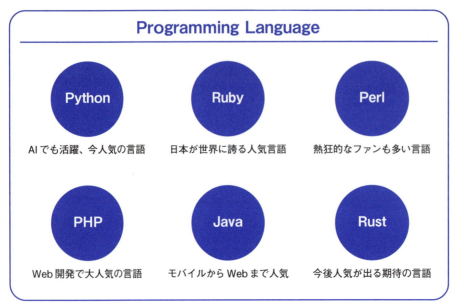

▲ 近接とは要素をまとめてグループ化すること

整列 - Alignment

　整列とは要素を配置するときに、でたらめに配置するのではなく、左揃えや右揃えに配置することです。配置を揃えることによって情報が整理され、美しく要素を配置できます。整列のポイントは、見えない線にぴったりと合っていることです。また、近接の考え方と組み合わせ、関連度に応じて項目の余白を調整します。

反復 - Repetition

　反復とは特徴的な要素を意識的に繰り返し使うことです。色や線、レイアウトなどを同じデザインの中で繰り返して使うと全体に一貫性が生まれます。ある Web サイトの中でメニューやテーマカラーが統一されていれば、別のページに移ったとしても、同じ Web サイトを見ていることがわかり安心します。また、リズムを意識して、アイコンやナビゲーションを繰り返し使うなら統一感が生まれます。

対比 - Contrast

　対比とは、要素の大小や強弱を対比させて、メリハリをつけることです。大切な要素を大きく強く、補助的な要素を小さく弱くして、情報の優先度を明確にします。見出しと本文であるならば、見出しは大きく本文は小さくします。要素の強弱がはっきりしているなら、人を惹きつけるデザインになります。

　こんなちょっとしたことを意識するだけで、かっこ良いレイアウトやデザインを実現することができます。デザインを学ぶことで、魅力的なデザインを作成できるようになります。

テンプレートを活用しよう

　素晴らしいことに、Web デザインに関する資料やテンプレートは世の中に溢れています。そうした見本帳を眺めて、自分が思い描くアプリの画面を決めると良いでしょう。「Web デザイン」に加えて、「見本帳」「テンプレート」「事例集」などのキーワードで検索すると、多くのお手本を見つけることができます。その中から、自分の作ろうとしている Web サービスに近いデザイン構成を探すと良いでしょう。

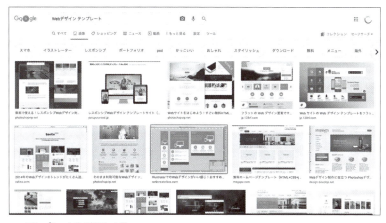

▲ テンプレートを活用しよう

CSS フレームワークを使おう

前述の通りテンプレートをそのまま流用することもできます。しかし、配置レイアウトだけを真似して、コーディングを自分でゼロから行うことも多いでしょう。その際、CSS フレームワークを使うことで、より素早く目的のレイアウトを実現することができるでしょう。CSS フレームワークについては、3 章の 3-9 でも紹介していますので参考にしてみてください。

センスよりも売上が真実を語る

興味深いことに、センスが良くスッキリしているように見える Web サイトが良いデザインと言うわけではありません。楽天など日本の多くの EC サイトは総じてごちゃごちゃとした、まとまりのないデザインが採用されています。

Web デザインの観点から見ると「こんなデザインの酷いサイト、誰が使うのだろう」と思うこともあります。しかし、なぜ、このようなデザインが採用されているのか言えば、スッキリとしたハイセンスなデザインよりも、現在の雑多なデザインの方が売上が高いからです。

その理由はいろいろ考えられるのですが、ごちゃごちゃとしたデザインの方が「実家のような安心感」を感じるという意見もあります。また、いろいろな要素があった方が、チラシのように賑やかであり、購買意欲を刺激するという見方もあります。また、八百屋や魚屋は賑やかでガヤガヤしていた方が売上が良いそうなので、そうした効果を狙っているところもありそうです。

とにかく EC サイトとして成功しているサイトは「AB テスト」を行っています。これは、新しいデザインと古いデザインで、どちらが売上が高いかを常に比較して改善することです。つまり、改善に次ぐ改善の成果として最終形になっています。

デザイナーに丸投げできるか？

餅は餅屋と言うように、デザインだけはデザイナーに外注してしまうというのも、もちろん 1 つの方法です。しかし、Web プログラミングでは、デザインとコーディングはかなり密接に結びついており、どこまでをデザイナーにお願いするのか、どのように作業して貰うのかをよく考えて依頼しなくてはなりません。

画面レイアウトなどは、デザイナーが作ったラフ画像を元にして、プログラマーが再現するという場合も多いのです。ロゴ画像やアイコンなどポイントだけをお願いするのもひとつの手です。

また、本書でも紹介したように、テンプレートエンジンなどを利用することで、プログラムとデザイン（HTML）を分離することができます。そこで、デザイナーに直接、テンプレートの HTML を編集してもらうというのもひとつの方法です。

この節のまとめ

→ デザインは学ぶことで良いものにできる

→ テンプレートや CSS フレームワークを使えば、良い枠組みの中でデザインを決めることができる

→ デザインセンスが良いからと言って売上が良いわけではない。サイトに合ったデザインが必要

第6章 | プロトタイプから完成までの道のり

6-3
デプロイとバージョン管理

一人でもチームでもWebアプリの開発にぜひとも導入したいツールがあります。それはソースコードのバージョン管理システムのGitです。Gitを使うとファイルの変更履歴を記録でき、アプリのデプロイにも便利です。

ひとこと	キーワード
● Gitでアプリのリリースを管理しよう	● Git / GitHub ● デプロイ

Gitとは？

　Gitとはソースコードの変更履歴を記録、追跡するための分散型バージョン管理システムです。Gitの開発者は、Linuxの生みの親であるリーナス・トーバルズです。GitはもともとLinuxカーネルのソースコード管理に用いるために開発されました。2005年に開発されて以来、他の多くのプロジェクトでも利用されるようになり、今では、プログラムの開発になくてはならないツールとなっています。

▲ Gitのロゴ

第6章　プロトタイプから完成までの道のり

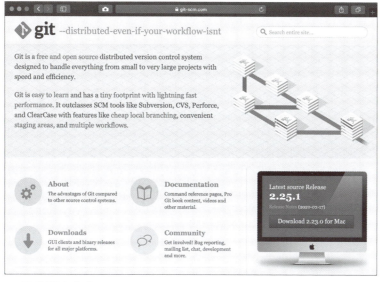

▲ Git の Web サイト

Git でできること

　Git でできるのは、ソースコードの更新管理です。Git を使うと、いつ誰がどのようにファイルを編集したのかを確認できます。そして、後からいつでも任意の時点に戻すことが可能になります。

　ソースコードの管理システムを利用しない環境では、手元の作業の記録を保存したい場合、別のファイルにコピーしてとっておくということが行われます。例えば、「source.py」というファイルを編集している場合、現在の状態を覚えておこうと思ったら、任意の時点でこのファイルを複製して「source_20210410.py」などのようにファイル名に変更日などのメモを付けて保存しておきます。しかし、何度も何度も変更していると、ファイルの複製を忘れてしまったり、どれが最新のファイルなのか分からなくなったり混乱することが多くなります。

　もしも、複数人数でこのファイルを編集する場合、ファイル名に編集する人の名前を入れたりして、「source_20210415_kujira.py」などのファイル名で複製が作られていくでしょう。しかし、編集する人によって適当な名前のファイルが作られたりしますし、編集の際のルールを決めたとしても、複数人が同時にソースコードを編集すると、編集箇所の衝突が発生してしまいます。また、このような、ほぼ同一内容ながら、バージョンの違う複数のファイルがあるとき、最新の状態と以前の変更内容を調べるのは、かなり大変な作業となります。

バージョン管理ツールを使わない時の問題：
最新の状態のファイルがどれなのか分からなくなる
いつ誰が何をどのように変更したのか分からないのでトラブルになりやすい
複数人が同時にファイルを修正しても気づかず上書きしてしまう

Git を導入するなら、ファイルの変更履歴が記録されます。誰がどのようにソースコードを編集したのかがすべて記録され、変更にコメントをつけておくことができます。そのため、誰が何のために変更したのかが一目瞭然となります。

また、必要があればそのファイルを任意の時点に戻すことが可能です。うっかり間違えて消してしまったり、修正しようとコードを書いてみたものの納得がいかなかったりする場合も、安心して好きな時点に戻したり、変更差分を確認することができます。

さらに、管理できるファイルの種類ですが、プログラムのソースコードは当然のこととして、画像や Office 文書など、あらゆる種類のファイルを記録できます。

特に、チーム開発を行う場合には、Git が大きな力を発揮します。いつ誰がどんな変更を行ったのか確認することができて、非常に便利です。また、大きな変更があれば、変更履歴をブランチに分けて更新作業を行うことができます。分岐したブランチは、他のブランチと合流（マージ）させて 1 つのブランチにまとめ直すこともできます。

デプロイと Git

プログラムの開発で、ソースコード管理に Git を使ったのであれば、運用環境へのデプロイも Git で行うことができます。Git を利用すれば、テスト環境の成果物をそのまま運用環境へ反映させることができるのです。

Python をはじめとするスクリプト言語を利用して Web サービスを開発した場合、ソースコードがそのままプロダクトの成果物となります。ですから、Git を利用してソースコードを運用環境にそのまま複製することが、即ちデプロイとなります。そのため、Git は Web アプリケーションのデプロイと非常に相性が良いものとなっています。

また、運用環境において、微調整が必要だった場合、それをリポジトリ[7]にコミット（登録）することで、テスト環境でもその修正を取り込んで、スムーズに開発を継続することができます。もし、ソースコードの管理を手動で行った場合には、運用環境で行った微修正をテスト環境に反映するのを忘れて、次回のデプロイ時に改めて修正を行うといった手戻りが生じる事があります。しかし、Git を利用して更新管理を行うなら、こうした些細な手戻りもなくなります。

★7　リポジトリ (repository) とは、ソースコードなどのプロジェクトに関連するデータの一元的な貯蔵場所、収納庫を意味します。

▲ Git を利用したデプロイ作業のフロー

GitHub について

GitHub は Git を利用したソフトウェア開発のためのプラットフォームです。Git がバージョン管理ツールであるのに対して、GitHub は Web サービスであり、Git リポジトリのホスティングや、開発チームのための課題管理・タスク管理ボード、Wiki などの各種ツールを提供しています。

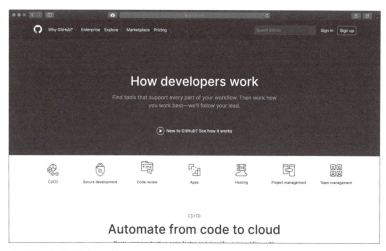

▲ GitHub の Web サイト

● GitHub
[URL] https://github.com/

GitHub は世界中のオープンソースプロジェクトのために、無料アカウントを提供しているのも特徴で、数多くの有名なプロジェクトやライブラリが、GitHub を通して提供されています。また、商用プランを契約すれば、開発チームが非公開の商用プロジェクトの開発で GitHub を利用することができる

ようになっています。なお、2018 年にマイクロソフト社が GitHub 社を 75 億米ドルで買収したことで
も話題になりました。

Git の使い方

ここまでの部分で、Git が非常に便利だということを紹介しました。しかし、実際に Git を使おうとい
う段階になると、何をどのようにしたら良いのか悩むことがあります。そこで、簡単に Git の使い方を
紹介します。

Git を使い始めるとき

Git を使う場合、最初にソースコードを一元管理する貯蔵庫である**リポジトリ**を作成します。このリ
ポジトリは Web 上にあり、**リモートリポジトリ**と呼ばれます。リモートリポジトリは、前述の
GitHub のサービスを利用すると、手軽に作成できます。もちろん、SSH 接続できる自身の Web サー
バーがあれば、そのサーバーにリポジトリを作成 (git init) することもできます。

そして、各開発者は、リモートリポジトリを複製 (git clone) して、自身の PC 上にローカルのリポジ
トリを作成します。

▼ **Git でリポジトリを作成するコマンド**

アクション	説明
git init	新規リポジトリを作成する
git clone	リモートリポジトリをローカルに複製する

開発者の行う作業

開発者はソースコードの作成や編集を行います。その際、新規ファイルを作成した時には、リポジ
トリに対してファイルを追加したことを教えます (git add)。そして、作業のキリが良いところで、作
業内容をリポジトリに登録 (git commit) します。この登録時には、作業内容のコメントなどをつけて
おくことができます。ある程度、まとまった作業を行ったところで、ローカルのリポジトリに対して
行った編集内容を、リモートリポジトリに送信 (git push) します。

その後、開発者が開発の続きを行いたい時には、まず、リモートリポジトリの最新の状態をローカ
ルリポジトリにダウンロードして反映 (git pull) させます。そして、ソースコードの編集を行う度に
ローカルリポジトリに登録 (git commit) を行います。それから、作業をリモートリポジトリに反映した
い場合には送信 (git push) を行います。

▼ 開発でよく使うGitコマンド

アクション	説明
git add	新規ファイルやフォルダーをGitに追加する
git commit	編集内容をリポジトリに登録する
git push	ローカルリポジトリへの変更内容をリモートリポジトリに反映させる
git pull	最新のリモートリポジトリの内容をローカルリポジトリに反映させる

Gitを手軽に利用するためのツール

　Git自体はコマンドラインから利用することができます。しかし、最初はGitの動作が分かりづらくコマンド操作に慣れていない人には、非常に面倒に感じられるものです。そこで利用したいのが、GitのGUIアプリです。

　いろいろなツールがありますが、それぞれ多彩な機能があり、ビジュアルでGitリポジトリの内容やソースコードに対する変更を確認することができます。無償で使える代表的なツールがGitHub Desktopです。Windows/macOSに対応しています。

● GitHub Desktop
[URL] https://desktop.github.com/

　更新履歴(History)より誰がいつ何を更新したのかを素早く確認できます。また、手軽に任意の状態にソースコードを巻き戻すことも簡単にできます。

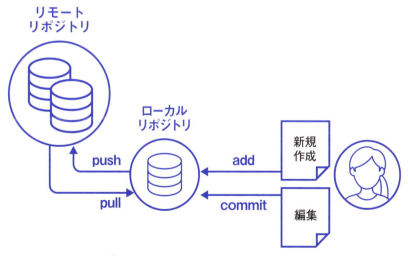

▲ GitHub Desktopを使っているところ

開発以外にも使われている Git

　Git および GitHub は主にアプリケーションの開発のために利用されています。しかし、最近では書籍やマニュアル、小説の執筆や設定ファイルのバックアップなど、本来の目的以外の利用も進んでいます。特にプログラムだけでなく、マニュアルや小説などの執筆に Git は威力を発揮するというのは、面白いですね。本書の執筆でも Git が大いに役立っています。

この節のまとめ

→ Git を導入するとソースコードの変更履歴の管理ができる

→ 一人開発でもチーム開発でもソースコードの履歴管理はした方が良い

→ 本番環境へのデプロイも Git を使うと便利

→ Git を手軽に利用する便利なツールがあるのでコマンド操作に慣れていない人でも気軽に使える

第6章 | プロトタイプから完成までの道のり

6-4
セキュリティの話

コンピューターが身近なものになって以来、システムを悪用する多くのセキュリティ関連の事件が発生しています。自身の作成したアプリケーションが原因でユーザーが被害をうけることがないよう基本的な対策をしておきましょう。

ひとこと
● 脆弱性を潰しておかないと命取りになる

キーワード
● SQLインジェクション
● OSコマンドインジェクション
● クロスサイトスクリプティング(XSS)
● クロスサイトリクエストフォージェリ(CSRF)
● セッションハイジャック
● ブルートフォースアタック(総当たり攻撃)
● クリックジャッキング

信頼を大いに落とす数々のセキュリティ事件

　国の内外を問わず、毎年、多くのシステムが被害にあっています。それは、セキュリティの脆弱性などを突いたもので、情報漏洩や、不正アクセスなどが行われました。

　例えば、2019 年には、セブン＆アイ・ホールディングス傘下のセブン・ペイが運営するバーコード決済サービス「7pay」に対して不正アクセスがあり、同サービスが廃止される自体になっています。また、同年、象印マホービン株式会社、株式会社 JIMOS、株式会社スープレックスなど多くの企業が不正アクセスの被害を受け、何万件もの顧客データの ID やパスワード、クレジットカード情報が流出してしまいました。

　当然のことですが、自身が作成した Web サービスによって、大切なユーザーに危害を与えてしまうことは、絶対に防ぎたいものです。そこで、本節では、Web アプリを作成する上でセキュリティで気をつけるべき基本的な事柄を確認しておきましょう。

　開発した Web アプリを実際に本番環境で運営をはじめる前に、ぜひ、セキュリティの脆弱性が放置されていないか確認するようにしましょう。

361

Web サービスを開発する時の心構え

まず、Web サービスを開発する際には、システムを利用するユーザーの中には悪意を持った人があり、不正な入力を行ったり、想定外の行動を取ることがあることを念頭に置いておきましょう。例えば、名前の入力欄に何百文字も「あああ」と入力するかもしれず、テキストボックスに悪意を持った JavaScript を書き込む可能性もあります。

また、悪意はないにしても、操作ミスで思いもよらない入力を行うことがあることも覚えておきましょう。以前、開発したサービスで、どうしてもログインできないとクレームが来たことがあります。データベースを確認すると、ユーザー登録には何も問題がないように見えました。しかし、よくよく調べてみると、ユーザー ID の先頭に空白文字が入っていたのです。ユーザー登録の際に誤って空白文字付きの ID を登録してしまったために、ログインできなかったのです。ユーザーの入力をしっかり検証し、空白があるべきでない場所に空白があったらエラーを出して知らせたり、自動的に前後の空白を除去するなどの処理を入れていないために、トラブルになったのです。このように、ユーザーからの入力を得る場合には、最大入力文字数や入力できる文字種類など、正しい入力かどうかを確認する処理が必須です。

ところで、悪意を持った攻撃にはすでに知られている代表的な手法があります。ここでは、その手法を学び、対策を講じましょう。

SQL インジェクション

SQL インジェクション（SQL Injection）とは、アプリケーションのセキュリティ上の不備を突いて、アプリケーションが想定しない SQL 文を実行させる攻撃です。それにより、データベースシステムを不正に操作します。特に、ユーザーの入力を元にデータベースへの問い合わせを行う際に、意図しない SQL が実行されてしまう手法です。アプリケーションが想定しない SQL 文を実行させることにより、データベースを不正に操作されてしまうので危険です。

攻撃の手法 - SQL インジェクション

まず、その動作原理ですが、もともとデータベースを操作するコマンドである SQL が文字列であることを利用します。アプリケーションが SQL を適切にエスケープしないことが原因で、異なる意味の SQL を生成します。

例えば、あるシステムでユーザー情報を取得する必要があったとします。それで以下のような SQL を生成して実行するとします。

```
SELECT * FROM users WHERE user_name = '（ユーザー入力値）'
```

この時、ユーザーの入力値に **a' OR 'a' = 'a** という文字列を与えたとします。もし、エスケープ処理をしていない場合、以下のように展開されます。

第6章　プロトタイプから完成までの道のり

```
SELECT * FROM users WHERE user_name = 'a' OR 'a' = 'a'
```

　もともとユーザー名を指定して該当するユーザーのみを検索するつもりが、WHERE 句に OR および新たな条件を指定され、すべてのユーザー情報を抽出することができてしまいます。つまり、開発者の意図しない SQL を生成し、任意の秘匿データを不正に取り出すことが可能になるということです。同様の手法を利用して、データベース内のデータを破壊したり更新したりすることさえもできるのです。

対処方法 - SQL インジェクション

　SQL インジェクションを防ぐには、ユーザーからの入力を信頼しないことです。クォートを含むデータを正しく SQL にエスケープする必要があります。そのため、ユーザーから得た値は、プリペアードステートメントを利用して、SQL を実行するようにするなどの対処が必要です。

```python
# ユーザー名を得る
name = request.args.get('name')

# プリペアードステートメントを利用して SQL を実行
cur = conn.cursor()
rows = cur.execute('''
  SELECT * FROM users WHERE user_name=?
  ''', (name))
```

　プリペアードステートメント (prepared statement) を利用すると、自動的にデータをエスケープした上で、SQL を組み立てます。上記の部分で SQL 内の ? の部分に入力値をエスケープして埋め込みます。エスケープ処理を正しく行うなら、SQL インジェクションを防ぐことができます。

OS コマンドインジェクションについて

　SQL インジェクションと類似する攻撃手法に OS コマンドインジェクション（Command injection）があります。システムコマンドを実行する場面で、ユーザーから受け取ったパラメータをコマンドに含めて実行してしまうなら、システムに対する攻撃を許してしまいます。
　例えば、ユーザーがアップロードしたファイルを ZIP 圧縮しておいて、後日ダウンロードできるシステムを想定してみましょう。このとき、ZIP 圧縮のために、システムコマンドを実行するものとします。

```python
# 実行するコマンドを構築
cmd = "zip '{}' '{}'".format(outfile, infile)
os.system(cmd) # 実行
```

　しかし、ここでうっかりユーザーが指定したファイル名で圧縮コマンドの部分にユーザーからの入力を指すならば、意図しないコマンドが実行される危険があります。例えば、ユーザーが指定したファイル名が「a' & rm *」だったらどうでしょうか。こうした不正ファイル名をチェックしないなら、

363

「zip 'a' & rm * 'infile'」が実行されてしまうので、ダウンロードフォルダ内にある他のファイルがすべて削除されてしまうことになります。

　この問題を回避するには、そもそも安易にシステムコマンドを実行しないことです。できる限りos.system や subprocess.call などコマンドを実行する関数を使わないようにします。またユーザーから得た入力を使ってコマンドを作らないことです。

クロスサイトスクリプティング (XSS)

　クロスサイトスクリプティング (XSS = Cross Site Scripting) とは、攻撃者の作成したスクリプトを、脆弱性のあるサイト上で実行させる攻撃のことです。例えば、攻撃者は何らかの方法で Web ブラウザー上で実行できるスクリプト（主に JavaScript）を実行し、秘匿情報を他の Web サーバーに送信します。

　JavaScript で読み出せる重要情報に Cookie があります。Cookie にはセッション ID が含まれているため、例えば、通販の Web サイトにログイン中のユーザーの Cookie を盗むなら、攻撃者は被害者のアカウントを不正に使って買い物できてしまう危険があります。

攻撃の手法 - XSS

　XSS 攻撃では、アプリケーションの脆弱性を利用して、任意のスクリプトを実行します。この脆弱性は、ユーザーの入力値をエスケープせずに HTML として出力した際に可能となります。

　例えば、ユーザーの入力値をエスケープせず、そのまま HTML 内に埋めこむなら、スクリプトの実行が行われてしまいます。

　以下のような Flask アプリを実行して動作を確認してみましょう。これは、フォームから送信した値を、次の画面で表示するという単純なアプリケーションです。

参照するファイル file: src/ch6/xss_test.py

```python
from flask import Flask, request

app = Flask(__name__)

@app.route('/')
def index():
    # 入力フォームを表示
    return '''
    <html><meta charset="utf-8"><body>
    <form action="/kakunin" method="get">
    名前 : <input name="name">
    <input type="submit" value=" 送信 ">
    </form></body></html>
    '''

@app.route('/kakunin')
```

```
def kakunin():
    # 確認画面を表示
    # フォームの値を取得
    name = request.args.get('name', '')
    # フォームに name を埋め込んで表示
    return '''
<html><meta charset="utf-8"><body>
<h1>名前は、{0} さんです。</h1>
</body></html>
'''.format(name)

if __name__ == '__main__':
    app.run(debug=True, host='0.0.0.0')
```

この Flask アプリを実行して、Web ブラウザーで確認してみましょう。

▲ 名前を入力して送信すると

▲ 自己紹介が表示される

ぱっと見た感じ、何の問題もなさそうな牧歌的なアプリです。しかし、名前の項目に以下のような値を入れて「送信」ボタンを押してみましょう。

```
<script>alert('hello')</script>
```

すると、JavaScript が実行されてしまいました。もし、ここで指定したスクリプトが悪意を持ったものであったなら大変です。

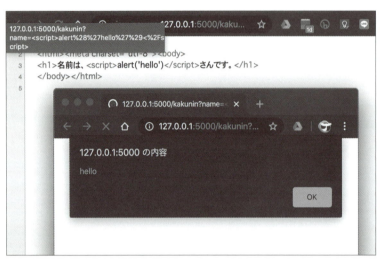

▲ スクリプトが実行されてしまった

対処方法 - XSS

XSS を防ぐ方法は、正しくユーザーの入力値をエスケープすることです。上記のプログラムで確認画面の kakunin 関数を以下のようにエスケープ処理を行うよう変更すると XSS を防ぐことができます。

```python
@app.route('/kakunin')
def kakunin():
    import html
    # フォームの値を取得
    name = request.args.get('name', '')
    # エスケープ処理を施す
    name_html = html.escape(name)
    # フォームに name を埋め込んで表示
    return '''
<html><meta charset="utf-8"><body>
<h1>名前は、{0} さんです。</h1>
</body></html>
    '''.format(name_html)
```

実行してみましょう。script タグの内容が実行されることなく、エスケープされ画面に表示されました。

▲ エスケープを行うことで XSS を防ぐことができた

なお、XSS 脆弱性を作りやすいのは次のような場面です。

ユーザーが入力したフォームの確認ページ
検索結果の表示
エラーの表示
掲示板などのコメント欄

ユーザーから入力されたあらゆる値をエスケープする習慣をつけておきましょう。

テンプレートエンジンを使うと XSS を防げる

テンプレートエンジンを利用する場合には、テンプレートエンジン側で自動的に値をエスケープする処理が行われます。これは XSS を防ぐのに有効です。そのため、できるかぎりテンプレートエンジンを利用するようにしましょう。

XSS 攻撃の応用例

XSS の攻撃にはさまざまな手法が考案されています。上記の XSS は最も単純なものですが、XSS を応用した以下のような攻撃もあるので注意してください。

反射型 XSS

この攻撃は悪意ある URL のリンクをクリックすることで開始されます。脆弱性を持つ Web サイトの URL、および URL パラメーターに不正なスクリプトが仕込まれます。被害者が URL をクリックすると、

不正なパラメーターにより、脆弱性を持つ Web サイト上で悪意あるスクリプトが実行されてしまいます。

格納型 XSS

この攻撃では悪意をもったスクリプトを、脆弱性のある Web サイトのデータストアに不正に保存させます。そして、データストアの内容を確認する時点で悪意のあるスクリプトが実行されます。例えば、脆弱性を持つ掲示板アプリの場合、悪意の訪問者がスクリプトを含むコメントを書き込みます。すると、他の訪問者が掲示板を閲覧するたびに、悪意のスクリプトが実行されてしまいます。

クロスサイトリクエストフォージェリ (CSRF)

クロスサイトリクエストフォージェリ (CSRF = Cross-Site Request Forgeries) とは、フォームを処理するアプリケーションが、本来拒否すべき他サイトからのリクエストを受信して処理してしまう脆弱性を利用した攻撃です。

攻撃者はアプリケーションに対して、意図とは異なるリクエストを Web サーバーに送信し、検証の不十分なアプリケーションがそのリクエストを正規のものとして扱うためにシステムに障害が発生してしまうというものです。

攻撃の手法 - CSRF

具体的な攻撃手法を確認してみましょう。

(1) 攻撃者は攻撃用の Web ページを準備してユーザーがアクセスするように誘導します。

(2) ユーザーが攻撃用 Web サイトにアクセスすると不正なリクエストが攻撃対象サーバーに送られます。

(3) 攻撃対象となる Web アプリでは、不正なリクエストを処理し、ユーザーの意図とは異なる処理が実行されてしまいます。

このように、攻撃者が直接攻撃対象のサーバーへアクセスすることなく、他者に攻撃を行わせることができるのが CSRF です。

2005 年に SNS サイトの mixi で発生した「ぼくはまちちゃん」騒動が CSRF の有名な事例です。mixi に「ぼくはまちちゃん！こんにちはこんにちは !!」という定型文が突如として大量に投稿されました。その理由ですが、ある URL をクリックすることで勝手に「ぼくはまちちゃん！」というタイトルで mixi に日記がアップされてしまうのでした。その日記には、さらに同じ仕掛けの URL が含まれていたため、その投稿を見てクリックした別のユーザーにも「ぼくはまちちゃん！」という日記がアップされてしまうというという仕組みで、被害が連鎖的に広がったのでした。この場合、ユーザーはすでに

mixi にログインしており、被害者が不正な URL リンクをクリックすることで、アプリ側ではユーザーが日記を投稿したと見なしてしまうのです。

このケースでは、単に日記を書き込むだけの事件だったのですが、通販サイトで意図しない買い物をしたり、金融サイトで送金をしたりするなどの場合は実際の被害が予想されます。

不正なリクエストを送信する方法ですが、以下のような手法で他者に攻撃させることができます。

URL リンクをクリック
img タグの src 属性に攻撃 URL を仕込む
JavaScript の XMLHttpRequest を利用して攻撃を行う

対処方法 - CSRF

CSRF を防ぐためには、まず、リイト外からのリクエストを受信したり処理しないように対処する必要があります。HTTP のリファラを参照して、サイト外からであれば処理を行わないようにします。

また、フォームを表示する際に攻撃者に推測されにくい任意のトークン情報を加えおいて、フォームが送信された際、そのトークンが正しいものかどうかを判定する方法でも、CSRF を防ぐことができます。他には、重要な処理を実行する際には、画像に記載されたチェックコードを入力される「Capcha」を導入するなどの対策が取れます。

セッションハイジャックについて

ログインが必要な会員制の Web サイトなどでは、セッションによる通信を行います。**セッションハイジャック**とは、そうした一連の通信を乗っ取る攻撃手法です。

3 章で紹介したように、セッションを用いた一連の通信を行うには、Cookie に対してセッション ID を保存し、そのセッション ID を用いてユーザーを識別しています。セッションハイジャックの攻撃では、攻撃者が何らかの手段でこのセッション ID を知ることによりセッションを乗っ取ります。

Flask などのフレームワークを利用してセッション通信を行う場合には、すでに対策がなされているものの、自分でセッション ID を生成して通信に利用する場合には、下記の点に気をつけてください。

セッション ID は他人から類推しづらいものにすべきです。連番や時刻、ユーザー ID やメールアドレスに設定していると容易に推測されて乗っ取られます。

また、セッション ID を URL パラメーターに埋め込んでいる場合には URL がリファラとして伝わってしまうので注意が必要です。

なお、Web フレームワークを利用していたとしても、上述のクロスサイトスクリプティングなどの手法によって、セッション ID が漏洩する可能性があります。他の脆弱性と合わせて気をつけたい点です。

ブルートフォースアタック（総当たり攻撃）

　総当たり攻撃ブルートフォースアタック (Brute-Force attack) とは、暗号解読方法の１つで、可能な組み合わせをすべて試すやり方を言います。これは、暗号や暗証番号、また、会員制サイトのログインで、論理的にありうるすべてのパターンを入力し解読する手法です。人間が行う操作では膨大な時間がかかる作業も、コンピューターで試すなら、時間の許す限り検証を行うことができます。

　また、人間が考案するパスワードは、辞書に載っている単語、あるいは、その組み合わせであることが多いので、予想される候補を組み合わせて検証する**辞書攻撃**は、効率の良い攻撃手法です。過去に流出したパスワードから傾向を分析している者もおり、効率的な攻撃手法が研究されています。

対処方法 - ブルートフォースアタック

　ブルートフォースアタックが行われるとさまざまな影響がでます。アクセス負荷がかかりサーバーが重くなるので対策が必要となります。

　攻撃が行われてもシステムへの侵入が困難になるような対策を行う必要があります。いくつかの対処方法があるので、ここでは３つ方法を紹介しましょう。これらは大手の会員制サービスに取り入れられています。

ログインロック

　数回パスワードを間違えると、数分間アカウントを停止する方法です。例えば、特定の IP アドレスからの接続で、7 回パスワードの入力に失敗したら、ブルートフォースアタックと判定して、一定時間、ログインできないようにロックします。

二段階認証（二要素認証）

　アカウントとパスワードでログインした後に、異なるキーを入力させることでログインできるようにします。また、アカウントとパスワードに加えて、メールや SMS でワンタイムトークンを送信し、そのトークンを入力してはじめてログインできるようにします。

アクセス元の制限

　数回パスワードを間違えたら、アクセス元の IP アドレスを制限するようにします。

クリックジャッキング

　クリックジャッキング (Clickjacking) とは、リンクやボタンなどの要素を隠蔽・偽装してクリックを誘い、利用者の意図しない動作をさせようとする手法です。攻撃者は透明化した別のページを、利用者が開くページの上に重ねて読み込ませます。これにより利用者はそこに見えるボタンをクリックしていると思っても、実際にはその上にある別のボタンをクリックしているという状況になります。

　対策としては、HTTP ヘッダーに **X-FRAME-OPTIONS** を含めて他のサイトのページの iframe から呼び出しができないようにすることです。

この節のまとめ

→ 自身の Web アプリにセキュリティの脆弱性がないか確認してから一般公開しよう

→ 基本的なセキュリティ対策は、Web フレームワーク側で行われているので、できるだけ既存の枠組みを利用するようにしよう

→ 日々、さまざまな攻撃方法が研究されているので、最新のセキュリティ動向をチェックしよう

第6章 | プロトタイプから完成までの道のり

6-5
プロジェクト管理について

Web アプリを効率的に開発するには、適切なプロジェクト管理が欠かせません。趣味や週末起業であったとしても、プロジェクトの進捗を確認し、優先度を決めて作業を行うなら、効率的に開発が進みます。

ひとこと
● プロジェクト管理を行えば完成度がぐっと高まる

キーワード
● PDCA
● Excel / Google スプレッドシート
● Trello
● Asana
● GitHub
● Redmine

プロジェクト管理とは？

　プロジェクト管理(Project Management) とは、プロジェクトを成功させるために行われる活動を指します。計画立案、工程表の作成、進捗管理などが含まれます。システム開発を成功させるには、プロジェクト管理が欠かせません。

　しかし、大人数が関わる大きなプロジェクトを成功させるにはプロジェクト管理が必要というのは納得できるのですが、一人、もしくは、少人数で Web サービスを開発する場合にも、プロジェクト管理が必要なのでしょうか。

　もちろん、必要です。本格的で、かつ、対外的にも見栄えの良い方法を採用する必要はありません。しかし、必要最低限のプロジェクト管理は、システムを完成に導くためには、欠かせないものです。

プロジェクト管理の要素

少人数で行うプロジェクトでは、時間も予算も限られているため、最低限のプロジェクト管理を行う必要があります。プロジェクト管理で、最低限、何を行えば良いのでしょうか。

基本的には、大規模プロジェクトと考え方は同じです。PDCA サイクルと言って、計画 (Plan)、実行 (Do)、チェック・評価 (Check)、改善・是正 (Act) の繰り返しを経てシステムを完成させます。

P － 計画する（Plan）	何を作るのか、明確な目標を決めること	いつ作るのか どのように作るのか 開発言語やデータベース、Web フレームワークなどの選定
D － 実行する（Do）	計画に沿って作業を行ってみる	
C－ 評価する（Check）	作業を行った結果を評価する	何ができて何ができないのか考察する どんな問題があるのか、行うべきタスクを洗い出す
A － 改善する（Act）	上記の評価を元に作業を行う	

この PDCA のサイクルは、ある程度の規模のプロジェクトだけでなく、小さなプロジェクトや普段の生活の中でも活用できる管理手法です。

プロジェクト管理に役立つツール

それでは、プロジェクト管理に役立つツールを紹介します。うまくツールを利用して、効率的にプロジェクトを管理していきましょう。

Excel / Google スプレッドシート

　Microsoft の Excel や Google スプレッドシートはみんなが使い慣れた万能のプロジェクト管理ツールです。計画を立て、タスクを洗い出し、その進捗を管理できます。自由度が高いので、好きなフォーマットで自由に扱えるのが良いところです。

▲ Excel でタスク管理を行っているところ

　ただし、ある程度の規模になってくると、Excel やスプレッドシートでのタスク管理が難しくなってきます。その際には、他のツールの採用を検討すると良いでしょう。

Trello

直感的に使える付箋型のタスク管理ツールです。

● Trello
[URL] https://trello.com/

▲ Trello では視覚的にタスクを管理できる

　Trello は直感的にタスクが管理できるプロジェクト管理アプリです。タスクをカードのように並べていくのですが、ドラッグ＆ドロップでカードを動かしてタスクのステータスを管理できることから、進捗を視覚的に把握しやすくなります。

Asana

Asana は使いやすく、チームでタスク管理ができるツールです。

● Asana
[URL] https://asana.com/ja

▲ Asana の Web サイト

　Asana は元 Facebook の共同創業者が作成したしたことでも話題のツールです。有償のツールですが 15 人までは無料で使えます。リスト、ボード、タイムライン、カレンダー、進捗などの基本的な管理機能を備えています。派手な機能はありませんが、実用的で使い勝手が良いツールです。

GitHub

ソースコードのホスティングだけではなくプロジェクト管理にも使えます。

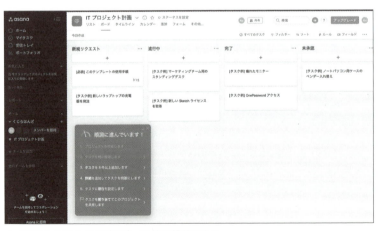

▲ GitHub には十分なプロジェクト管理機能がある

● GitHub
[URL] https://github.com/

　バージョン管理システムの Git を利用してソースコードのホスティングができる GitHuib ですが、プロジェクト管理の機能も充実しています。計画を立てるのに使える Projects、タスクを登録する Issues に、ドキュメントを残せる Wiki など十分な機能を備えています。

Redmine ～オープンソースのプロジェクト管理ツール

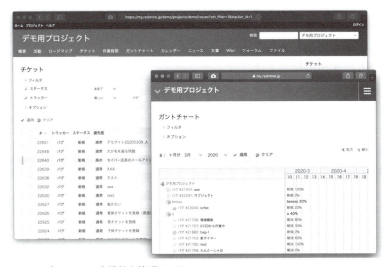

▲ オープンソースで多機能な管理ツール Redmine

　Redmine はオープンソースのプロジェクト管理ツールです。タスクを管理する「チケット」機能に加えて、ガンチャートやカレンダー、ロードマップ、Wiki などの機能があります。加えて Subversion や Git といったバージョン管理ツールとの連携機能も備えています。ただし、Web サービスではないので、自分で Web サーバーを用意してインストールする必要があります。

タスクへの登録と優先度の決定

　タスクとして登録すべきなのは、以下のような項目です。とにかく何でも気になったことを登録しておきます。

```
今後やるべきことやその手順
バグ
気になっているところ、直したいところ、リファクタリング候補
ユーザーからの報告
```

そして、定期的にタスクを見直して優先度を決定します。優先度を決めたら優先度順に作業を行っていきます。

たとえ、開発者が少人数であったとしても、一度、作業を書き出すことで、頭の中を整理することができます。すると安心できるので集中して作業に取りかかることができます。もし「なんだか作業が煮詰まっている」と感じたら、タスク管理に戻って頭の中を整理してみると良いでしょう。

振り返りの大切さ - KPT や YWT で成果をあげよう

プロジェクト管理において、定期的に実行したいのが、作業の振り返り手法である KPT です。KPT とは Keep(良くて続けたいこと)、Problem(問題点)、Try(今後改善したいこと) の頭文字です。それぞれの点について、思いつく点を定期的にメモしていくと、作業の質を向上させることができるでしょう。

その他、KPT よりも柔らかく振り返りを行う手法として、YWT があります。YWT とは、Y(やったこと)、W(分かったこと)、T(次にやること) のことです。YWT は KPT よりも日本的で、誰も傷つけないので、チームでの振り返りに向いていると言われています。

KPT の実践例

KEEP

● 毎日夕食後にコツコツ開発したこと
● データベース設計が良かったので、途中の変更がほとんどない
● メインプログラムがすっきり書けた

PROBLEM

● テンプレートの継承関係が複雑になってきている
● ログインのチェックが複雑になっている
● 好きなゲームが発売された

TRY

● みんなにどこまで出来たか話して応援してもらう
● ログイン処理をライブラリにまとめる
● アプリのリリースまでゲーム購入を待つ

第6章 プロトタイプから完成までの道のり

　なぜ、作業の振り返りを行うのでしょうか。それは、振り返ることで、次のステップへの大きなモチベーションを得ることができるからです。少人数で開発を行っていると、サービスのリリース以前にモチベーションが下がって、開発が頓挫してしまうことが多くあります。そんな罠に陥るのを避けるためにも、成果が見えて次へのステップにつながる振り返り作業が役立ちます。

振り返りを記事にして投稿しよう

　プロジェクトを成し遂げたときには、振り返りを記事としてまとめあげ、技術サイトなどへ投稿すると良いでしょう。開発したWebサービスの宣伝になりますし、その知見は多くの人の役に立ちます。KPTやYWTで行った振り返り内容を見ながら書くと、時系列ごとの悩みや工夫した点を思い出すことができるでしょう。

この節のまとめ

→ 最低限で良いのでプロジェクト管理を行うと良い

→ 便利なプロジェクト管理ツールがたくさんある。しかも、少人数なら高機能なツールが無料で使えることも多い

→ 作業を定期的に振り返ると良い

第6章 | プロトタイプから完成までの道のり

6-6

利用規約の作成や著作権について

Webサービスをはじめる際には、利用規約や個人情報の扱いについて、明確にしておく必要があります。ここでは、利用規約の作成など法務に関する事柄を紹介します。

ひとこと	キーワード
● 利用規約は面倒と思わずトラブルを避けるために用意しておこう	● 利用規約 ● 著作権 ● クリエイティブコモンズ

利用規約とは？

利用規約とは、Webサービスの運営者とユーザーの間で、サービスを利用するにあたって取り決める約束です。

利用規約は作るべき？

もちろん、利用規約のないWebサービスもあります。しかし、ユーザーは利用規約に同意することで、はじめてサービスを利用できますので、トラブルを未然に防ぐことができます。

適切な利用規約を用意しておくなら、運営者とユーザーの双方が記載事項に則った行動を取るように拘束します。運営者はユーザーに対する説明ができるようなり、万が一訴訟を起こされた場合にも、利用規約に則して解決が図られるようになります。つまり、利用規約は作っておいて損はありません。

また、Androidのアプリなどをストアに登録する際など、利用規約も一緒に登録する必要があります。そのため、Webサービスを広めるためには、利用規約は必須のものと言えます。

利用規約もテンプレートを利用しよう

とは言え、ゼロから自分で利用規約を考えるのは大変です。法律に精通しているのでなければ、法的な書式をどのように記載して良いのかも分からないものです。そこで、利用できるのが、テンプレートです。「Webサービス」「利用規約」でWeb検索するとたくさんの規約が見つかります。また、

380

自分が作っている Web サービスに近いサービスがあるなら、そのサービスの規約も参考になるので、それらを叩き台にして作成していくと良いでしょう。

利用規約に含めるべき事柄

　利用規約を作る上でポイントとなるのは、せっかく苦労して開発した Web サービスが原因で無用なトラブルを身に招くことのないようにすることです。例えば、運営者が想定外の賠償責任などを負うことのないように規約を定めましょう。また、広告宣伝やデータ解析などの目的で、ユーザーが投稿したコンテンツに関して、Web サービス側がある程度、自由に利用できるようにしておくことも必要でしょう。不適切な行動するユーザーに対して、どのような処置をとるのかも決めておくと良いでしょう。

　こうした事を考慮して、以下のような項目を定めておくと良いでしょう。

- Web サービスの利用には利用規約への同意が必要であること
- 利用規約が変更される際の方法
- Web サービスの簡単な説明
- トラブルを想定して用語の解説など
- サービスの利用に関するルール
- 利用料金と支払い方法
- サービス内で扱うコンテンツに関する権利の帰属に関して
- Web サービス内の禁止事項
- ユーザーが規約違反をした際に取る処置
- 損害賠償に関する事項

免責事項

- 都合によりサービスを中止した際の事項
- 紛争時の裁判管轄

　ただし、あまりにも運営者側に有利な条項が並んでいると、ユーザーが反発してサービスの利用を中止する理由になってしまいます。また、消費者契約法などの強行法規に反する条項を作らないようにも注意しましょう。

守るべき法律

ユーザーに対する利用規約を整備するのと同時に、開発中の Web サービスが法律違反になるような事柄に抵触していないかもチェックしましょう。

素材の著作権に注意しよう

特に著作権には注意しましょう。Web 上にはさまざまな画像やデータが溢れていますが、それらの著作権はどのようになっているでしょうか。すべてのデータが著作権フリーとは限りません。また、著作権フリーの Web サイトで配布されていたとしても、フリーで提供されているのは一部分だけで、使用料を要求するデータがほとんどという場合もありますし、期間限定で利用可能だったという場合もあります。画像や素材の著作権や利用規約を、詳しく確かめる必要があります。

なお、多くのデータが著作権の利用を許可するクリエイティブ・コモンズ (Creative Commons、略称 CC) の形態で配布されています。クリエイティブ・コモンズならば自由に使って良いだろうと思いがちです。しかし、クリエイティブ・コモンズは、商用利用の場合に制限があるなど、複数のライセンスから成り立っていますので、利用に注意しましょう。

この節のまとめ

→ 利用規約を作っておこう

→ 規約の作成ではポイントを押さえてトラブルを避けよう

→ 著作権に注意しよう

第6章 | プロトタイプから完成までの道のり

6-7

宣伝とSEOとメタタグについて

Web サービスが完成し運営をはじめたら考えたいのが SEO 対策です。せっかく作った Web サービスですが、どうしたらみんなに使ってもらえるでしょうか。

ひとこと	キーワード
● Webサービスは使ってもらってこそ意味がある	● SEO ● メタタグ

作って終わりではない Web サービス

　開発の請負契約では、Web サービスを開発して納品すれば、基本的に仕事は終了です。もちろん、請負契約の中には定期的な改修や運用も含むことがありますが、基本的には作って終わりという感じです。しかし、自分で企画して開発した Web サービスでは、作って完成したときからがスタートです。多くのユーザーに使ってもらえるようにアプリを宣伝し続ける必要があります。

　しかし、少人数で開発した Web サービスに多くの宣伝費をかけることはできません。そこで、何かしらの方策を考える必要があります。

SEO 対策を行おう

　Web の良いところのひとつは、ユーザーが自ら検索して、そのサービスにたどり着く可能性があるということです。Google や Yahoo! などの検索エンジンを経由してサイトを訪問することは普通に考えられます。そのため、何も宣伝していないのに、自然とユーザーが増えたということもあります。

　しかし、検索エンジンの上位に自分の Web サービスを登場させるのは非常に難しいものです。そこで、**検索エンジン最適化対策** (Search Engine Optimization、略称 : SEO) を行うことになります。SEO 対策を行うことで、検索エンジンの上位に掲載されやすくなります。具体的には、他の優良サイトからリンクをしてもらうこと、ユーザーに価値あるコンテンツを提供すること、適正にページ内容を評価してもらえるように、Web ページを最適化することなどを指します。

383

どのようなサイトが上位に表示されるのか？

検索エンジンの検索結果はどのように決定されているのでしょうか。昨今、日本でよく使われている検索エンジンは、Google と Yahoo! です。このうち、Yahoo! は Google の検索を利用しています。つまり、Google 対策を行えば Yahoo! 対策も行ったことになります。

それでは、Google はどのような Web サイトを上位に表示するのでしょうか。過去には、リンクされている数、被リンクが多ければ多いほど優良なコンテンツであり、上位に表示されるという単純なロジックが採用されていたこともありました。

しかし、現在ではより複雑なロジックが採用されており、**ユーザーにとって役に立つ**ことを優先して上位検索結果を決めているようです。もちろん、引き続き被リンク数もページランキングに影響を及ぼします。加えて、モバイル向けの Web サイトは PC 向けのコンテンツよりも上位に表示されます。基本的な SEO 対策を確認して、検索結果上位を狙いましょう。

SEO 対策で役立つツール

SEO 対策を行う上で役立つツールがあります。これらのツールを利用して、Web サイトを解析して改善することができます。

PageSpeed Insights - ページ速度を測る

Web サイトが高速に表示されるかどうかも検索結果に影響を及ぼします。

● PageSpeed Insights
[URL] https://developers.google.com/speed/pagespeed/insights/

384

▲ PageSpeed Insights の画面

　PageSpeedInsights は、Web サイトの表示スピードを診断し、どうすればもっと表示が早くなるのか改善点も指摘してくれる、解析アプリです。

　Web サイトの URL を入力して、少し待っていると、解析が行われ、改善点が一覧で表示されます。リダイレクトがある、画像フォーマットを変更する、オフスクリーンで画像の遅延読み込みを行うようにする、JavaScript の実行に時間がかかっているなどなど、多くの改善点が表示されます。

　改善点を参考にして、サイト表示時間を短縮してみましょう。

Google Search Console - 掲載順位の改善ツール

Google が提供している Search Console があります。

● Google Search Console
[URL] https://search.google.com/search-console/about?hl=ja

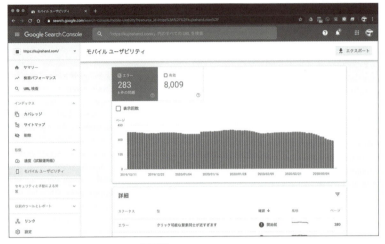

▲ Google Search Console の画面

　これは、Web サイトがどんなキーワードで検索されているか、何度表示され、何度クリックされたかなど、さまざまな観点の解析結果が表示されます。また、ユーザービリティの観点からも問題点を指摘する機能もあり、Web ページの改善に役立ちます。

Google アナリティクス

無料アクセス解析ツールの定番です。

● Google アナリティクス
[URL] https://analytics.google.com/

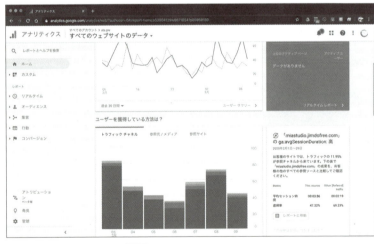

▲ Google アナリティクスの画面

第 6 章　プロトタイプから完成までの道のり

こちらも Google が提供しています。Google アナリティクスは Web サイトに解析用のタグを埋め込む必要がありますが、詳細なアクセス解析を行ってくれます。いつどこからアクセスがあるのかの時間帯や地域、どのようにページを見ているのか、人気のあるページなど、いろいろな統計を確認できます。

宣伝しよう

SEO 対策も行って Web サービスが安定してきたら、メディアに向けて宣伝を行うのも良い方法です。各種メディアに向けてニュースを提供するプレスリリースを配信したり、開発に関するブログを書いたり、大手メディアに取材依頼をしたりなど、さまざまな方法で宣伝しましょう。

お金を掛けられる場合には、Google に広告を出稿する Google Adwords も利用できます。Adwords では金額を指定して出稿できるので限られた予算であっても広告を出すことができます。

メタタグを設定しよう

メタタグとはブラウザーの画面には表示されないものの、検索エンジンがそのページを判定するのに重要な情報を指定するものです。特に重要なのは、タイトル (title タグ) と説明 (meta description) と言われています。

Google では HTML のページに埋め込まれた特別なタグを読み、検索結果にどう表示するかを決定しています。Google の Web 管理者向けのページに詳しい解説があります。

● **Google がサポートしている特別なタグ**
[URL] https://support.google.com/webmasters/answer/79812?hl=ja

メタタグは、HTML ページの <head> セクションに追加するもので、次のように設定します。

```
<!DOCTYPE html>
<html>
  <head>
    <meta charset="utf-8">
    <title>( ページのタイトル )</title>
    <meta name="Description" CONTENT="( ページの説明 )">
    <meta name="robots" content="( 検索エンジンに登録するかどうか )">
    ...
```

ページのタイトルは重要です。サイト名だけでなく簡単な説明も入れると良いでしょう。人気のWeb サイトのタイトルがどのように付けられているか、研究して参考にしてみましょう。

そして、メタタグの Description（ページの説明）は、検索結果ページの説明として表示されるもので、ページを訪問するかどうかの重要な判断材料になるので慎重に指定しましょう。

387

メタタグの robots（検索エンジンに登録するかどうか）は、検索結果にそのサイトを登録して良いかを指定します。「index follow」を指定すると、ページを検索に登録し、ページ内のリンクを追跡することを許可します。「noindex nofollow」を指定すると、検索結果にサイト登録するのを禁止します。サイトのコンテンツに合わせて指定すると良いでしょう。

SNS 向け OGP(Open Graph Protcol) を指定しよう

また、昨今では Facebook や Twitter などで広くサービスが紹介され、それがきっかけでユーザーが集まったという成功事例も多くなっています。その際、メタタグとして、OGP(Open Graph Protcol) を設定しておくなら、イメージ画像や説明など、正しくサービスについて共有してもらえるようになります。

具体的には以下のようなタグに URL ヤタイトル、説明やサイトイメージ画像などを指定します。これらは各ページごとに指定する必要がありますので、適宜自動的に OGP を生成するようにしておくと良いでしょう。

```
<html xmlns:og="http://ogp.me/ns#">
...
<meta property="og:url" content="URL" />
<meta property="og:type" content=" 種類 (website/article)" />
<meta property="og:title" content=" タイトル " />
<meta property="og:description" content=" 説明 " />
<meta property="og:site_name" content=" サイト名 " />
<meta property="og:image" content=" サムネイル画像の URL " />
```

この節のまとめ

→ SEO 対策をして Web サービスを検索エンジンの上位に表示されるように努力しよう

→ SEO 対策を支援する各種ツールが用意されています

→ メタタグをしっかり指定しよう

第6章 | プロトタイプから完成までの道のり

6-8

WebサービスをHTTPS/SSL対応させよう

セキュリティ意識の高まりから、Web サイトは通信が暗号化される HTTPS を使うことが一般的になってきました。サイトを HTTPS に対応させることで SEO 対策も有利になります。ここでは HTTPS について紹介します。

ひとこと

● HTTPSに対応させると、安全性が高まりSEO対策にもなる

キーワード

● HTTPS
● SSL証明書
● Let's Encrypt

HTTPS とは？

HTTPS とは、Hypertext Transfer Protocol Secure の略です。HTTP による通信は平文であり、第三者がネットワークを流れているパケットを覗き見ることが可能です。HTTPS を使うと暗号化されるので安全に通信を行うことができます。これは、SSL/TLS プロトコルによって提供されるセキュアな接続の上で HTTP 通信を行うことで実現しています。ですから、HTTPS は「HTTP over SSL/TLS」でもあります。

標準で HTTP 通信は暗号化が行われません。ですから従来の HTTP 通信ではサーバーとクライアントの間の通信が漏洩する可能性がありました。これでは電子決済や個人情報の送受信を行う場面では不都合です。そこで、HTTP を安全性の高い HTTPS に置き換える動きが活発になっています。

HTTPS を使うと安全にデータをやりとりできます。なりすましや中間者攻撃、盗聴などの攻撃を防ぐことができます。また検索エンジンの Google は、HTTPS を導入している Web サイトを優遇し、検索結果の上位に HTTPS 対応サイトを表示するようにしています。つまり、セキュリティの面でも、SEO 対策の意味でも、HTTPS 対応はもはや必ず行うべきものと言えます。

HTTPでブラウザーに表示される警告について

　Google Chromeでは、HTTPSに対応していないサイトを閲覧する際には「このサイトへの接続は保護されていません」と警告が表示されます。

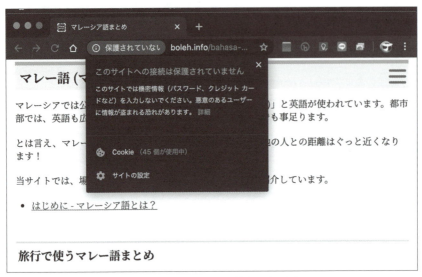

▲ ChromeではHTTPSに対応していないサイトでは警告が表示される

　また、iPhoneのSafariでもiOS12.2以降、HTTPS未対応のWebサイトではアドレスバーに「安全ではありません」と警告が表示されてしまいます。

第 6 章　プロトタイプから完成までの道のり

▲ Safari でも HTTPS に対応していないサイトで「安全ではありません」の警告が表示される

HTTPS 通信の仕組み

　HTTPS 通信の仕組みを確認してみましょう。HTTPS は、どのようにして、サーバーとクライアント間で安全な通信を実現するのでしょうか。
　HTTPS 通信では**共通鍵暗号方式**と**公開鍵暗号方式**という二つの鍵に関する仕組みを利用して通信を暗号化します。

共通鍵暗号方式と公開鍵暗号方式について

　まず**共通鍵暗号方式**の方ですが、これは**共通鍵**と呼ばれる鍵を使ってデータを暗号化するものです。送信側と受信側で同じ鍵を用いて暗号化と復号化を行います。この方法では、一度共通鍵が漏洩してしまうと、その後の通信がすべて漏洩してしまうという問題がありました。送信側と受信側でどのように極秘の内に鍵を受け渡しするのかと言う問題があります。
　これに対して**公開鍵暗号方式**とは、データを暗号化・復号化する際に**公開鍵**と**秘密鍵**という別々の鍵を使う方式です。**公開鍵**は公開されている誰でも取得できる鍵ですが、**秘密鍵**は受信側だけが保持している鍵です。秘密鍵が漏洩しなければデータが解読できないようになっているため、データが漏洩することはありません。

391

例えば、A さんが B さんに対して公開鍵暗号方式でデータを送信するものとします。このとき、B さんはあらかじめ送信側の A さんに公開鍵を渡しておきます。A さんは B さんの公開鍵を用いてデータを暗号化した上で暗号文を送信します。B さんは暗号文を受け取ると、自分の秘密鍵を用いてデータを復号化します。

ここで前提として、公開鍵は誰でも取得できる鍵であるものの、公開鍵を用いて暗号化したデータを復号化することはできないという点です。暗号化のための鍵と復号化のための鍵が別々のものになっています。

実際の HTTPS 通信の手順

Web ブラウザー (クライアント) と Web サーバー間での通信手順は次のように行われます。

(1) 最初にブラウザーはサーバーにリクエストを送る。

(2) サーバーはブラウザーに対して公開鍵を返す。

(3) クライアント側は共通鍵を生成し、公開鍵を用いて暗号化し、サーバーに送信する。

(4) サーバー側では暗号化された共通鍵を秘密鍵で復号化する。つまり、この時点でクライアントとサーバーの双方が共通鍵を得る。

(5) サーバーとクライアントの双方は、共通鍵を用いてデータを暗号化し通信を行う。

なお、上記（2）の時点で、サーバーは公開鍵をブラウザー側へ送信しますが、その際、公開鍵付きの SSL サーバー証明書が送信されます。ブラウザー側では、受信した証明書をルート証明書を用いて正当なものかどうかを検証します。

ルート証明書は、あらかじめブラウザーに搭載されており、公開鍵と秘密鍵は信頼できる認証局 (CA = Certificate Authority) によって発行されたものである必要があります。

そして、当然ですが Apache や Nginx など主要な Web サーバーでは、暗号の仕組みなど知らなくても、SSL サーバー証明書を用意し、手順通り作業すれば HTTPS に対応できるようになっています。それでは、次に SSL サーバー証明書の発行について確認しましょう。

HTTPS 対応費用など

ここまで紹介した通り、HTTPS に対応するには、信頼できる認証局によって発行された SSL サーバー証明書（公開鍵と秘密鍵を含む）が必要となります。多くの認証局は手数料を取って有料で証明書を発行しています。料金は信頼性によって、無料のものから年間数万円までさまざまです。

Let's Encrypt について（無料）

無料で SSL サーバー証明書を発行している組織があります。有名なのは非営利団体の **Let's Encrypt** です。これは、2016 年から正式に開始された認証局です。2018 年 9 月の時点で 3 億 8000 万枚以上の証明書を発行しています。

非営利団体ですが、Facebook など多くの大手企業が費用をサポートしています。Let's Encrypt の特徴は、自動的に証明書を発行するシステムです。また運営をできるかぎり透明にすることで信頼性を担保しています。

ドメイン認証について（有料）

年間数万円するのが企業の実在証明（ドメイン認証）の機能がついた証明書です。これは申請者が証明書に記載のあるドメインの使用権を所有していることを確認して発行される証明書です。証明書を発行してもらうには、電話での実在確認や書類の提出が必要です。

銀行やオンラインショップなど、高い信頼性が求められる Web サイトで利用されます。訪問者がアドレスバーをクリックした時に、証明書に所有者が明示されます。

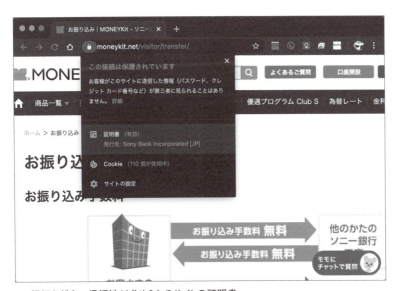

▲ 銀行など高い信頼性が求められるサイトの証明書

実際の設定方法

　実際に、HTTPS に対応する方法ですが、利用している環境に応じて異なります。　各社のコントロールパネルや、どの Web サーバーソフトを使うかによって作業の手順も異なるでしょう。今では、コントロールパネルの設定ボタンを押すだけで、Let's Encrypt を自動で設定してくれる会社も増えています。いずれにしても、丁寧な設定方法が見つかるので、ハードルはそれほど高くないことでしょう。

この節のまとめ

→ HTTPS を使うことで通信が暗号化され安全にコンテンツをやりとりできる

→ HTTPS 対応しないと警告が表示されるブラウザーが増えてきた

→ SEO 対策の面でも HTTPS 対応は必須

→ 費用は無料のものから年間数万円まで認証レベルに応じてさまざま

第6章 | プロトタイプから完成までの道のり

6-9

Web APIを公開しよう

自分で作った Web サービスのデータを外部からも活用できるように、Web API を提供するのはどうでしょうか。Web サービスの認知度を高めるのに役立ちますし、外部開発者とつながる機会になります。

ひとこと

● Web APIを提供して外部開発者を取り込もう

キーワード

● Web API
● REST
● APIキー

Web API とは？

API は Application Programming Interface の略です。これはソフトウェア同士が互いに情報をやりとりするのに使う仕様のことです。Web API とは Web サービスが提供している機能をインターネットを介して、プログラムから呼び出すことができる機能のことを言います。

例えば、通販サービスが Web API を提供するならば、以下のような機能が API として提供されることでしょう。実際に大手通販サイトの Amazon や楽天はこれに類する機能を提供しています。

● 商品の検索 API
● 商品画像を取得する機能
● 商品の購入機能
● 商品の広告タグを取得する機能

外部の開発者は API を通して、これらの機能を使うことができます。API を提供する側は、自作のアプリに商品の広告を入れることで、広告収入を得ることができます。

APIは汎用性の高さもポイント

Web APIはインターネット越しに機能を呼び出します。大抵は、JSONやXMLなど汎用的なデータで情報をやりとりします。そのため、クライアントはどんな言語でもよく、汎用性が高いこともAPIのポイントと言えます。

Web API同士を組み合わせてマッシュアップできる

そして、何よりWeb APIを使うメリットの1つがマッシュアップ (Mashup) です。これは、Web上に公開されている情報を加工、編集することで新たなサービスを作り出すことです。

地図を表示するAPIと、天気情報を取得するAPIを組み合わせて、地図上に天気を表示するサービスを作ったり、図書館の蔵書検索するAPIを利用して、とある本がどの図書館にあるのか、地図上に表示するなど、いろいろなアイデアが考えられます。

APIを利用する開発者は、ゼロから地図を表示するWebアプリを作らなくても、地図を表示すするWeb APIを利用することで、手軽にその機能を使うことができるのです。

Web API提供側のメリットは？

しかし、外部の開発者にWeb APIを提供して、サービスの提供者側は何かメリットがあるのでしょうか。現在、Google、Yahoo!、Twitter、Facebook、楽天やAmazonと、大手のWebサービスによって、さまざまなAPIが提供されています。もちろん慈善事業として、外部の開発者のためにAPIを提供する場合もありますが、APIを提供する側にも明確なメリットがあります。

自社サイトへ誘導できる

Web APIを提供すると話題になり、多くの開発者がサービスを利用するために自社サイトを訪問してくれることでしょう。そうしたWeb APIを利用するユーザーをきっかけにサービスが広まることが期待できます。

また、Web APIの返す結果の中に自社サイトへのリンクを埋め込むなら、そのリンクからAPI経由のサービス利用者が自社サイトを訪問してくれる可能性も増えます。例えば、気象情報を提供するAPIであるとしたら、Web APIで気象情報を提供しますが、提供元のリンクを入れることで、ユーザーに元のサービスを知ってもらうことができるというメリットが考えられます。

有料 Web API を提供し使用料を得る

　Web API を無償で提供している場合も多いですが、有料の Web API も存在します。Google の地図サービスの Google Maps API や、画像認識 API、音声認識 API など、Google の提供している API は有償のものも多いです。

　地図表示や画像認識などの機能をゼロから構築するには莫大な開発リソースが必要となりますが、API を利用することで手軽に利用できます。作成した Web サービスが提供している機能が高度なものであれば、有償でも使いたいと考えるユーザーがいることでしょう。

　その際、無料版を提供することで、有料版を使ってもらう土台を作ることができます。Google の提供する API 群の多くは、一日の利用回数が少ないうちは無償です。利用回数が増えると課金されるという仕組みになっています。

API で外部の開発者とのつながりを作る

　Web API の公開をきっかけにして、外部の開発者と協力関係が生まれることもあります。もし協力的な人が見つかれば、オープンソース開発のノリで作業を一緒に進める共同開発できるかもしれません。個人で開発をしているなら、仲間や相談者は多い方が良いでしょう。また、仕事の一部を委託できる協力者を得ることができる可能性もあります。

API を利用して、外部開発者に利便性の良い UI を作ってもらう

　外部開発者が Web API を利用して使いやすいアプリを作ってくれたなら、そのアプリがきっかけになって、多くのユーザーを獲得できる可能性があります。かつて、Twitter の Web API 制限が現在よりも緩かった頃、外部のユーザーが作った専用クライアントアプリの使い勝手がよく、多くのユーザーは本家の Web サイトよりもそのクライアントアプリを使って Twitter を利用していました。こうした優秀なクライアントアプリがきっかけになって多くの人が Twitter を使うようになりました。これは、Twitter が Web API を公開していたからこそ、成し遂げられた事でした。Twitter はそうした優秀なクライアントアプリの開発者に対して、Web API を公開しただけで 1 円も払っていません。

業務提携先とAPI連携することで顧客の利便性が上がる

　自社の情報を完全に外部に公開して、使えるようにするのではなく、業務提携している会社にだけWeb APIを公開するという戦略もあります。業務提携先が提供しているサービスを使うことで、自社のアプリの向上が明らかなのであれば、Web APIとしてそのサービスを使うことができないか尋ねてみると良いでしょう。また逆に、Web APIを提供するので、業務提携しないかと持ちかけることもできるかもしれません。

　例えば、公園情報を提供しているA社と、物々交換サービスを提供しているB社が提供するなら、商品の交換場所をA社のデータベースから検索して、ユーザーの近所の公園を指定出来るようにするという使い方ができるでしょう。

APIで自社内のコミュニケーションや業務効率の向上を狙う

　何も外部に公開するだけがWeb APIではありません。少し規模の大きな会社であれば、プロジェクトごとに組織が縦割りとなっていて、せっかく運営しているサービスがあるのに、他の部署とまったく連携していないという場合も少なくありません。

　そこで、社内のコミュニケーションを図る上でも、サービスを利用したり、制御するための管理機能をWeb APIから操作できるようにしておきます。すると、サービス間で相互の機能連携が取れるようになります。また、それにより業務効率の向上が図れることでしょう。

APIに加えてガジェットの提供も

　TwitterなどはWeb APIだけでなく、Twitterのタイムラインを任意のWebサイトに埋め込むことができる、タイムラインガジェットを提供しています。ガジェットタグを外部のWebサイトに貼り付けてもらうことで、任意のWebサイトにTwitterのタイムラインを表示させることができるようになります。皆さんも個人のブログや企業のページで、新着ニュースとしてTwitterのライムラインが表示されているのを見たことがあるのではないでしょうか。こうしたガジェットの提供は、効率よく自社サービスへの導線を作っていることになります。

▲ Twitter のタイムラインを任意の Web サイトに埋め込むことができるガジェットが配布されている

Web API の提供方法

　Web API を公開することに決めたら、次に考えるのは、どのように API を提供するかという点です。Web API は外部の人に使って貰うことを想定しているので、独自規格を用いるよりも、よく使われている通信規約に沿って作るのが好ましいのは言うまでもありません。

　Web API でよく使われていたものには、**RPC**（**Remote Procedure Call**）、**SOAP**（**Simple Object Access Protocol**）、**REST**（**RESTful**）がありました。

　このうち、RPC には、データフォーマットに JSON を用いた JSON-RPC と、XML を用いた XML-RPC とがあります。JSON-RPC を用いる場合には、サーバーとのやりとりをすべて JSON 形式にエンコードして行います。例えば、天気情報を返す Web API を設計した場合、JSON-RPC では、API クライアントと API サーバーで次のようなやりとりが行われます。

```
#【リクエスト】API クライアント→ API サーバー
{"method": "天気と気温", "params": {"date": "明日"}}

#【レスポンス】API サーバー→ API クライアント
{"result": {"天気":"晴れのち曇り", "平均気温": 18.2}}
```

　次に SOAP ですが、これは XML-RPC を基本にしつつ発展させた規約でした。しかし、冗長であったため最近では使われなくなりました。

そして、REST ですが、これは HTTP が持つ 4 つのメソッド GET、POST、PUT、DELETE を利用して、リソースに対して何を行うか伝えるというスタイルの API です。例えば、ブログを操作する API であれば、GET で記事の取得、POST で記事の投稿、PUT で記事の更新、DELETE で記事の削除のようになります。Web の仕組みをそのまま利用しており、シンプルで分かりやすいことから、多くの Web サービスが、REST で API を提供しています。

Web API 認証について

Web API を公開する際に、多くのサービスでは、API 認証を用意して利用を制限しています。開発者は API を使いたいアプリケーションごとに、API の利用申請を行う必要があります。API の提供側では誰がどんな API をどれだけ使っているのか把握できるというメリットがあります。API 認証により、不正利用を防ぐこともできますし、将来的に API が足かせになり Web サービスのパフォーマンスが落ちている場合にも、ユーザーの利用頻度を調べて制限を厳しくするなどの対策を取ることができます。

API キーを使う方法

API 認証の最も簡単な方法は、利用ユーザーごとに簡単な API キーを発行し、URL パラメーターなどに指定してもらう方式です。例えば、abcd という API キーを発行したとして、API の URL に対して以下のようなキーのパラメーターを追加します。

```
# API キーを指定して API サーバーへリクエスト送信
https://api.example.com/getWeather?key=abcd
```

これと似た方法で、POST メソッドのフィールド、HTTP ヘッダーに指定する方法があります。API キーを指定する簡易的な方法で多くの Web API が提供されています。

簡単な API 認証

ただし、単に API キーを指定する方法では、開発者が取得した API キーが簡単にユーザーに漏洩するという問題があります。漏洩した API キーは悪用される危険性があります。そこで、API キーを暗号化して送信する方法が考案されています。Basic 認証や Digest 認証があります。

Basic 認証ではユーザー名とパスワードを BASE64 でエンコードしてヘッダーに設定する方式です。単に BASE64 でエンコードするだけなので、知っている人が見れば簡単にユーザー名とパスワードを調べることができます。Basic 認証のヘッダーを生成するには、次のようにします。

400

第6章　プロトタイプから完成までの道のり

```python
# ユーザー名とパスワード
user = b'kujira'
password = b'abcd'

# Basic 認証のヘッダーを生成するプログラム
import base64
enc = base64.b64encode(user + b':' + password)
header = b'Authorization: Basic ' + enc

print(header) # → b'Authorization: Basic a3VqaXJhOmFiY2Q='
```

　次に、Digest認証ですが、これはサーバーが生成したランダムな文字列(nonceなど)を利用して
MD5ハッシュを生成しヘッダーに指定します。サーバー側ではクライアントから送信されたハッシュ
が正しいかどうかを検証するというものです。以下はDigest認証のヘッダーを作成するプログラム
です。

```python
# サーバーから与えられた値
nonce = 'ce0de3'
realm = 'Digest Auth'
qop = 'auth'

# クライアントが設定する値
user = 'kujira'
password = 'abcd'
method = 'GET'
uri = '/weather'
cnonce = 'x#Q20d'
nc = '00000001'

# Digest 認証のヘッダーを生成するプログラム
import hashlib
md5 = lambda s : hashlib.md5(s.encode('utf-8')).hexdigest()

a1 = md5(user + ':' + realm + ':' + password)
a2 = md5(method + ':' + uri)
response = md5(a1 + ':' + nonce + ':' + nc + ':' + cnonce + ':' + qop + ':' +
a2)

# ヘッダーを出力
header = 'Authorization: Digest username="{}",' + ¥
  'realm="{}",nonce="{}",uri="{}",algorithm=MD5,' + ¥
  'response="{}",qop={},nc="{}",cnonce="{}"'
header = header.format(
    user, realm, nonce, uri, response, qop, nc, cnonce)

print(header) # ↓
# Authorization: Digest username="kujira",
#  realm="Digest Auth", nonce="ce0de3",uri="/weather",algorithm=MD5,
#  response="7d0a5b075cafaaa98035ae6efa719a4d",
#  qop=auth,nc="00000001",cnonce="x#Q20d"
```

401

このように、Digest 認証を使えば、パスワードを直接送信する必要はありません。ただし、ハッシュアルゴリズムの MD5 は脆弱性が発見されているため、MD5 に代わって SHA-256 が使われるようになっています。

本格的な API 認証 - OAuth

しかしながら、Digest 認証を使う場合にも、ユーザー名とパスワードをクライアント側のアプリが知っている場合があります。上記のプログラムを見ると分かりますが、パスワードが分からないと、response の値を生成することができないからです。

ただし、クライアント側のアプリがパスワードを知っている必要があるというのは困る場面もあります。多くの Web クライアントは JavaScript で作られていて、JavaScrip 内にパスワードを記述するとアプリのユーザーに容易にパスワードが漏洩してしまうからです。そこで、考案されたのが OAuth 認証です。

OAuth の仕組み

OAuth ではアプリごとに用意されたユーザーやパスワードを使う代わりに、アプリの利用者ごとにアクセストークンを取得し、そのトークンを用いて Web API を利用します。

OAuth では、API 提供者、アプリ開発者、アプリのユーザーと三者のやりとりとなります。まず、API の提供者は、アプリの開発者に対してアプリごとに API キーを発行します。アプリのユーザーはアプリを使う場合に、API 提供者の用意した認証を経てはじめてアプリが利用可能になります。アプリのユーザーは直接 API 提供者に対して認証情報を渡すことになるため、アプリに対して認証が完了したことだけを通知するだけでよくなり、パスワードの漏洩リスクを最小限に抑えることができます。それにより、アプリ開発者はユーザーの認証処理を行う必要がなくなるだけでなく、API キーの不正使用のリスクを抑えることもできます。

なお、OAuth はオープンな規格で、2012 年に公開された OAuth 2.0 は、RFC6749、RFC6750 で定義されています。現在、Twitter、Facebook など多くの Web サービスが OAuth に対応した Web API を公開しています。

次の図で OAuth の仕組みを確認してみましょう。まず、(1) の部分で、Web アプリのユーザーが Web アプリにアクセスします。すると、Web アプリでは、(2) のように、ユーザーを Web API の提供サーバーのユーザー認証画面にリダイレクトさせます。ユーザーが ID とパスワードを入力してユーザー認証を行うと、(3) の通り API サーバーは認可キーを発行します。そして、(4) の部分で認可キーを譲渡された Web アプリは、(5) で API サーバーに認可キーを送信します。すると、API サーバーは、(6) で API を利用するために必要となるアクセストークンを発行します。その後、(7) にあるように、Web アプリはこのアクセストークンを利用して API を利用できます。正しいアクセストークンであれば、(8) で API サーバーは API の結果を返します。Web アプリでは API の結果を利用しつつ、(9) でアプリのユーザーに対して情報やサービスを提供します。

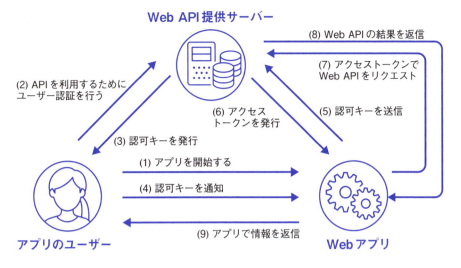

▲ OAuthの仕組み

　OAuthの仕組みは少々複雑です。しかし、Python用にOAuthライブラリも提供されているので、一度流れを掴んでしまえば、OAuthに対応したWebサービスも提供できることでしょう。
　なお、5章で「郵便番号から住所を自動入力するフォーム」を紹介していますが、その中で郵便番号検索APIを作成しています。認証の機構はありませんが、API実装の参考になるでしょう。

この節のまとめ

→ Web APIを公開すると多くの開発者に注目してもらえる

→ Web APIをきっかけにユーザーを増やすことが期待できる

→ ガジェットを用意すると気軽に自社サービスへの導線を作ることができる

Appendix

環境のセットアップ

1 Python の環境構築方法

2 Python/Flask で Web サーバーの構築

Appendix | 環境のセットアップ

| 1 |
Pythonの環境構築方法

Python の環境を構築する方法はいくつかのバリエーションがあります。ここでは、Web サービスを開発するという観点から役立つ Python の開発環境の構築方法を紹介します。

サーバー用途で使われることが多い OS は、CentOS や Ubuntu、Debian、FreeBSD などです。デスクトップ用途ではほとんど Windows が使われていますが、Web サービスを運営するために使うサーバーのマシンでは、Linux が採用されることが多くなっています。

この点を踏まえて開発環境もできるだけ本番で利用する OS を採用すると良いでしょう。とは言え、大半の方は Windows か macOS を利用していることでしょう。これらの OS で本番環境に近い環境を構築するにはどうしたら良いのでしょうか。

仮想環境を利用しよう

最近では、Windows や macOS で手軽に Linux が動かせるようになっています。仮想環境を利用できるからです。Windows 10 では標準で WSL(Windows Subsystem for Linux) が提供されるようになり Ubuntu などの Linux が動かせるようになりました。また、VirtualBox などのオープンソースの仮想化ソフトが提供されており、各種 OS で仮想環境が利用できます。仮想マシンはソフトウェア的にマシンを動かすため、OS を実際に動かすのと比べて、動作効率が悪くなり遅くなるのですが、最近のマシンであれば、遅くて使えないということはありません。

そこで、本稿では、Windows の場合は WSL あるいは VirtualBox を使って Ubuntu をインストールする方法を、macOS の場合は VirtualBox を利用して Ubuntu をインストールする方法を紹介します。

Windows の場合

(a) WSL を利用 (ただし一部利用できない機能もある)

(b) VirtualBox を利用する場合

macOS の場合

(b) VirtualBox を利用する場合

406

Vagrant をインストールしたら、macOS ならターミナル .app、Windows なら PowerShell などのコマンドラインで、以下のコマンドを実行します（ただし『#』から始まる行はコメントなので入力する必要はありません）。

(a) Windows 10 で WSL を設定する方法

Windows 10 で WSL を利用する手順は下記の通りです。

```
（1）［コントロールパネル］-［Windowsのプログラムと機能］-［Windowsの機能の有効化または無効
化］で「Windows Subsystem for Linux」をチェックして再起動
（2）Microsoft Store を開いて、Ubuntu などの Linux をインストール
```

なお、本稿では Ubuntu18.04 を利用しますので、Store で探してインストールしてください。
　インストール後、Windows から WSL のファイルシステムにアクセスすることもできます。そのためには、Windows のエクスプローラを開いて、ファイルパスに「\\wsl$」と入力します。すると、WSL のファイルシステムにアクセスすることができるようになります。

(b) 仮想環境を利用しよう - VirtualBox の場合

　仮想化ソフトの VirtualBox が無料で提供されています。これを利用すると、既存 OS の上で動く仮想的なマシンを動かすことができます。Windows や macOS の VirtualBox 上で Ubuntu や CentOS などの異なる OS を動かすことができます。

● VirtualBox
[URL] https://www.virtualbox.org/

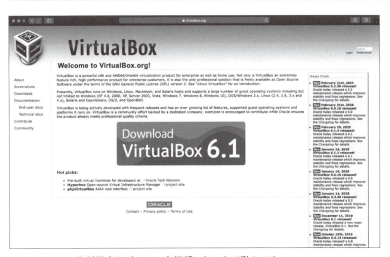

▲ VirtualBox を利用すれば Linux を仮想マシン上で動かせる

(b) VirtualBox の自動設定ツール - Vagrant

Ubuntu や CentOS など大抵の Linux は無料で提供されていますので、VirtualBox 上にこれらの OS をインストールできます。ただし、VirtualBox と各種 OS のインストールには、それなりに時間がかかってしまいます。そこで、Vagrant というツールが提供されています。Vagrant を利用すると、コマンドを数回叩くだけで自動的に OS の実行環境を構築してくれます。

● Vagrant
[URL] https://www.vagrantup.com/

Vagrant をインストールしたら、macOS のターミナル .app などのコマンドラインで、以下のコマンドを実行します（ # から始まる行はコメントなので入力する必要はありません）。

```
# 設定ファイルを生成
vagrant init bento/ubuntu-18.04
# 仮想マシンをダウンロードして起動
vagrant up
# SSH で仮想マシンに接続
vagrant ssh
```

なお、Vagrant の Box ファイルはクラウド上にあり、消されてダウンロードできなくなってしまうこともあります。ダウンロードできない場合には、Vagrant Cloud [8] で Ubuntu18 の Box ファイルを検索して、vagrant init の指定を変更してください。

起動した仮想マシンを停止するには、VirtualBox を開いて停止ボタンを押すか、下記のコマンドを実行します。

```
# 仮想マシンを抜ける
exit
# 仮想マシンを停止する
vagrant halt
```

なお、仮想マシンを初期化したディレクトリに、Vagrantfile という設定ファイルが作成されます。このファイルに「forwarded_port」の設定を記述することで、ゲスト OS のポートとホスト OS のポートをつなげることができます。本書では、Flask を使って Web アプリを作りますが、Flask ではデフォルトでポート 5000 番を使うので、Vagrantfile に以下の設定を追記します。また、以下のように private_network を追加しておくと、192.168.33.33 にアクセスすることで、仮想マシンにアクセスできるようになります。

★8　Vagrant Cloud - https://app.vagrantup.com/boxes/search

Appendix　環境のセットアップ

```
Vagrant.configure("2") do |config|
    # ...
    # 以下の行を追加
    config.vm.network "forwarded_port", guest: 5000, host: 5000
    config.vm.network "forwarded_port", guest: 8080, host: 8080
    config.vm.network "private_network", ip: "192.168.33.33"
    # ...
```

　そして、「vagrant reload」コマンドを実行して設定を読み直します。macOS では設定より「セキュリティとプライバシー＞プライバシー＞アクセシビリティ」で VirtualBox.app にチェックを入れる必要があります。

Python 環境の構築

　以上、仮想環境で Ubuntu を動かす方法を紹介しました。Windows では WSL を利用するのが最も手軽です。macOS では VirtualBox と Vagrant を使って Ubuntu18.04 をインストールしたものとします。

Python3 をデフォルトに変更しよう

　実は、Ubuntu18 には最初から Python3 がインストールされています。ただし、Python2 がデフォルトの Python コマンドとなっています。そのため、pyenv を導入して Python3 をデフォルトに変更します。コマンドラインを開いて以下のコマンドを実行します。

```
sudo apt update
# 必要なライブラリをインストール
sudo apt install -y build-essential libssl-dev libffi-dev python-dev
sudo apt install -y zlib1g-dev liblzma-dev libbz2-dev libreadline-dev
libsqlite3-dev
```

　続いて、pyenv をインストールします。

```
# pyenv 本体のダウンロードとインストール
sudo apt install -y git
git clone https://github.com/pyenv/pyenv.git ~/.pyenv

# .bashrc の更新
echo 'export PYENV_ROOT="$HOME/.pyenv"' >> ~/.bashrc
echo 'export PATH="$PYENV_ROOT/bin:$PATH"' >> ~/.bashrc
echo 'eval "$(pyenv init -)"' >> ~/.bashrc
source ~/.bashrc
```

pyenv のインストールが出来たら、任意の Python のバージョンをインストールして、そのバージョンをデフォルトに切り替えます。

```
# Python のインストール
pyenv install 3.7.7
# Python を任意のバージョンに切り替え
pyenv global 3.7.7
```

　正しく Python がインストールされたか確認してみましょう。下記のコマンドを実行するとインストールした Python のバージョンを表示します。

```
python --version
```

Appendix | 環境のセットアップ

|2| Webサーバーの構築

本書では Python/Flask でサンプルの Web アプリを開発します。Flask にはサーバー機能が備わっていますがあくまでテスト用で本番環境で使用する場合には WSGI に対応した Web サーバーアプリを利用することが推奨されています。ここでは設定手順を紹介します。

Web フレームワーク Flask のインストール

本書では Web フレームワークの **Flask** を利用してサンプルプログラムを作成します。Flask の導入は pip コマンドを利用すると簡単です。以下のコマンドを実行してインストールしましょう。

```
pip install Flask==1.1.1
```

WSGI について

WSGI（Web Server Gateway Interface）とは、Web サーバーと Python で記述したアプリケーションとの標準インターフェイスです。本書のサンプルプログラムを動かす限りはセットアップの必要はありません。実際に Web サービスを公開する段階になったら以下のインストールして試すと良いでしょう。また、以下のインストール手順は Ubuntu を想定しています（Windows の WSL1 では動作しません）。なお、本書で紹介している Flask は WSGI に対応した Web アプリケーションを手軽に作成できます。

WSGI に対応している Web サーバーには、uWSGI、Gunicorn、Apache、Microsoft IIS などがあります。このうち、Apache と IIS は別途モジュールの導入が必要です。

Flask の Web サーバー機能はテスト用

なお、上記の Web フレームワークの Flask 自体も Web サーバーの機能を持っています。しかし、Flask はあくまでもテスト用に設計されており、本番環境で使うことを想定していません。そこで、WSGI 対応の Web サーバーを導入することが必要です。

411

uWSGI と Nginx で Flask アプリを動かす

ここでは、Web サーバーソフトウェアの Nginx と uWSGI を利用して Flask を動かしてみます。uWSGI を使って Flask アプリを動かすのですが、フロントエンドとして Web サーバーの Nginx を通して利用できるようにしてみます。

イメージとしては、次のようになります。

```
                    Web ブラウザー
```

```
Web サーバーの Nginx が HTTP 通信を受け付けて、uWSGI に処理を投げる
```

```
uWSGI では Flask アプリを動かし処理して Nginx に結果を返す
```

uWSGI と Nginx をインストール

最初に、Nginx と uWSGI をインストールしましょう。

```
sudo apt update
sudo apt install -y nginx
pip install uwsgi
```

簡単なアプリを用意しよう

それでは、挨拶を表示する簡単なアプリを作成して動作確認してみます。以下のアプリを WSGI に対応したサーバーで動かします。

参照するファイル　file: src/apx/testapp/app.py

```python
from flask import Flask
app = Flask(__name__)

@app.route('/')
def index():
    return 'Hello, Hello, Hello!'

if __name__ == "__main__":
    app.run(host='0.0.0.0')
```

Appendix　環境のセットアップ

このプログラムを、Flask のテスト Web サーバー機能で動かす場合、コマンドラインで以下のコマンドを実行します。

```
python app.py
```

上記コマンドを実行すると、Web サーバーが起動します。そこで、Web ブラウザーを起動して表示された URL にアクセスします。コマンドラインで、[Ctrl]+[C] キーを押すと、Web サーバーを終了できます。

> **memo**
>
> サンプルファイルの一式を /home/vagrant/testapp にコピーして動かした前提で設定しています。設定ファイルに指定したパスなどを、ご自分の環境に書き換えてから実行してください。

WSGI 用の設定ファイルを用意しよう

それでは、WSGI に対応できるように、エントリーポイントを作成しましょう。上記アプリを WSGI で呼び出して実行するためのエントリーポイントが以下になります。アプリを配置したディレクトリに次のファイルを作成しましょう。

参照するファイル　file: src/apx/testapp/wsgi.py

```python
from app import app

if __name__ == '__main__':
    app.run()
```

次に、uWSGI の起動に利用する設定ファイルを作成します。

参照するファイル　file: src/apx/testapp/app.ini

```ini
[uwsgi]
module = wsgi:app
master = true
socket = /tmp/uwsgi.sock
chmod-socket = 666
wsgi-file=/home/vagrant/testapp/wsgi.py
logto=/home/vagrant/testapp/uwsgi.log
```

そして、uWSGI を起動します。

413

```
uwsgi --ini app.ini &
```

Nginx の設定を行います。nano などのエディターを利用して、/etc/nginx/nginx.conf の設定を確認しましょう。そして、以下の一行がコメントアウトされていないことを確認します。

```
include /etc/nginx/sites-enabled/*
```

これは、ディレクトリ /etc/nginx/sites-enabled 以下にある設定ファイルを読むという意味になります。その上で、/etc/nginx/sites-enabled/myapp.conf というファイルを作成しましょう。

そして、/etc/nginx/sites-enabled/myapp.conf の内容を以下のように作成します。

```
server {
    listen 8080;
    location / {
        include uwsgi_params;
        uwsgi_pass unix:///tmp/uwsgi.sock;
    }
}
```

ここまで設定したら Nginx を起動しましょう。

```
sudo systemctl start nginx
```

その上で、Web ブラウザーを起動して URL「127.0.0.1:8080」にアクセスしてみましょう。Nginx を通してポート 8080 で実行されている Flask アプリにアクセスできます。

▲ 無事に Nginx を経由して Flask アプリが実行された

Appendix 環境のセットアップ

uWSGI をサービスとして動かす

次に、uWSGI を Ubuntu の systemd サービスとして動かすようにしましょう。これにより、何かしらの理由で Web アプリが強制終了したとしても、自動的にアプリを再起動するように設定できます。

最初に現在動作中の uWSGI のプロセスを終了しましょう。

```
killall -9 uwsgi
```

続いて、systemd サービスユニットファイル「/etc/systemd/system/myapp.service」を作成しましょう。内容は以下のようにします。

参照するファイル file: src/apx/systemd/myapp.service

```
[Unit]
Description=uWSGI instance for testapp
After=syslog.target

[Service]
ExecStart=/home/vagrant/.pyenv/shims/uwsgi --ini /home/vagrant/testapp/app.ini
WorkingDirectory=/home/vagrant/testapp

User=vagrant
Group=www-data
RuntimeDirectory=uwsgi
Restart=always
KillSignal=SIGQUIT
Type=notify
StandardError=syslog
NotifyAccess=all

[Install]
WantedBy=multi-user.target
```

そして、systemd サービスを有効にします。以下のコマンドを実行しましょう。

```
# サービスを起動する
sudo systemctl start myapp
# サービスの自動起動を有効にする
sudo systemctl enable myapp
```

うまく動かない場合は、それぞれのログデータを確認することで問題が解決できます。systemd のエラーは、/var/log/syslog に出力されます。また、app.ini で uWSGI のエラーの出力先を、/home/vagrant/testapp/uwsgi.log に出力するようにしています。

415

［著者略歴］

クジラ飛行机（くじらひこうづくえ）

中学時代から趣味でやっていたプログラミングが楽しくていろいろ作っているうちに本職のプログラマーに。現在は、ソフト企画「くじらはんど」にて、Windows から Android アプリまで「楽しく役に立つツール」をテーマに作品を公開している。代表作は、ドレミで作曲できる音楽ソフト『テキスト音楽「サクラ」』や『日本語プログラミング言語「なでしこ」』など。2001 年にはオンラインソフトウェア大賞に入賞、2004 年度 IPA 未踏ユースでスーパークリエイターに認定、2010 年に OSS 貢献者賞を受賞。日本中にプログラミングの楽しさを伝えるため日々奮闘中。

カバー・本文デザイン：坂本真一郎（クオルデザイン）
編集協力：片野美都、佐藤玲子
DTP：G2UNIT inc.

- ●本書の一部または全部について、個人で使用するほかは、著作権上、著者およびソシム株式会社の承諾を得ずに無断で複写／複製することは禁じられております。
- ●本書の内容の運用によっていかなる障害が生じても、ソシム株式会社、著者のいずれも責任を負いかねますので、あらかじめご了承ください。
- ●本書の内容に関して、ご質問やご意見などがございましたら、下記まで FAX にてご連絡ください。

Pythonではじめる
Webサービス＆スマホアプリの書きかた・作りかた

2020 年 6 月 10 日　初版第 1 刷発行
2020 年 11 月 10 日　初版第 3 刷発行

著　者　　クジラ飛行机
発行人　　片柳 秀夫
編集人　　三浦 聡
発行所　　ソシム株式会社
　　　　　https://www.socym.co.jp/
　　　　　〒 101-0064 東京都千代田区神田猿楽町 1-5-15
　　　　　猿楽町 SS ビル 3F
　　　　　TEL　03-5217-2400（代表）
　　　　　FAX　03-5217-2420
印刷・製本 株式会社暁印刷

定価はカバーに表示してあります。
落丁・乱丁は弊社販売部までお送りください。送料弊社負担にてお取り替えいたします。
ISBN978-4-8026-1251-7
Printed in Japan
©2020 Kujira hikodukue